実践 有限要素法シミュレーション 第2版

汎用コードで正しい結果を得るための実践的知識

泉 聡志・酒井 信介 共著

第2版まえがき

2010 年に本書の第 1 版が出版されてから，有限要素法を中心とした CAE はさらに広く普及し，本書の主題である理論と実践の両輪の基礎知識はますます重要となってきている．そこで，今回，さらに理解が進むよう内容を見直すことにした．

本書の構成や目的は変わっていないが，4 章に，近年重要となっている結果の検証と妥当性確認（V&V）の解説と，5 章の演習問題として，実際の構造強度設計に近い実践的な演習問題を 2 題追加した．また，付録 A の応力の基礎はより正確な記述に見直し，付録 B は構造強度設計の章とし，追加した実践的演習問題で必要な塑性崩壊と低サイクル疲労の解説を加えた．

本書は，第 1 版出版後も東京大学工学部機械工学科のテキスト，株式会社東芝の社会人教育のテキストとして使われてきた．その活動のなかで助言をいただいた元岡山県立大学の早川悌二先生，元東芝の津路正幾氏，エムエスシーソフトウェア株式会社の渡邉浩志氏には，この場を借りて感謝の意を表したい．

2022 年 7 月

東京大学大学院工学系研究科機械工学専攻　泉聡志

まえがき

近年，有限要素法シミュレーション（構造解析）はCAE（Computer aided engineering）のなかでもっとも重要なツールの一つとなった．これに従い，実務で有限要素法を使う設計者の数は著しく増大した．同時に，多くの洗練された汎用コード（ABAQUS，ANSYSなど）の発展により，ユーザーは，必ずしも中身の原理的なことに熟知していなくとも解析を実施することができるようになり，短期間で多くの結果を求められるようになってきている．しかし，実際の設計の現場では，苦労しているという話をよく耳にする．これは有限要素法の使用にあたっては，適切なモデリングや境界条件の設定，計算結果の評価などの高度な実践知識（ノウハウ）が必要とされるからであると考えられる．不幸なことに，もし，これらが適切でない場合でも，汎用コードはそれなりの計算結果を出力してしまうため，誤った解析結果を得ることになってしまい，ときに，大きな設計ミスや判断ミスにつながってしまうおそれがある．

もちろん，有限要素法の原理から厳密に学んだうえで，実務に応用することができれば理想的ではあるが，すでに実務に利用しているか，あるいはすぐに利用することを考えている人にとっては，すべての基本原理にさかのぼって学習する時間的余裕はないのが実情である．また，多くの有限要素法の専門書は，その難解な原理に重点が置かれており，実際に設計者の身のまわりの問題に対して，どのように対処すればよいかが書かれた専門書は数少ない．

本書は，有限要素法を初めて学ぶ大学学部生・大学院生の教科書としてだけではなく，設計の現場で実際に有限要素法解析を始めようとしている，あるいは，すでに始めているが，さらにスキルを伸ばしたいと考えている設計者が，有限要素法を正しく使ううえでの素養を身につけられるよう，実践的な内容を含んでいる．

本書の前半部「理論編」は，有限要素法を使うにあたっての最低限必要な知識の習得である．そのため，ある程度，有限要素法の原理に踏み込んだ内容となっている．これは，力学的素養を身につける意味で重要な過程である．練習問題が自力で解けるようになることを目標に学習してほしい．

後半部「実践編」は，実際に有限要素法シミュレーションを行う際に必要な実践的知識（ノウハウ）に重点が置かれる．また，本書の最大の特徴は，理論と実践が強く結びつくように，理論の“ポイント”と実践的“ノウハウ”のつながりを「学習手順」のチャート図のように可視化したことにある．活用してほしい．適正なモデル化・要素の選定，メッシュ分割の工夫，境界条件の設定，材料物性の入力，解析の結果の検証と分析において気をつけなければいけない点について述べる．つぎに，例題を通して，実際にどのような点に注意して有限要素法解析を行い，どのように解析結果をまとめればよいかという点を，実践的に示していく．そして，有限要素法の演習問題を16題，詳細な解説付きで用意した．演習問題は，有限要素法を初めて学習する読者を対象に，二次元問題に限定している．シェル要素などの高度な構造要素は扱わずに，もっとも基本的なソリッド要素の範囲にとどめた．実際に，自分で有限要素法のコードを使って，問題を解いてみてほしい．そして，結果について，研究室・職場の同僚と議論すれば，さらに理解が深まるはずである．また，有限要素法の結果の解釈のためには，材料力学・破壊力学の専門知識を基盤にもつ必要があり，別途，学習していることが望ましい．本書の最後にも，最低限の専門知識として，応力テンソルの解釈の仕方と，静的強度，疲労強度の評価の方法について解説を付けた．

本書は，東京大学工学部機械工学科・旧産業機械工学科の3年生向け講義・演習「有限要素法」「CAE演習」，NPO-CAFÉの社会人向け講座「実践的有限要素法」の経験をベースにまとめられている．また，「機械設計における有限要素法の活用（チャールズ E. ナイト原著，酒井信介訳 森北出版（1997)」に強く影響を受けており，いくつかの有限要素法の演習問題は，同書の問題を独自に解釈し，精錬したものとなっている．

最後に，本書を完成するにあたって，助言を得た東京大学新領域創成科学研究科の久田俊明教授，渡邉浩志講師，陳献教授（現：山口大学），NPO-CAFÉの吉村信敏氏，高張研一氏，小尾幹男氏，谷口勝巳氏，高橋英俊氏には，この場を借りて感謝の意を表したい．

2010年9月

東京大学大学院工学系研究科機械工学専攻　泉聡志，酒井信介

学習手順

本書は，前半の理論編と後半の実践編に分かれている．理論編は 1 章～2.2 節までが有限要素法のきわめて基礎的な内容を含むものであるため必ず学習してほしい．とくに重要な部分は“**ポイント**”として記している．2.3 節以降はポイントを中心に学習し，実践編で必要になった段階で立ち返って詳しく学習してもかまわない．

実践編の 4 章では，有限要素法に関する実践的な知識（ノウハウ）について，解析の流れに沿ってまとめた．必ず一度は目を通してほしい．とくに重要な部分は“**ノウハウ**”として記している．本書の一つの目的は理論とこれらの実践的知識を有効に結びつけることであり，そのつながりをチャート図 (p.vi) に示したので，理論の復習のために活用してほしい．5 章は有限要素法解析の演習問題であり，初級と中級と実践問題に分かれている．実際に有限要素法解析を行って解いてほしいが，時間のない人のため，解説を読むだけでも有限要素法解析がどのような考えで行われるのかの知識が得られるよう配慮してある．また，実際に有限要素法解析を行う場合，中級と実践問題の結果については，まわりの人と議論しながら学習することを推奨する．

有限要素法の解答のためには，材料力学・構造強度設計の基礎的な部分はあらかじめ学習していることが望ましい．応力の基礎と，本テキストで使用する構造強度設計の基礎知識は付録 A，B にも記載した．必要に応じて活用してほしい．とくに，応力の解釈は有限要素法解析において重要であるため，付録 A は確認のためにもチェックしてほしい．

学生向けのテキストとして

本テキストは，有限要素法を初めて学ぶ学部生・大学院生が半年間かけて講義で学ぶことを想定している．よって，学部生・大学院生には，演習問題も含めて，すべて学習してほしい，ただし，3.2 節のアイソパラメトリック要素は，少々難解であるため対応する練習問題はとばしてもかまわない．

初級レベルのエンジニアの入門書として

有限要素法をこれから実務として使う技術者は，1 章～2.2 節の内容は練習問題も含めてしっかり学習し，3 章は，ポイントを中心に学習してほしい．また，有限要素法解析の経験のためにも，実際に自分で解析を行うことを強く推奨する．

実務レベルのエンジニアのスキルアップとして

すでに，有限要素法を実務として使っている技術者は，1〜3章の内容をポイントを中心に確認した後，実践編（4，5章）を中心に学習してほしい．とくに自信がある人は，5章の有限要素法解析を行う前に材料力学の知識を用いて解いて，その後，解説と照らし合わせるか，実際に自力で解析を行う学習手順を推奨する．中級問題は，軽量化や最適化など問題を拡張することも可能なので，必要に応じて試みてほしい．実践問題は，実際の設計に近い問題であるため挑戦してほしい．

本書のチャート

次ページのチャート図は解析の流れにおける“**ノウハウ**”とその理論の“**ポイント**”との結び付きを示したものである．自分の知りたいことは本書のどこにあるのか，それはどんな理論やノウハウと結びついているのかを知るマップとして学習に活用してほしい．

Easy-Sigmaの紹介

本書の有限要素法シミュレーションの結果は，すべて，（株）地層科学研究所の有限要素法ソフトウェア Easy-Sigma 2D Lite によるものである．

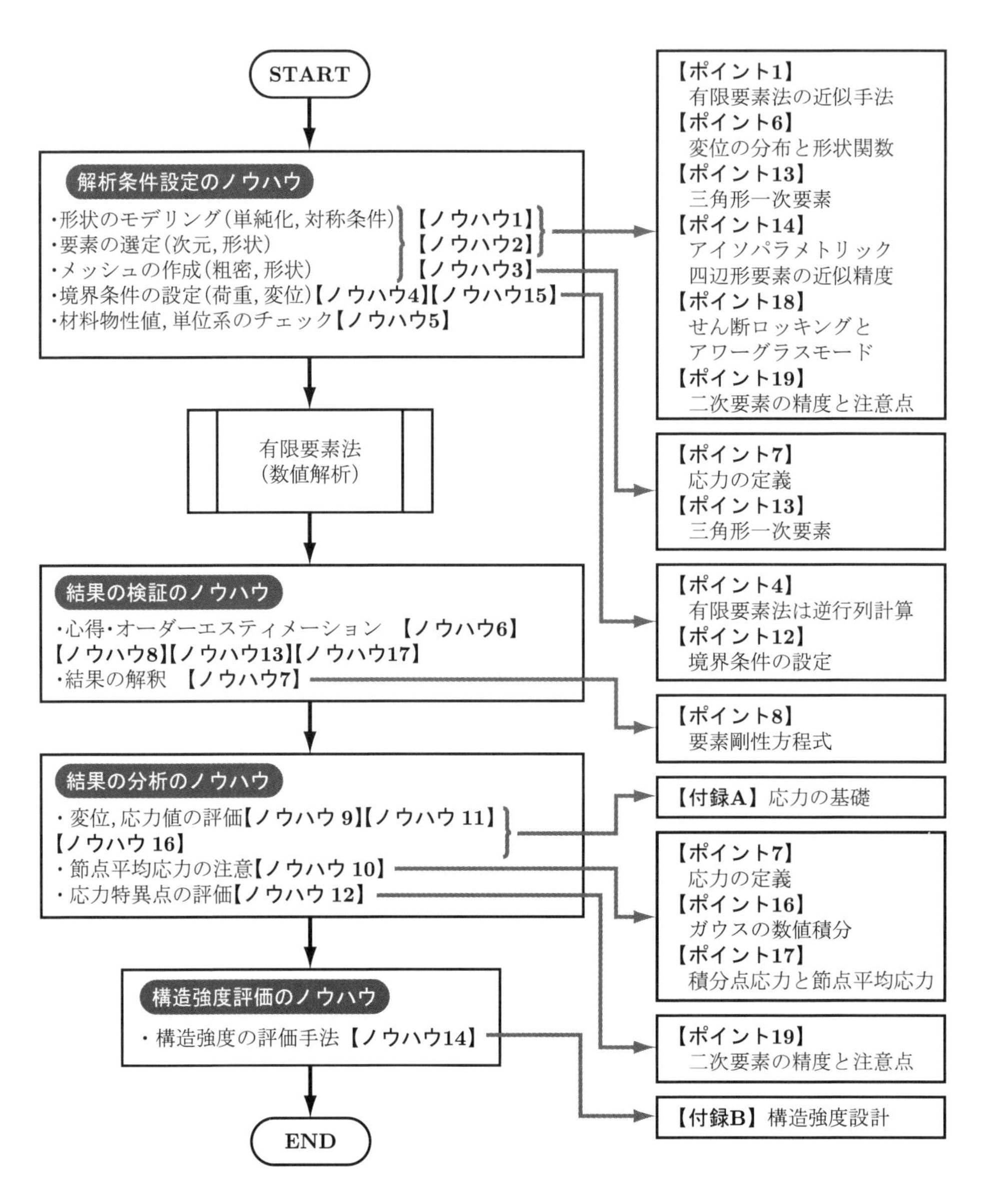

理論のポイントと実践的ノウハウの関係を示すチャート図

目　次

理論編

「理論編」では，有限要素法シミュレーションを行うにあたって最低限必要な知識や力学的素養を身につけるために，有限要素法の原理を学習する．1章～2.2 節までが有限要素法のきわめて基礎的な内容を含むものであるため必ず学習してほしい．とくに重要な部分は "ポイント" として記した．各章末の練習問題が自分の力で解けるようになることを目標にしてほしい．

1章　有限要素法の基礎知識

有限要素法を説明するうえで，材料力学の存在は欠かすことができない．ここでは，材料力学と対比する形で，有限要素法とは何かを述べる．

1.1　材料力学とは

材料力学は，いくつかの単純な仮定を置くことにより，非常に簡単な式で，部材の変形や内部の応力・ひずみを近似的に表現することを可能にする力学である．図 1.1 は，材料力学でもっともポピュラーな片持ち梁構造である．

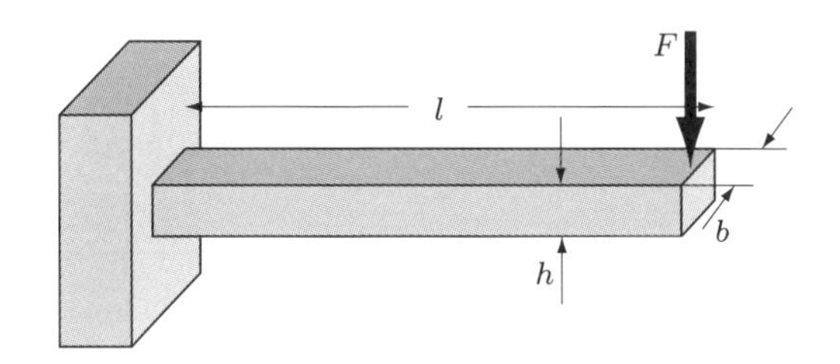

図 1.1　材料力学で扱われる梁

材料力学では，このような梁構造のたわみ y（右端の下方向への変位）を，いくつかの近似をもとに数学的に得る．この場合，たわみ y は次式で表すことができる．

$$y = -\frac{Fl^3}{3EI} \quad \left(I = \frac{bh^3}{12} \right) \tag{1.1}$$

ここで，E はヤング率で，物体の変形しやすさの指標，F は加える力である．材料力学は，式の形で陽に表現されているため，仮定が成立する範囲においては，容易に計算が可能である．たとえば，荷重 F が 2 倍になれば，たわみはどうなるか，梁の幅 b もしくは高さ h を変えればどうなるかが，即座に理解できる．たとえ，構造が複雑になっても，この式がもつ傾向は大きく変わることはない．

このような材料力学の概念に基づく変形や応力・ひずみの理解は，機械設計者の力学的素養として深く根ざしており，きわめて重要な役割を果たしている．

1.2　有限要素法とは

有限要素法では，同じ梁の問題を図 1.2(a) のように，解析対象領域を，節点で囲まれたメッシュ状の領域（要素）に分割し，変形を近似的に解く．

材料力学では，梁の変位は式 (1.1) のように，すべての点（弾性論ではこれを物質点とよぶ）において定義されるが，有限要素法では，ある要素内の変位分布は，節点の変位の値を使った**形状関数**によって，内挿された値で近似される．そして，代表点である“**節点**”の変位を数値計算で求める．隣り合う**要素**は節点によって共有されているので，どのように結合しているかが計算に反映される．

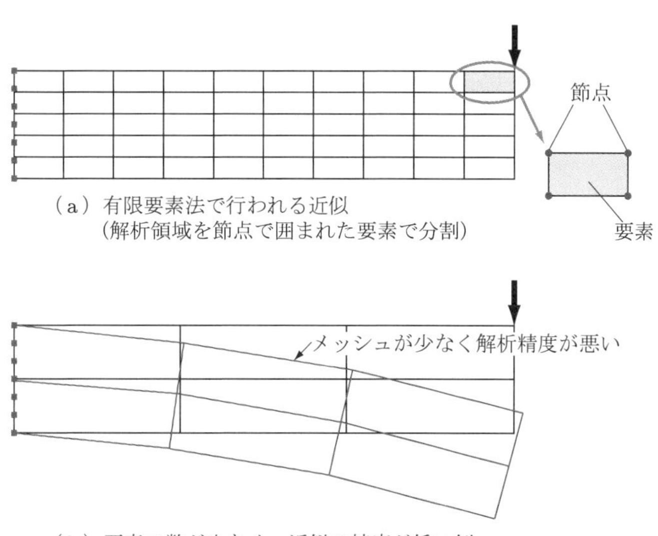

（a）有限要素法で行われる近似
（解析領域を節点で囲まれた要素で分割）

（b）要素の数が少なく，近似の精度が低い例

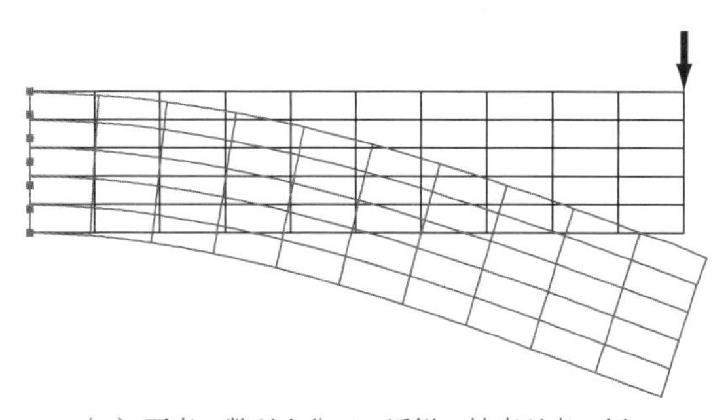

（c）要素の数が十分で，近似の精度が高い例

図 1.2　有限要素法で行われる近似

ポイント1 **有限要素法の近似手法**

⇔ ポイント2〜9 (p.8〜19), **ノウハウ2** (p.60)

有限要素法では，ある要素内の変位分布は，節点の変位の値を使った形状関数によって，内挿された値で近似される．そして，代表点である“節点”の変位を数値計算で求める．よって，結果は節点数（メッシュサイズ）に大きく依存する．

このような性質より，得られる解は，要素の数や要素内を近似する形状関数に大きく依存する．たとえば，図 1.2(b) のように，節点（要素）数が少なければ，梁の曲げの変位の曲線を正しく表現できない．この場合は，図 1.2(c) のように，より多くの節点数を用意すると解の精度が改善される．どの程度の節点数にすれば望む精度が得られるかどうかは理論化されておらず，ユーザーの経験に依存する．

有限要素法は，領域をメッシュで分割さえできれば，どのような構造にも対応できるため，汎用性がきわめて高く，計算機の発展とともに応用範囲を拡大していった．現在では，設計の CAD データをもとにさまざまな解析が行われ，開発のスピードアップに貢献しており，いかに有限要素法を使いこなすかが産業界での課題となっている．

しかし，有限要素法は単なる数値解析手法であるため，メッシュや境界条件などのモデリングが適切でないと，誤った解析結果を導くリスクが高い．導出された数値は材料力学と異なり，設計に対して有効な概念を提案するものではない．このため，実際，設計の現場では日常的に問題が起こっている．

これらの問題を解決するためには，有限要素法の原理の理解を通じて，適用範囲をよく理解する必要がある．また，材料力学といった基礎的な力学的素養が不可欠である．次章にその理由を述べる．

1.3 材料力学と有限要素法

材料力学で扱える構造は，近似が成り立つ限られた理想的な形状（断面形状が円形や長方形，梁のように軸方向長さが断面積に対して十分長いなど）であり，汎用性に欠ける．しかし，とくに有限要素法との関わりにおいて，材料力学の解を求める意義は大きい．つまり，オーダーエスティメーション（解のオーダーが合っているかどうかを，ラフにチェックすること）による結果の検証が可能となり，解析の誤りを事前に排除できるのである．また，寸法などの設計変更においては，有限要素法解析を行わなくとも，梁理論の解析式を用いて指針を立てることができる．

有限要素法はきわめて有用であるが，入力された形状の結果のみを提供するものであり，決して設計の概念を提供するものではない．材料力学で身につけた力学的素養を基に，解析結果に対する力学的な深い理解ができて初めて設計指針を容易に設定できるようになる．そのため，近年の機械設計には，有限要素法による詳細解析と材料力学による直感的な解析の両側面からの視点が欠かせないものとなっている．

とくに，有限要素法との関係において，引張・圧縮・曲げ・ねじり・座屈の概念の理解は重要である．どのような複雑な変形でも，これらの単純な現象へ分類することによって，現象の本質的な理解が可能になる．また，結果の解釈においては，応力テンソル（せん断応力，主応力，座標変換の概念），応力－ひずみ関係式（フックの法則・ヤング率・ポアソン比など）の理解も必須である．

最後に，有限要素法や材料力学の計算結果は，必ず実機の応力（ひずみ）や変位との比較によって検証しなければならないことを付け加えておく．なぜなら，現場で実際に使用している機器の応力解析を行う場合は，必ずしも荷重や変位の境界条件や物性値（構成則）が明確であるとは限らないからである．有限要素法は，入力物性値と設定された境界条件に基づく計算であるため，実機との比較によって，モデル化を変更する必要が出てくる場合が少なくない．これらのモデル化の場合にも材料力学の知識が活きる．

このような有限要素法の結果の検証については，2010年以降は **V&V**（**Verification & Validation**：**検証と妥当性確認**）という概念を使って整理されるようになった．これについては4.8節で詳細に解説する．

2章 有限要素法の原理（トラス要素）

有限要素法の原理を理解するために，もっとも単純なトラス要素について解説する．トラス要素を説明する前に，直観的に理解の容易な一次元ばね系をマトリックス法を用いて解説する．

マトリックス法と有限要素法は，要素剛性マトリックスを導く手順以外は同じ手順であるため，概要を把握する目的で理解してほしい．ばねを一次元トラス要素で置き換えることによって，まったく同様な手順で一次元トラス要素を扱えることを示す．

その後，一次元から二次元トラス要素への拡張方法について述べる．

2.1 マトリックス法によるばねの計算

マトリックス法の手順は，有限要素法と類似しており，以下のようになる．

Ⅰ. 全体構造（ばね系）を要素（各ばね）へ分割

Ⅱ. 各要素の力学的特性を記述（要素剛性マトリックス）

Ⅲ. 各要素の特性を合成して全体構造の力学的特性を記述（全体剛性マトリックス）

Ⅳ. 境界条件を設定

Ⅴ. 物理量（変形）を算出

例題として，図 2.1 にある二つのばねがつながった構造を考える．右端の節点③に力 F_3 が加わった場合の変位 u_2, u_3（$u_1 = 0$）を求める．まず，ばねを図 2.2 のように二つの要素に分け，それぞれの要素1，2の節点に加わる力と変位の関係を記述する（手順Ⅰ，Ⅱ）．

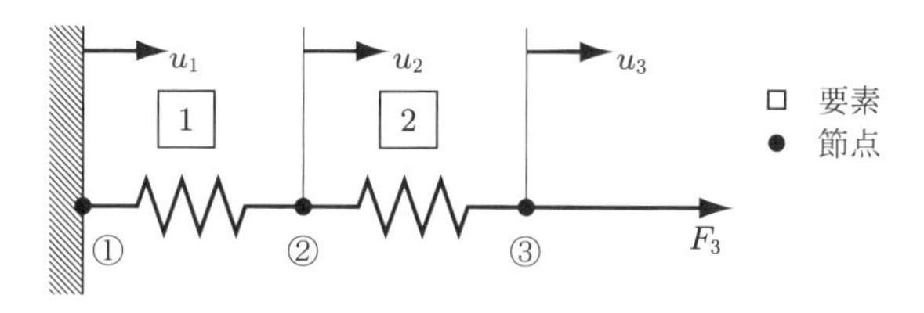

図 2.1　一次元ばね構造の例題

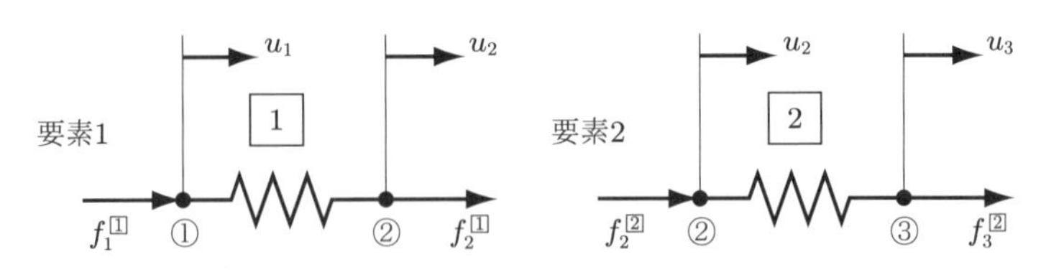

図 2.2　要素の分割

各ばねでは，ばねの伸縮による力と各ばねにばねの外から加わる力が釣り合っている．ここで，$\boxed{i}$番目のばねにおいて，そのばねに属する節点ⓙに及ぼすばねの伸縮による力 $-f_j^{\boxed{i}}$ は，節点ⓙに外から加わる力 $f_j^{\boxed{i}}$ と釣り合っていると考える．要素$\boxed{1}$の節点①の $f_1^{\boxed{1}}$ は，ばね定数 k_1，ばねの変位（u_1-u_2）を用いて，フックの法則より

$$f_1^{\boxed{1}} = k_1u_1 - k_1u_2$$

となる．同様に節点②では，符号が逆になって，

$$f_2^{\boxed{1}} = -k_1u_1 + k_1u_2$$

となる．要素$\boxed{1}$，$\boxed{2}$ の各節点に加わる力をまとめると，つぎのようになる．後の全体構造の特性の記述のためにマトリックス表示にしておく†．

$$\begin{matrix} f_1^{\boxed{1}} = k_1u_1 - k_1u_2 \\ f_2^{\boxed{1}} = -k_1u_1 + k_1u_2 \end{matrix}, \quad \begin{bmatrix} k_1 & -k_1 \\ -k_1 & k_1 \end{bmatrix} \begin{Bmatrix} u_1 \\ u_2 \end{Bmatrix} = \begin{Bmatrix} f_1^{\boxed{1}} \\ f_2^{\boxed{1}} \end{Bmatrix} \tag{2.1}$$

$$\begin{matrix} f_2^{\boxed{2}} = k_2u_2 - k_2u_3 \\ f_3^{\boxed{2}} = -k_2u_2 + k_2u_3 \end{matrix}, \quad \begin{bmatrix} k_2 & -k_2 \\ -k_2 & k_2 \end{bmatrix} \begin{Bmatrix} u_2 \\ u_3 \end{Bmatrix} = \begin{Bmatrix} f_2^{\boxed{2}} \\ f_3^{\boxed{2}} \end{Bmatrix} \tag{2.2}$$

ここで，

$$[k^1] = \begin{bmatrix} k_1 & -k_1 \\ -k_1 & k_1 \end{bmatrix}, \quad [k^2] = \begin{bmatrix} k_2 & -k_2 \\ -k_2 & k_2 \end{bmatrix} \tag{2.3}$$

は各要素の荷重と変位の関係を表現する係数のマトリックスで，**要素剛性マトリックス**とよばれる．

ポイント 2　要素剛性マトリックス

各要素の節点荷重と節点変位の関係を表現する係数のマトリックスを要素剛性マトリックスとよぶ．

† ここで，[　] はマトリックス，{　} は（数）ベクトルを表す．

つぎに，各要素$\boxed{1}$，$\boxed{2}$の特性から全体の特性を記述する．ここで，図 2.3 のように，剛性ゼロの仮想的な直列の 2 要素ばね系を考える．節点③は，ばね 1 とは隣接していないので $f_3^{\boxed{1}} = 0$ であることに注意すると，式 (2.1) を

$$
⍟\begin{bmatrix} k_1 & -k_1 & 0 \\ -k_1 & k_1 & 0 \\ 0 & 0 & 0 \end{bmatrix} \begin{Bmatrix} u_1 \\ u_2 \\ u_3 \end{Bmatrix} = \begin{Bmatrix} f_1^{\boxed{1}} \\ f_2^{\boxed{1}} \\ f_3^{\boxed{1}} \end{Bmatrix}
$$

と拡張できる．

同様に式 (2.2) は

$$
⍟⍟\begin{bmatrix} 0 & 0 & 0 \\ 0 & k_2 & -k_2 \\ 0 & -k_2 & k_2 \end{bmatrix} \begin{Bmatrix} u_1 \\ u_2 \\ u_3 \end{Bmatrix} = \begin{Bmatrix} f_1^{\boxed{2}} \\ f_2^{\boxed{2}} \\ f_3^{\boxed{2}} \end{Bmatrix}
$$

と表せる．このとき要素剛性マトリックス $[k^1], [k^2]$ はそれぞれ系全体の剛性マトリックス $[K^1], [K^2]$ に拡張され，次式のように表現できる．

$$
[K^1] = \begin{bmatrix} k_1 & -k_1 & 0 \\ -k_1 & k_1 & 0 \\ 0 & 0 & 0 \end{bmatrix}, \quad [K^2] = \begin{bmatrix} 0 & 0 & 0 \\ 0 & k_2 & -k_2 \\ 0 & -k_2 & k_2 \end{bmatrix} \tag{2.4}
$$

つぎに，二つのばね系を重ね合わせる．つまり，式 (⍟) と式 (⍟⍟) を式 (2.5) のよ

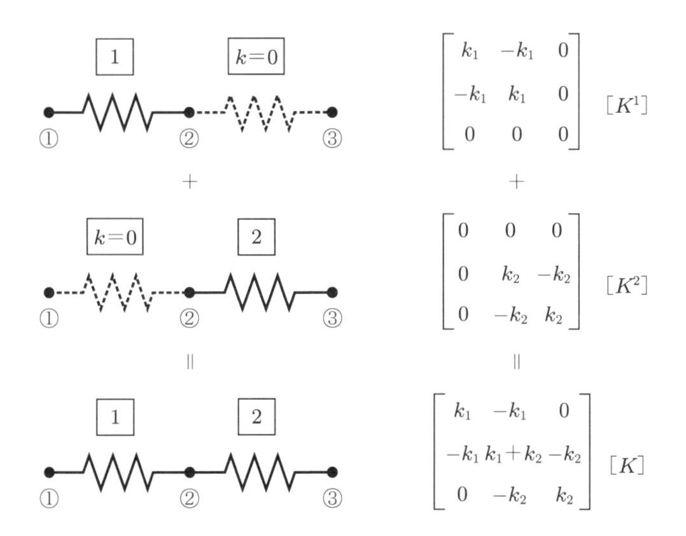

図 2.3　仮想ばね要素追加による重ね合わせ変換

うに線形に重ね合わせる（手順 III）．要素剛性マトリックスを重ね合わせたものを**全体剛性マトリックス** $[K]$ という．

$$
\begin{aligned}
&\begin{bmatrix} k_1 & -k_1 & 0 \\ -k_1 & k_1 & 0 \\ 0 & 0 & 0 \end{bmatrix} \begin{Bmatrix} u_1 \\ u_2 \\ u_3 \end{Bmatrix} = \begin{Bmatrix} f_1^{\boxed{1}} \\ f_2^{\boxed{1}} \\ 0 \end{Bmatrix} \\
+)\ &\begin{bmatrix} 0 & 0 & 0 \\ 0 & k_2 & -k_2 \\ 0 & -k_2 & k_2 \end{bmatrix} \begin{Bmatrix} u_1 \\ u_2 \\ u_3 \end{Bmatrix} = \begin{Bmatrix} 0 \\ f_2^{\boxed{2}} \\ f_3^{\boxed{2}} \end{Bmatrix} \\
\hline
&\underbrace{\begin{bmatrix} k_1 & -k_1 & 0 \\ -k_1 & k_1 + k_2 & -k_2 \\ 0 & -k_2 & k_2 \end{bmatrix}}_{[K]} \underbrace{\begin{Bmatrix} u_1 \overset{0}{\equiv} \\ u_2 \\ u_3 \end{Bmatrix}}_{\{U\}} = \begin{Bmatrix} f_1^{\boxed{1}} \\ f_2^{\boxed{1}} + f_2^{\boxed{2}} \\ f_3^{\boxed{2}} \end{Bmatrix} = \underbrace{\begin{Bmatrix} f_1^{\boxed{1}} \\ 0 \\ F_3 \end{Bmatrix}}_{\{F\}}
\end{aligned}
\tag{2.5}
$$

ポイント 3　全体剛性マトリックス

要素剛性マトリックスを，節点の接続を考慮して重ね合わせたものを全体剛性マトリックスとよぶ．

ただし，節点②における力の釣り合い条件より，$f_2^{\boxed{1}} + f_2^{\boxed{2}} = 0$ である（$f_3^{\boxed{2}} = F_3$ である）．ここで，$\{U\}$ は**節点変位ベクトル**，$\{F\}$ は**節点外力ベクトル**とよぶ†．$[K]$ の逆行列 $[K]^{-1}$ を求めれば，$\{U\} = [K]^{-1}\{F\}$ より，未知変位 $\{U\}$ が求まることになる．

ポイント 4　有限要素法は逆行列の数値計算 ⇔ ノウハウ 4 (p.66)

有限要素法とは，全体剛性マトリックスの逆行列 $[K]^{-1}$ を節点の力ベクトル $\{F\}$ にかけて，節点の変位 $\{U\} = [K]^{-1}\{F\}$ を求める計算手法である．

しかし，数学的に，$[K]$ の行列式 $\det[K]$ はゼロなので，逆行列は求まらず，このままでは解は得られない．これは，力学的には変位境界条件が設定されていないため，荷重 F_3 により物体が剛体運動してしまうことを意味する．そこで，変位境界条件 $u_1 \equiv 0$（点①は壁に固定されていて動かない）を考慮して，u_1 に関わるところ以外の式 (2.5)

† ここでのベクトルは，変位成分を並べた数ベクトルのことである．

の破線で囲んだ式 (2.6) を解く（手順 IV）．この変位境界条件の設定については章末の「**memo 境界条件の処理**」(p.26) で詳細を述べる．

$$\begin{bmatrix} k_1+k_2 & -k_2 \\ -k_2 & k_2 \end{bmatrix} \begin{Bmatrix} u_2 \\ u_3 \end{Bmatrix} = \begin{Bmatrix} 0 \\ F_3 \end{Bmatrix} \tag{2.6}$$

左辺の逆行列を求めて右辺にかければ，式 (2.7) のように，未知変位 u_2 と u_3 が得られる（手順 V）．

$$\begin{Bmatrix} u_2 \\ u_3 \end{Bmatrix} = \frac{1}{k_1 k_2} \begin{bmatrix} k_2 & k_2 \\ k_2 & k_1+k_2 \end{bmatrix} \begin{Bmatrix} 0 \\ F_3 \end{Bmatrix} = \begin{Bmatrix} F_3/k_1 \\ F_3(1/k_1+1/k_2) \end{Bmatrix} \tag{2.7}$$

また，節点①における反力は，式 (2.5) の u_1 に関わる式 $k_1u_1 - k_1u_2 = f_1^{[1]}$ より求まる．

2.2　一次元トラスの有限要素法

一次元トラスの有限要素法は，ばねのマトリックス法の計算とほとんど同じ手順となるが，トラスはばねと異なり弾性体であるため，要素剛性マトリックスの導出手順が異なる．ここでは，マトリックス法とのアナロジーに配慮しつつ，トラスの有限要素法の説明を行う．

(1) 仮想仕事の原理

有限要素法の説明の前に，要素剛性マトリックスを算出する際に必要な，**仮想仕事の原理**を説明する．仮想仕事の原理は，つぎのように表現できる．

構造物に外力が作用し，釣り合っているとき，釣り合い状態から微小な仮想的な変位によって変形する場合を考える．ただし，変形にあたって，変位境界条件は満足しているものとする．このとき，外力は仮想変位によって仮想仕事を行うが，一方，内部に発生している応力によりひずみエネルギーが変化する．つまり，仮想ひずみエネルギーを生じる．この両者が等しいということと，釣り合い状態であることとが等価であるというのが仮想仕事の原理である（図 2.4）．

仮想仕事の原理の適用によって，釣り合い状態の表現に必要となる諸関係式を導出できる．仮想仕事の原理の詳細な導出過程に関しては，付録 A.5 節(2) で述べる．

要素レベルで考えるとき，**仮想ひずみエネルギー**を δU^e，**外力のする仮想仕事**を δW^e

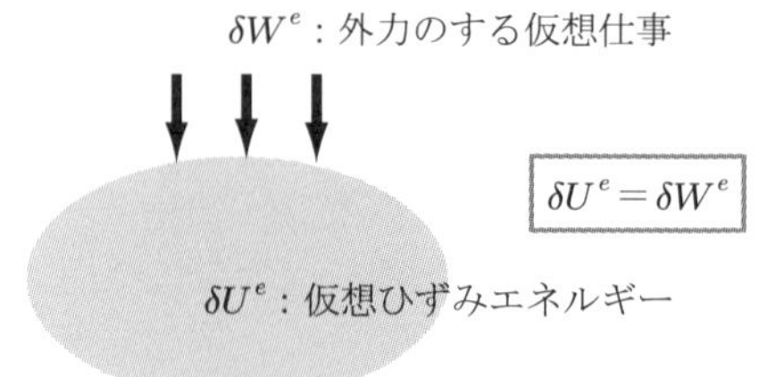

図 2.4　仮想仕事の原理

とすると，仮想仕事の原理は，

$$\delta U^e = \delta W^e \tag{2.8}$$

と表現できる†．

ポイント 5　仮想仕事の原理

物体内部の仮想ひずみエネルギー δU^e と，釣り合い状態からの微小な仮想変位による仮想仕事 δW^e が釣り合うこと．

(2) 要素剛性マトリックスの導出

2.1 節で述べたように，まずは要素ごとの力学特性の定義が必要である．これは，マトリックス法では，式 (2.1)〜(2.3) に対応する手順である．

図 2.5 に示したトラス要素を例に考えると，まず任意の微小な仮想変位 $\delta u(x)$ を与えたときの仮想ひずみエネルギーを求める．トラス要素内のひずみは，変位の勾配として，つぎのように表現される．

$$\varepsilon(x) = \frac{\mathrm{d}u(x)}{\mathrm{d}x} \tag{2.9}$$

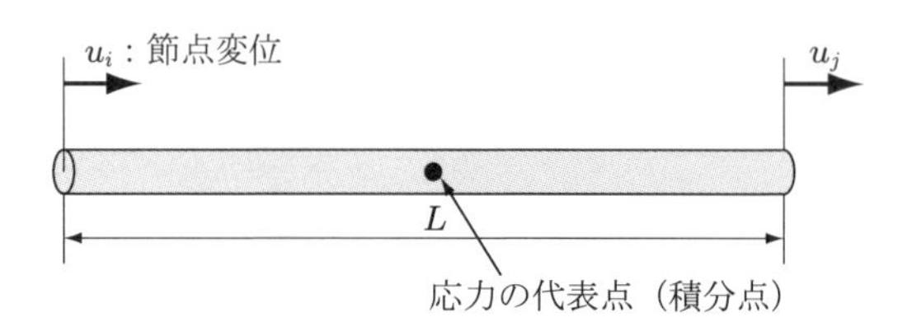

図 2.5　一次元トラス要素

† δ は変分（関数の微小変化）の意味であり，$\delta u(x)$ は変位の微小量でなく変位分布（関数）の微小変化を表す．詳細は付録 A.5 節(2) で解説する．

トラス要素内の変位は，節点値から内挿する**形状関数**（**内挿関数**）で近似される．図 2.5 のトラス要素は，x 軸方向の荷重を支える機能をもつ一次元構造である．左右の節点番号を i, j とし，その座標を x_i, x_j とする．節点変位が $u_i(\equiv u(x_i)), u_j(\equiv u(x_j))$ と与えられるとき（図 2.6），線形挙動を仮定すると，要素内の位置 x における変位 u を決定する形状関数として最適なものは，つぎのように表現される†．

$$u(x) = a_1 + a_2 x \tag{2.10}$$

ここで，a_1, a_2 は決定すべき定数である．左右の座標は x_i, x_j なので，次式が成立する．

$$u_i = a_1 + a_2 x_i, \quad u_j = a_1 + a_2 x_j \tag{2.11}$$

x_i を原点にとり，これから a_1, a_2 を決定したうえで，式 (2.10) に代入して整理すると，つぎのようになる．図 2.6 に関数の形を示す．

$$u(x) = \left[\ 1 - \frac{x}{L} \quad \frac{x}{L}\ \right] \left\{ \begin{array}{c} u_i \\ u_j \end{array} \right\} = [N]\{d\} \tag{2.12}$$

ここで，$[N]$ は**形状関数**，$\{d\}$ は要素の**節点変位ベクトル**，$L = x_j - x_i$ である．

ポイント 6　**変位分布は形状関数により近似**
⇔ ノウハウ 2（p.60），**ポイント 1**（p.5）

有限要素法では，要素内の変位分布は節点値から形状関数を使った内挿により近似されている．

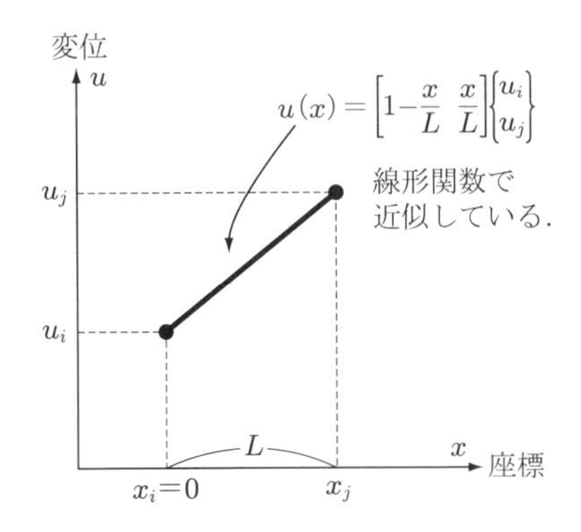

図 2.6　トラス要素の変位分布

† 二次関数で近似する場合は，3.3 節の図 3.8 参照．

トラス要素以外の要素についても，仮定する形状関数に応じて $[N]$ を決定でき，それらはハンドブックなどに掲載されている．

要素内のひずみは変位の空間勾配なので，式 (2.12) を式 (2.9) に代入して，つぎのように表すことができる．

$$\varepsilon(x) = \frac{\mathrm{d}u(x)}{\mathrm{d}x} = \frac{\mathrm{d}[N]}{\mathrm{d}x}\{d\} = [B]\{d\} \tag{2.13}$$

$\mathrm{d}[N]/\mathrm{d}x$ は，$[N]$ の各成分の微分を意味し，B マトリックスとよばれる．ここでは，

$$[B] = \frac{1}{L}\begin{bmatrix} -1 & 1 \end{bmatrix} \tag{2.14}$$

となる．一方，要素内の応力はフックの法則から，

$$\sigma(x) = E\varepsilon(x) = E[B]\{d\} \tag{2.15}$$

と書ける．ここで，E はヤング率である．ここで，式 (2.14) の $[B]$ の成分はすべて定数なので応力は要素内のどの場所でも等しい．3 章で扱うソリッド要素では応力は要素内で均一ではなく分布しているのが一般的である．このような場合，数値積分の代表点（積分点とよばれる）が実際の計算に使われ，そのまま出力値となる．ここで取り上げたトラス要素では，図 2.5 のように，要素の中心に代表点（積分点）を置くと，後のソリッド要素と整合する．また，応力・ひずみは変位の勾配に比例する量であるため，変位より精度が低くなる．

ポイント 7　応力は要素の代表点(積分点)での変位の勾配
⇔ ノウハウ 3（p.62），**10**（p.75）

有限要素法では，応力は変位場の微分として要素内で定義され，数値計算上は代表点（積分点）でのみ実際に計算・出力される．変位は節点，応力は要素（積分点）で計算される．一般に，応力は変位の勾配なので，変位より精度が低い．

$\delta u(x)$ に基づく**仮想ひずみエネルギー**は，

$$\delta U^e = \int_{V^e} \{\delta\varepsilon(x)\}^T \sigma(x)\mathrm{d}V^e \tag{2.16}$$

である．^{T} は転置を表す†．$\mathrm{d}V^e$ は部材の微小体積要素である．ただし式 (2.13) より，

$$\delta\varepsilon(x) = \frac{\mathrm{d}\delta u(x)}{\mathrm{d}x} = [B]\{\delta d\} \tag{2.17}$$

† ここでは転置は意味がないが，後のひずみの数ベクトル表示のために転置をつけておく．

である[†]．式 (2.15) と式 (2.17) を式 (2.16) に代入することにより，

$$\delta U^e = \int_{V^e} ([B]\{\delta d\})^T E[B]\{d\}\mathrm{d}V^e = \{\delta d\}^T \int_{V^e} [B]^T E[B]\{d\}\mathrm{d}V^e \tag{2.18}$$

となる．一方，節点に作用する**外力の仮想仕事**は，

$$\delta W^e = \{\delta d\}^T\{f\} \tag{2.19}$$

と表現できる．ここで，$\{f\}$ は**節点外力ベクトル**である．仮想仕事の原理により，δU^e と δW^e は等しいので，式 (2.18) と式 (2.19) を等置すると，

$$\{\delta d\}^T \int_{V^e} [B]^T E[B]\{d\}\mathrm{d}V^e = \{\delta d\}^T\{f\} \tag{2.20}$$

と表現できる．釣り合い状態のときには任意の微小仮想変位 $\delta u(x)$ に対して，この関係式が成立するので，この式の両辺から $\{\delta d\}^T$ をキャンセルした次式が成立しなければならない．

$$[k]\{d\} = \{f\}, \quad [k] = \int_{V^e} [B]^T E[B]\mathrm{d}V^e \tag{2.21}$$

これにより，有限要素法においてもマトリックス法（式 (2.5)）と同様の式が得られることがわかる．

ポイント 8　要素剛性方程式 ⇔ ノウハウ 7 (p.70)

式 (2.21) に示す $[k]\{d\} = \{f\}$ を要素剛性方程式とよぶ．ここで，要素剛性マトリックス $[k]$ は，$[k] = \int_{V^e}[B]^T E[B]\mathrm{d}V^e$ で定義される．$\{d\}$, $\{f\}$ はそれぞれ節点変位ベクトル，節点外力ベクトルである．

ここで，具体的に一次元トラスの要素剛性マトリックスを求める．式 (2.21) に式 (2.14) を代入する．式 (2.21) の被積分項は，要素内で一定値であり，積分は図 2.5 で示される代表点（積分点）の応力に体積をかければいいので，要素剛性マトリックスは，つぎのように導出される．

$$[k] = \frac{EA}{L}\begin{bmatrix} 1 & -1 \\ -1 & 1 \end{bmatrix} \tag{2.22}$$

ただし，A は断面積である．

† ここで $\delta u(x)$ は任意の微小な仮想変位分布，$\{\delta d\}$ は，それに対応した節点（仮想）変位ベクトルである．

この式 (2.22) と式 (2.3) を比べると，$k_1 = EA/L$ または $k_2 = EA/L$ なる対応関係があることがわかる．この後の全体剛性マトリックスの導出や境界条件の処理などは，マトリックス法とほぼ同様となる．要素剛性マトリックスの大きさは，要素の自由度（節点の自由度 × 1 要素内の節点数）となる．この一次元トラスの場合，節点の自由度は一次元方向のみの 1 であり，1 要素内の節点数は 2 なので 2 × 2 の行列となる．二次元，三次元要素の場合には，式がより複雑なものとなるが，考え方はまったく同様であり，一般性のある方法である．

(3) 全体剛性マトリックスの導出

これまで述べた要素レベルの仮想仕事の原理を系全体に拡張することにより，複数の要素からなる系の全体剛性マトリックスの導出が可能となる．全体剛性マトリックスの大きさは全自由度数（節点の自由度 × 全節点数）となり，メッシュが多ければ 10000 × 10000 などの大規模行列となる．第 e 番目の要素の成分のすべてに e をつけて表示する．

微小仮想変位に基づく系全体の体積 V にわたる仮想仕事は，要素ごとの仮想仕事の総和であるから，各要素のひずみエネルギー δU^e（式 (2.16)）を足し合わせて，

$$\delta U = \int_V (\delta\varepsilon)^T \sigma \mathrm{d}V = \sum_e \int_{V^e} (\delta\varepsilon^e)^T \sigma^e \mathrm{d}V^e \tag{2.23}$$

であるが，これに式 (2.15), (2.17), (2.21) を代入することにより，

$$\sum_e \int_{V^e} \{\delta d^e\}^T [B]^T E [B] \{d^e\} \mathrm{d}V^e = \sum_e \{\delta d^e\}^T [k^e] \{d^e\} \tag{2.24}$$

となる．

いま，系全体の剛性マトリックスに対して，第 e 番目の要素の剛性成分のみ組み込まれた剛性マトリックスを $[K^e]$ と書くことにする．この意味は，式 (2.3) → 式 (2.4) の拡張に対応している．これに合わせて，$\{\delta d^e\}$ や $\{d^e\}$ を，系全体の仮想節点変位ベクトル，節点変位ベクトル $\{\delta U\}, \{U\}$ に拡張することにより，式 (2.24) をつぎのように書き直すことができる．具体的な方法は，図 2.3 や式 (2.5) を参照すること．

$$\begin{aligned} \sum_e \{\delta d^e\}^T [k^e] \{d^e\} &\to \sum_e \{\delta U\}^T [K^e] \{U\} \\ &= \{\delta U\}^T \sum_e [K^e] \{U\} = \{\delta U\}^T [K] \{U\} \end{aligned} \tag{2.25}$$

ここで，

$$[K] = \sum_e [K^e] \tag{2.26}$$

は，要素剛性マトリックスを全体剛性マトリックスに重ね合わせる（拡張して加算する）操作（マージ：merge）に対応している（図 2.7 参照）．これは，図 2.3 に示した手順と対応している．

一方, 外力による仮想仕事もまた要素ごとの外力仮想仕事の総和であるから, 式 (2.19) を全要素に対して足し合わせて

$$\delta W = \sum_e \{\delta d^e\}^T \{f^e\} \tag{2.27}$$

で与えられるが, 系全体の節点外力ベクトルに $\{f^e\}$ の成分を拡張したベクトルを $\{F^e\}$

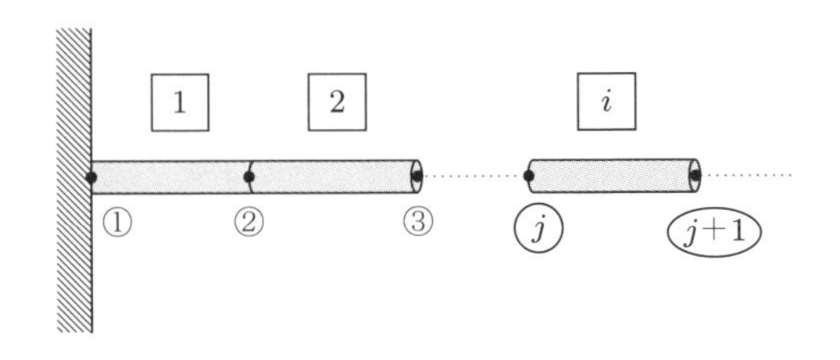

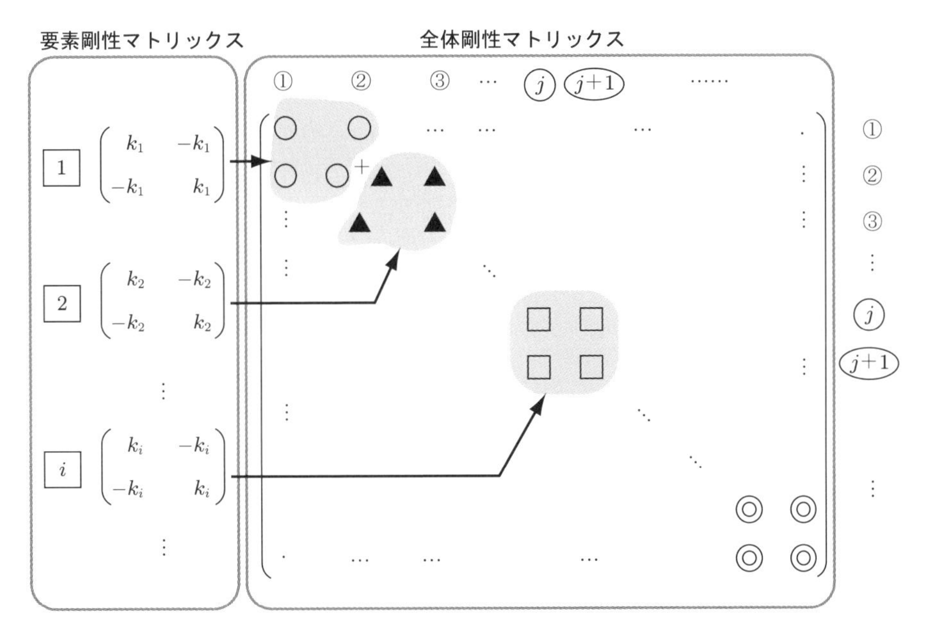

図 2.7　全体剛性マトリックスへの要素剛性マトリックスの埋め込み
（要素剛性マトリックスを対応する節点（自由度）のところに埋め込んで（マージして）全体剛性マトリックスを作成する）

と記述することにし，$\{\delta d^e\}$ を系全体の仮想変位 $\{\delta U\}$ に拡張することにより，

$$\sum_e \{\delta d^e\}^T\{f^e\} \to \sum_e \{\delta U\}^T\{F^e\} = \{\delta U\}^T\sum_e \{F^e\} = \{\delta U\}^T\{F\} \tag{2.28}$$

と記述できる．ここで，$\{F\}$ は $\{F^e\}$ の重ね合わせにより導いたものである．結局，仮想仕事の原理より式 (2.25) と式 (2.28) を等置し，$\{\delta U\}^T$ をキャンセルすることにより，つぎの剛性方程式が導出される．

$$[K]\{U\} = \{F\} \tag{2.29}$$

この操作は，式 (2.5) の手順に対応している．このように，全体剛性マトリックスの構築手順は基本的にマトリックス法と同じである．この後の境界条件の処理や $[K]^{-1}$ の算出による節点変位ベクトル $\{U\}$ の算出についても同じ手順となる．

つぎに，具体例として，図 2.8 に示すトラス構造の有限要素解析を行う場合を考える．各要素の要素剛性マトリックスは式 (2.22) より，つぎのように与えられる．

$$[k^1] = \frac{E_1A_1}{L_1}\begin{bmatrix} 1 & -1 \\ -1 & 1 \end{bmatrix}, \quad [k^2] = \frac{E_2A_2}{L_2}\begin{bmatrix} 1 & -1 \\ -1 & 1 \end{bmatrix} \tag{2.30}$$

この式 (2.30) をマトリックス法における式 (2.3) と比較すると明らかなように，

$$k_1 = \frac{E_1A_1}{L_1}, \quad k_2 = \frac{E_2A_2}{L_2} \tag{2.31}$$

の 2 種類のばねが結合している問題と等価であることがわかる．

一般に，要素剛性マトリックスが求まっていれば，その他の有限要素解析の手順は共通である．したがって，ユーザーは，解析目的に応じて，適切な要素剛性マトリックスを選択することが重要である．

トラス要素の場合には，変数として変位以外にも，要素内の応力やひずみの評価が

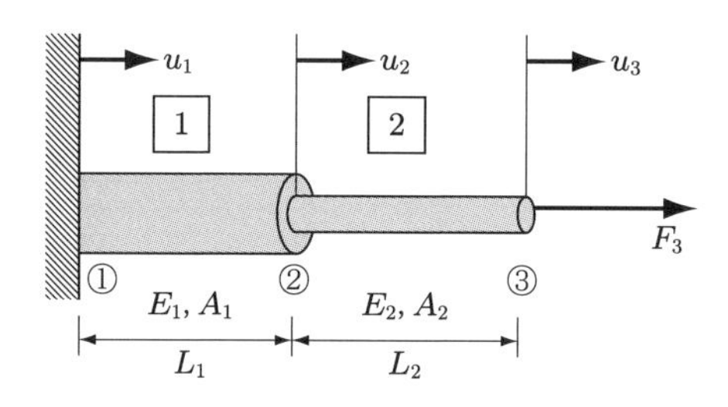

図 2.8 一次元トラス構造

必要になる．ひずみは，式 (2.13), (2.14) より，

$$\varepsilon_1 = \frac{1}{L_1}[-1 \quad 1]\left\{\begin{array}{c} u_1 \\ u_2 \end{array}\right\}, \quad \varepsilon_2 = \frac{1}{L_2}[-1 \quad 1]\left\{\begin{array}{c} u_2 \\ u_3 \end{array}\right\} \tag{2.32}$$

と求まり，応力は，式 (2.15) より，

$$\sigma_1 = E_1\varepsilon_1, \quad \sigma_2 = E_2\varepsilon_2 \tag{2.33}$$

と求まる．

ポイント 9　有限要素法の計算手順

有限要素法プログラム内の手順は，要素の種類にかかわらず，おおよそ類似しており，図 2.9（p.20）のようになっている．

2.3 二次元トラスの有限要素法

二次元トラスの解析は，一次元トラスを拡張して容易に行うことができる．図 2.10 に示す，一次元トラスを θ だけ傾けたトラス要素を考えてみる．すなわち，y 方向の変位と外力 v, g をあらたに考慮しなければならない．

このトラスは，要素の方向に x' 軸，それと直角方向に y' 軸をとることにすれば，x' 方向の変位 u'，外力 f'，y' 方向の変位 v'，外力 g' について，要素剛性方程式は式 (2.34) のように与えられる．ここで，実際は y' 方向の変位や外力ははたらいていないことに注意してほしい．また，一次元トラスの問題のときと同様に $k = EA/L$（E：ヤング率，A：断面積，L：長さ）である．

$$\underbrace{\begin{bmatrix} k & 0 & -k & 0 \\ 0 & 0 & 0 & 0 \\ -k & 0 & k & 0 \\ 0 & 0 & 0 & 0 \end{bmatrix}}_{[k']}\underbrace{\left\{\begin{array}{c} u'_1 \\ v'_1 \\ u'_2 \\ v'_2 \end{array}\right\}}_{\{d'\}} = \underbrace{\left\{\begin{array}{c} f'_1 \\ g'_1 \\ f'_2 \\ g'_2 \end{array}\right\}}_{\{f'\}} \tag{2.34}$$

節点変位ベクトルの $x'y'$ 座標系から xy 座標系への座標変換は，座標変換の式（付録 A.2 節の式 (A.9)）によってつぎのように得られる．ここで，$[P]$ は座標変換マトリックスである．

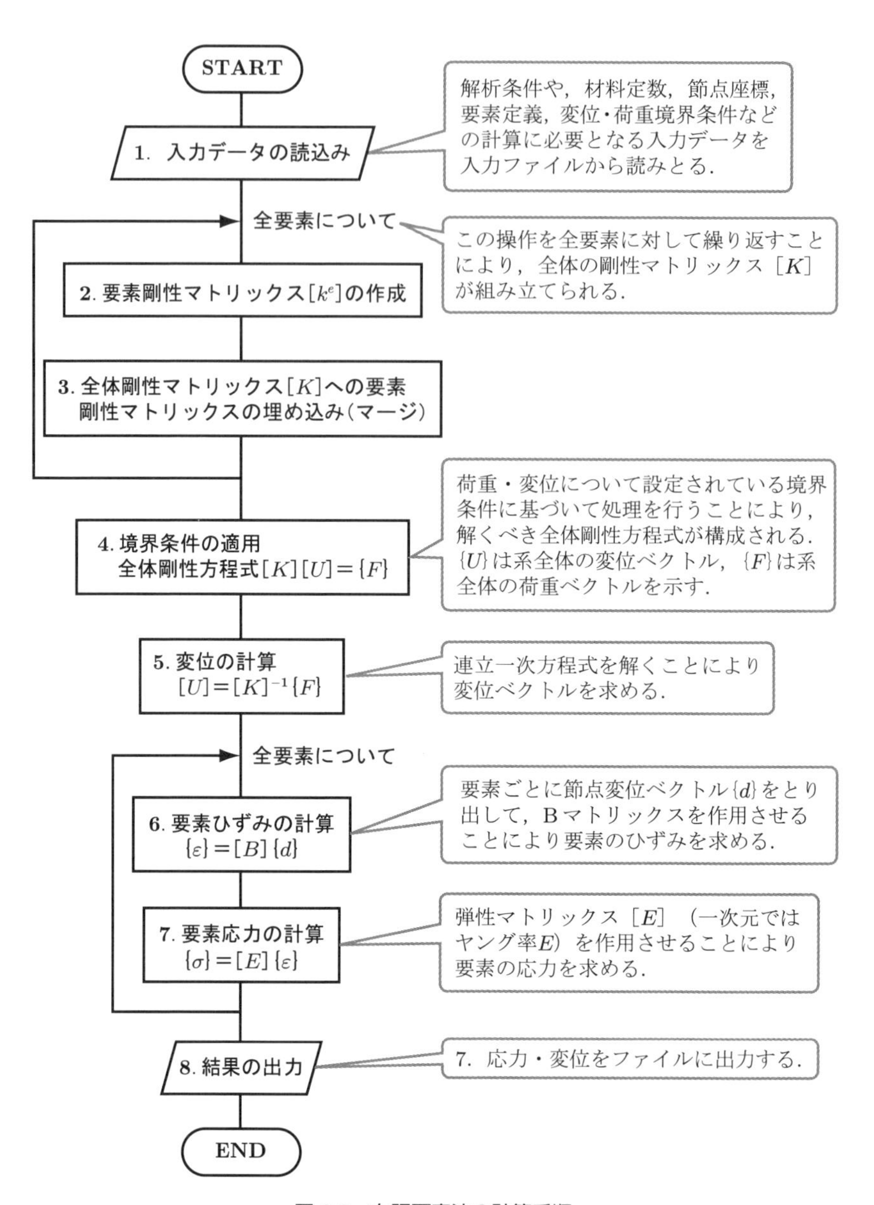

図 2.9　有限要素法の計算手順

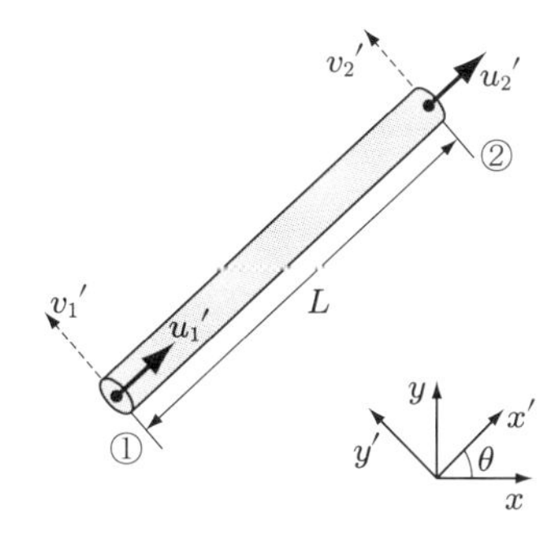

図 2.10　二次元トラス要素

$$\underbrace{\begin{Bmatrix} u_1' \\ v_1' \\ u_2' \\ v_2' \end{Bmatrix}}_{\{d'\}} = \underbrace{\begin{bmatrix} \cos\theta & \sin\theta & 0 & 0 \\ -\sin\theta & \cos\theta & 0 & 0 \\ 0 & 0 & \cos\theta & \sin\theta \\ 0 & 0 & -\sin\theta & \cos\theta \end{bmatrix}}_{[P]} \underbrace{\begin{Bmatrix} u_1 \\ v_1 \\ u_2 \\ v_2 \end{Bmatrix}}_{\{d\}} \tag{2.35}$$

節点外力ベクトルについても同様の関係で,

$$\{f'\} = [P]\{f\} \tag{2.36}$$

が成立するので，式 (2.35), (2.36) を式 (2.34) に代入すると，つぎのようになる.

$$[k'][P]\{d\} = [P]\{f\} \tag{2.37}$$

式 (2.37) を両辺から $[P]^{-1}$ をかけて,

$$[P]^{-1}[k'][P]\{d\} = \{f\} \tag{2.38}$$

を得る．ここで，$[P]$ は直交マトリックス† であることを考慮すると，次式が得られる.

$$[k]\{d\} = \{f\}, \quad [k] = [P]^T[k'][P] \tag{2.39}$$

これは，図 2.10 の xy 座標系に対して定義される二次元トラス要素の要素剛性方程式である.

ポイント 10　二次元トラスの要素剛性マトリックス

二次元トラスの要素剛性マトリックスは，一次元トラスのものを座標変換して回転させて求める.

---

† $[P]^{-1} = [P]^T$ となるマトリックスのこと．^{T} は転置を表す.

以上のように求まった要素剛性マトリックス $[k]$ を重ね合わせることにより，全体剛性マトリックスが得られる．

その手順を簡単な 2 要素のトラス構造（図 2.11 参照）で考えてみよう．まず，第 2 要素については局所座標を導入する必要がなく，式 (2.34) と同様に要素剛性方程式は次式で与えられる．ただし，$k_2 = E_2A_2/L_2$ である．

$$\underbrace{\begin{bmatrix} k_2 & 0 & -k_2 & 0 \\ 0 & 0 & 0 & 0 \\ -k_2 & 0 & k_2 & 0 \\ 0 & 0 & 0 & 0 \end{bmatrix}}_{[k^{\boxed{2}}]} \underbrace{\begin{Bmatrix} u_1 \\ v_1 \\ u_3 \\ v_3 \end{Bmatrix}}_{\{d^{\boxed{2}}\}} = \underbrace{\begin{Bmatrix} f_1^{\boxed{2}} \\ g_1^{\boxed{2}} \\ f_3^{\boxed{2}} \\ g_3^{\boxed{2}} \end{Bmatrix}}_{\{f^{\boxed{2}}\}} \tag{2.40}$$

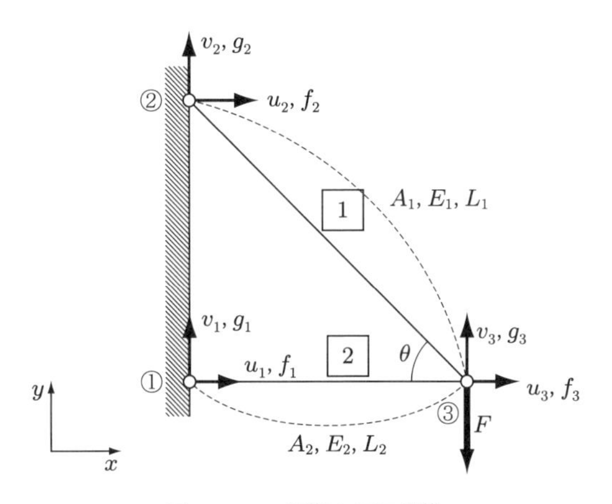

図 2.11　二要素トラス構造

構造全体の自由度は，$u_1, v_1, u_2, v_2, u_3, v_3$ の 6 自由度である．したがって，構造全体の剛性マトリックス（全体剛性マトリックス）$[K]$ は，6×6 の大きさをもつことになる．問題は，式 (2.39) のマトリックス成分を 6×6 の全体剛性マトリックス $[K]$ のどこに重ね合わせる（埋め込む）かであるが，もっともわかりやすい方法としては，一次元トラスの箇所での説明と同様に，式 (2.40) の各ベクトルに u_2, v_2 および $f_2^{\boxed{2}} = 0$, $g_2^{\boxed{2}} = 0$ を形式的に付け加え，対応するマトリックス $[k^{\boxed{2}}]$ にもゼロの成分を付け加えてつぎのように 6×6 のマトリックスに拡張したものを考えればよい．

$$\underbrace{\begin{bmatrix} k_2 & 0 & 0 & 0 & -k_2 & 0 \\ 0 & 0 & 0 & 0 & 0 & 0 \\ 0 & 0 & 0 & 0 & 0 & 0 \\ 0 & 0 & 0 & 0 & 0 & 0 \\ -k_2 & 0 & 0 & 0 & k_2 & 0 \\ 0 & 0 & 0 & 0 & 0 & 0 \end{bmatrix}}_{[K^{\boxed{2}}]} \underbrace{\begin{Bmatrix} u_1 \\ v_1 \\ u_2 \\ v_2 \\ u_3 \\ v_3 \end{Bmatrix}}_{\{U\}} = \underbrace{\begin{Bmatrix} f_1^{\boxed{2}} \\ g_1^{\boxed{2}} \\ 0 \\ 0 \\ f_3^{\boxed{2}} \\ g_3^{\boxed{2}} \end{Bmatrix}}_{\{F^{\boxed{2}}\}} \tag{2.41}$$

この操作は，要素剛性方程式における第 3 自由度（u_3, $f_3^{\boxed{2}}$）および第 4 自由度（v_3, $g_3^{\boxed{2}}$）が，全体剛性方程式における第 5 自由度および第 6 自由度に対応する（$3 \to 5$, $4 \to 6$）ことに着目して，たとえば，要素剛性マトリックスの $(3,3)$ 成分 k_2 は，全体剛性マトリックスの $(5,5)$ 成分に，$(3,4)$ 成分 0 は $(5,6)$ 成分に埋め込むことと同様であることがわかる．なお，本要素では，要素剛性マトリックスの第 1 自由度，および第 2 自由度は全体剛性マトリックスでも第 1 自由度，および第 2 自由度に対応する（$1 \to 1$, $2 \to 2$）ので，要素剛性マトリックスの $(1,1)$ 成分 k_2 は全体剛性マトリックスの $(1,1)$ 成分に，$(1,3)$ 成分 $-k_2$ は $(1,5)$ 成分に埋め込まれる（図 2.7 参照）．

さらにこの方法は，一般に第 i 節点の x 方向自由度と y 方向自由度が全体剛性方程式の第 $(2i-1)$ 自由度と $2i$ 自由度になることに注目すれば，より機械的に実行できる．つまり，本要素は第 1 節点と第 3 節点から構成されているので，要素剛性方程式における第 1，2，3，4 自由度は，全体剛性方程式の第 $(2 \times 1 - 1)$, 2×1, $(2 \times 3 - 1)$, 2×3 自由度に対応するので，すなわち，($1 \to 1$, $2 \to 2$, $3 \to 5$, $4 \to 6$) の対応関係に基づいて埋め込めばよい．なお，ある要素が何番と何番の節点から構成されているかの情報はコネクティビィティ（connectivity）とよばれ，有限要素法の基本的入力データの一つであることをおぼえておこう．表 2.1 のような要素（local）自由度と全体（global）自由度との対応表を各要素について作っておくとよい．

ポイント 11　全体剛性マトリックスへの要素剛性マトリックスの埋め込み手法

全体剛性マトリックスへ要素剛性マトリックスを重ね合わせる（マージ）ためには，要素の要素自由度と，モデルの全体自由度の対応表を作って，割り振るとよい．

つぎに，第 1 要素について見ると，座標変換マトリックス $[P]$ は，$\theta > 0$ として，反時計回り $-\theta$ 方向の回転になるので，次式で与えられる（付録 A.2 節の式 (A.9) 参照）．

表 2.1　要素自由度と全体自由度の対応表

要素	要素自由度	全体自由度
2	1	1
	2	2
	3	5
	4	6
1	1	3
	2	4
	3	5
	4	6

$$[P] = \begin{bmatrix} c & -s & 0 & 0 \\ s & c & 0 & 0 \\ 0 & 0 & c & -s \\ 0 & 0 & s & c \end{bmatrix} \quad (c = \cos\theta,\ s = \sin\theta) \tag{2.42}$$

よって，全体座標系での要素剛性方程式は，つぎのように計算される．ただし，$k_1 = E_1A_1/L_1$ である．

$$[k^{\boxed{1}}] = [P]^T \left[k^{\boxed{1}\prime}\right][P] = k_1 \begin{bmatrix} c^2 & -sc & -c^2 & sc \\ -sc & s^2 & sc & -s^2 \\ -c^2 & sc & c^2 & -sc \\ sc & -s^2 & -sc & s^2 \end{bmatrix} \tag{2.43}$$

このようにしてできた要素剛性マトリックスを，表 2.1 に基づいて，全体剛性マトリックスに埋め込むと，次式が得られる．

$$\underbrace{\begin{bmatrix} k_2 & 0 & 0 & 0 & -k_2 & 0 \\ 0 & 0 & 0 & 0 & 0 & 0 \\ 0 & 0 & k_1c^2 & -k_1sc & -k_1c^2 & k_1sc \\ 0 & 0 & -k_1sc & k_1s^2 & k_1sc & -k_1s^2 \\ -k_2 & 0 & -k_1c^2 & k_1sc & k_2+k_1c^2 & -k_1sc \\ 0 & 0 & k_1sc & -k_1s^2 & -k_1sc & k_1s^2 \end{bmatrix}}_{[K]} \underbrace{\begin{Bmatrix} u_1 \\ v_1 \\ u_2 \\ v_2 \\ u_3 \\ v_3 \end{Bmatrix}}_{\{U\}} = \underbrace{\begin{Bmatrix} f_1^{\boxed{2}}(=f_1) \\ g_1^{\boxed{2}}(=g_1) \\ f_2^{\boxed{1}}(=f_2) \\ g_2^{\boxed{1}}(=g_2) \\ f_3^{\boxed{2}}+f_3^{\boxed{1}}=F_3 \\ g_3^{\boxed{2}}+g_3^{\boxed{1}}=G_3 \end{Bmatrix}}_{\{F\}} \tag{2.44}$$

なお，図 2.11 より $f_3^{\boxed{2}}+f_3^{\boxed{1}}$, $g_3^{\boxed{2}}+g_3^{\boxed{1}}$ は，第 3 節点に作用する節点外力ベクトル $\boldsymbol{F}$

の x 方向成分 F_3，y 方向成分 G_3 に等しい．ここで，F_3, G_3 は荷重境界条件として与えられる既知量である．

ここで，$[K]$ の行列式 $\det[K]=0$ なので，このままでは解は求まらない．そこで 2.1 節と同様にして変位境界条件の処理を行う．本問題では第 1 節点と第 2 節点が x 方向，y 方向ともに拘束されているので，$u_1=v_1=u_2=v_2=0$ である．したがって，式 (2.44) を式 (2.45) のように，実線で示したように区分けし，第 5，6 行について方程式を整理すると，式 (2.46) のようになる．境界条件の詳細は章末の「**memo 境界条件の処理**」（p.26）を参照のこと．

$$\underbrace{\left[\begin{array}{cccc|cc} k_2 & 0 & 0 & 0 & -k_2 & 0 \\ 0 & 0 & 0 & 0 & 0 & 0 \\ 0 & 0 & k_1c^2 & -k_1sc & -k_1c^2 & k_1sc \\ 0 & 0 & -k_1sc & k_1s^2 & k_1sc & -k_1s^2 \\ \hline -k_2 & 0 & -k_1c^2 & k_1sc & k_2+k_1c^2 & -k_1sc \\ 0 & 0 & k_1sc & -k_1s^2 & -k_1sc & k_1s^2 \end{array}\right]}_{[K]} \underbrace{\left\{\begin{array}{c} u_1 \\ v_1 \\ u_2 \\ v_2 \\ \hline u_3 \\ v_3 \end{array}\right\}}_{\{U\}} = \underbrace{\left\{\begin{array}{c} f_1 \\ g_1 \\ f_2 \\ g_2 \\ \hline F_3=0 \\ G_3=-F \end{array}\right\}}_{\{F\}} \tag{2.45}$$

$$\begin{bmatrix} k_2+k_1c^2 & -k_1sc \\ -k_1sc & k_1s^2 \end{bmatrix} \begin{Bmatrix} u_3 \\ v_3 \end{Bmatrix} = \begin{Bmatrix} 0 \\ -F \end{Bmatrix} \tag{2.46}$$

式 (2.46) より，未知変位 u_3, v_3 が求まる．また，反力 f_1, g_1, f_2, g_2 も式 (2.45) より得ることができる．

$$\left.\begin{aligned} u_3 &= -\frac{FL_2}{E_2A_2\tan\theta} \\ v_3 &= -\frac{FL_1}{E_1A_1\sin^2\theta} - \frac{FL_2}{E_2A_2\tan^2\theta} \end{aligned}\right\} \tag{2.47}$$

各トラスの応力は，式 (2.32), (2.33) と同様に求めることができる．このとき，B マトリックス（式 (2.14)）も二次元に拡張することに注意する．

$$\begin{aligned} \sigma_2 = E_2[B]\{d\} &= E_2\frac{1}{L_2}\begin{bmatrix} -1 & 0 & 1 & 0 \end{bmatrix}\begin{Bmatrix} u_1 \\ v_1 \\ u_3 \\ v_3 \end{Bmatrix} \\ &= \frac{E_2u_3}{L_2} = -\frac{F}{A_2\tan\theta} \end{aligned} \tag{2.48}$$

$$\sigma_1 = E_1[B][P]\{d\} = E_1 \frac{1}{L_1} \begin{bmatrix} -c & s & c & -s \end{bmatrix} \begin{Bmatrix} u_2 \\ v_2 \\ u_3 \\ v_3 \end{Bmatrix}$$

$$= E_1 \frac{1}{L_1} [u_3 \cos\theta - v_3 \sin\theta] = \frac{F}{A_1 \sin\theta} \tag{2.49}$$

memo　境界条件の処理 ⇔ ポイント 12 (p.27)

図 2.12(a) に示す一次元ばねの場合，剛性方程式はつぎのように書ける．

$$\begin{bmatrix} k & -k \\ -k & k \end{bmatrix} \begin{Bmatrix} u_1 \\ u_2 \end{Bmatrix} = \begin{Bmatrix} f_1 \\ f_2 \end{Bmatrix} \tag{2.50}$$

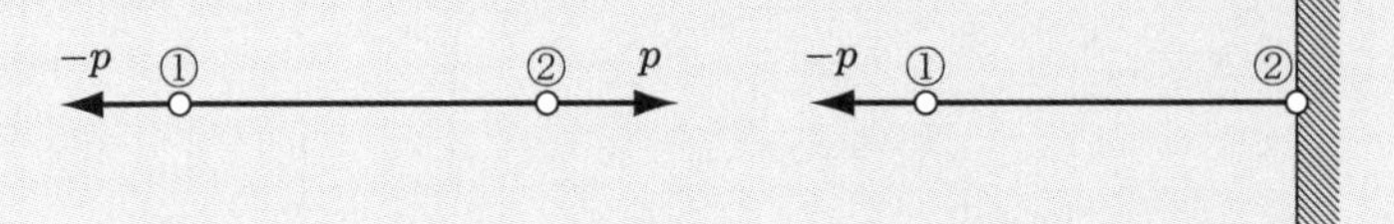

（a）境界条件が設定されていない一次元ばね要素　（b）境界条件が設定された一次元ばね要素

図 2.12　一次元ばね要素の例題（境界条件の設定方法）

ここで，荷重の境界条件である $f_1 = -f_2 = -p$ を代入したうえで，未知変位を求めるために剛性マトリックスの行列式を求めると，

$$k^2 - k^2 = 0 \tag{2.51}$$

となってしまい，剛性マトリックスの逆行列が特異となってしまうので解を求めることができない．

図 2.12(a) の状態では，荷重は釣り合っているはずなのに，なぜ解が求まらないのであろうか．これは，つまり，一次元座標のあらゆる場所で釣り合うことができる（剛体運動できる）ことを意味しており，解が一意に定まらないということに対応している．

いま，この問題を解くために，図 2.12(b) のように，節点②を固定してみる．つまり，変位境界条件を設定する．すると，u_1 と f_2 が未知量であり，u_2 と f_1 は既知量である．このように，同一節点については，荷重と変位のいずれか一方のみが既知量であり，他方は未知量である．両者がともに，既知量となったり，未知量となったりすることはない．既知量を式 (2.50) に代入すると，つぎのようになる．

$$\begin{bmatrix} k & -k \\ -k & k \end{bmatrix} \begin{Bmatrix} u_1 \\ 0 \end{Bmatrix} = \begin{Bmatrix} -p \\ f_2 \end{Bmatrix} \tag{2.52}$$

第 1 行について解くことにより，節点①の未知変位は $u_1 = -p/k$ と求まり，また，第 2 行からは $f_2 = -ku_1 = p$ と未知反力が求まることが確認される．式 (2.52) のように剛性方程式に対して，変位境界条件の処理を施すことによって，解を求めることができるようになる．ただし，要素数が増える場合にはもう少し手続きは複雑になる．この手続きを一般化すると，つぎのように記述できる．いま，剛性方程式が次式のように記述されているものとする．

$$\begin{bmatrix} \mathbf{K}_{11} & \mathbf{K}_{12} \\ \mathbf{K}_{21} & \mathbf{K}_{22} \end{bmatrix} \begin{Bmatrix} \mathbf{U}_1 \\ \mathbf{U}_2 \end{Bmatrix} = \begin{Bmatrix} \mathbf{F}_1 \\ \mathbf{F}_2 \end{Bmatrix} \tag{2.53}$$

ただし，$\mathbf{U}_1$ は未知変位の成分，$\mathbf{U}_2$ は既知変位の成分となっているものとする．この場合，上述のように $\mathbf{F}_1$ は既知荷重の成分，$\mathbf{F}_2$ は未知荷重の成分となっているはずである．このような形式で表現されていると，未知変位ベクトルは次式により求まる．

$$\mathbf{U}_1 = \mathbf{K}_{11}^{-1}(\mathbf{F}_1 - \mathbf{K}_{12}\mathbf{U}_2) \tag{2.54}$$

右辺はすべて既知量であり，しかも行列 $\mathbf{K}_{11}$ は特異ではないので，解が求まる．一方，第 2 列から未知反力は，

$$\mathbf{F}_2 = \mathbf{K}_{21}\mathbf{U}_1 + \mathbf{K}_{22}\mathbf{U}_2 \tag{2.55}$$

となるが，右辺はすべて求まっている量なので求めることができる．これが求解の手順であるが，一般には剛性方程式を組み立てた段階で，式 (2.52) のように都合よく未知変位の行がすべて上側に集まっていることはない．

したがって，未知変位となる行が飛び飛びに配置されているので，上記のような手順の実行のためには，行列の並べ替えによって未知変位と既知変位の行が上下に分離する手順が必要になる．この手続きは少し複雑ではあるため，種々の簡易解法が考えられている．

ポイント 12　境界条件の設定 ⇔ ノウハウ 4 (p.66)

有限要素法は適切な境界条件を設定して，初めて全体剛性マトリックスの逆行列が計算可能となり，答えが得られる．

練習問題【2】

問題 2.1　演図 2.1(a)，(b)，(c) のようなばね要素の組合せがある．一次元のばね要素の公式（要素剛性マトリックス）を用いて，全体剛性マトリックスを導き，図に示されている境界条件を処理することによって，最終的な全体剛性方程式を導き，節点の変位と反力を求めなさい．ただし，すべての要素でばね定数は k とする．

問題 2.2　演図 2.2(a)，(b)，(c) の二次元トラスの全体剛性マトリックスを導き，未知節点変位を求めなさい．ただし，ヤング率を E，長さと断面積は図に示したとおりとする．

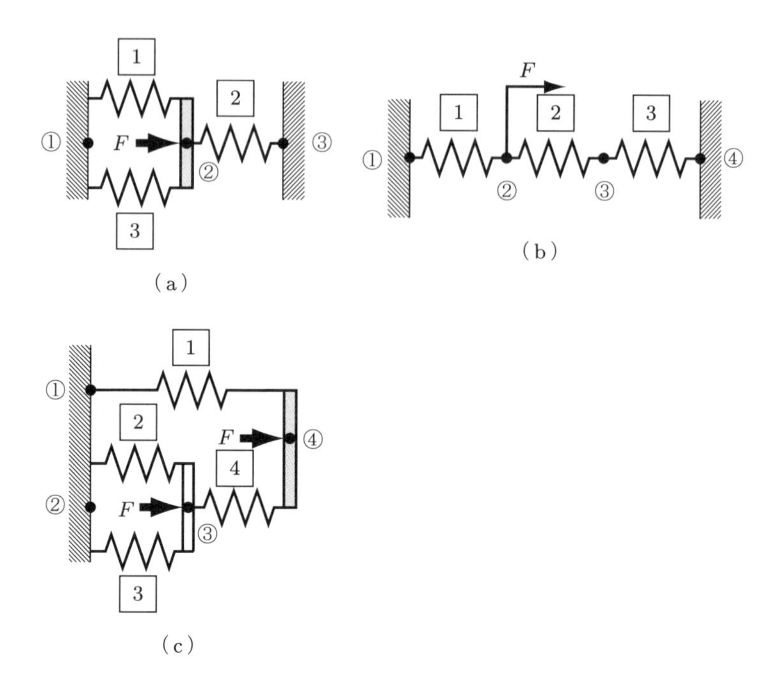
1
2
3
①
②
③
F
(a)
F
1
2
3
①
②
③
④
(b)
1
2
3
4
①
②
③
④
F
F
(c)

演図 2.1

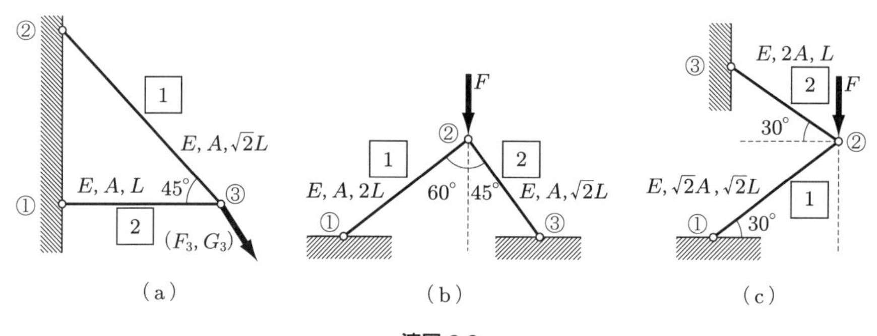
②
1
E, A, √2L
①
E, A, L
45°
③
2
(F3, G3)
(a)
F
②
1
2
E, A, 2L
60°
45°
E, A, √2L
①
③
(b)
③
E, 2A, L
2
F
30°
②
E, √2A, √2L
1
①
30°
(c)

演図 2.2

3章 有限要素法の原理（ソリッド要素）

本章では，もっとも有限要素法で用いられるソリッド要素について説明する．最終的に，そのなかでももっともポピュラーな（二次元）アイソパラメトリック要素の理解を目指す．

この要素は，もっともよく用いられる要素であるにもかかわらず，原理的な側面を知らないことによる単純な誤りをおかしやすいので，ある程度の原理の理解が必要である．ユーザーが直観的にアイソパラメトリック要素を理解し，使いこなすことを目的にする．

3.1 三角形一次要素（定ひずみ要素）

アイソパラメトリック要素の理解を容易にするため，原理的に簡単な，三角形一次要素（定ひずみ要素）の説明を先にする．ただし，三角形一次要素は精度が低く，ほとんど使われていない．

(1) 三角形一次要素（定ひずみ要素）の定式化

(a) ひずみの定義

三角形一次要素（図 3.1）の定式化を，2.2 節のトラス要素の定式化と対比させながら説明する．

式 (2.13) の要素内の任意の位置のひずみは，二次元三角形要素の場合は二次元の変

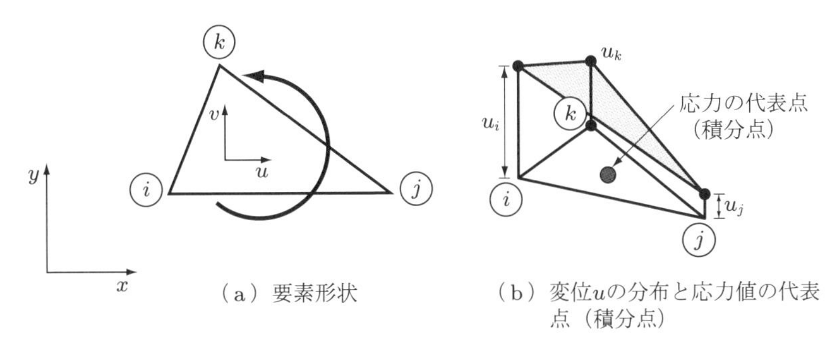

（a）要素形状

（b）変位uの分布と応力値の代表点（積分点）

図 3.1　三角形一次要素

位とひずみ（付録 A.4 節の式 (A.14) 参照）の関係を使って，

$$\varepsilon_x = \frac{\partial u}{\partial x}, \quad \varepsilon_y = \frac{\partial v}{\partial y}, \quad \gamma_{xy} = \frac{\partial u}{\partial y} + \frac{\partial v}{\partial x} \tag{3.1}$$

となる．ただし，ε_x, ε_y は x, y 方向の垂直ひずみ，γ_{xy} は（工学）せん断ひずみである．これを，マトリックス表記すると，式 (3.2) となる．ここで，$[\partial]$ はマトリックス演算子である．左辺は，ひずみの成分を数ベクトル表記したものである．

$$\begin{Bmatrix} \varepsilon_x \\ \varepsilon_y \\ \gamma_{xy} \end{Bmatrix} = \begin{bmatrix} \dfrac{\partial}{\partial x} & 0 \\ 0 & \dfrac{\partial}{\partial y} \\ \dfrac{\partial}{\partial y} & \dfrac{\partial}{\partial x} \end{bmatrix} \begin{Bmatrix} u \\ v \end{Bmatrix} = [\partial] \begin{Bmatrix} u \\ v \end{Bmatrix} \tag{3.2}$$

(b) 形状関数

つぎに，形状関数の定義を行う．三角形一次要素内の任意の点の変位は，節点値から内挿する形状関数で近似される．トラスが一次元で単純であったのに対して，三角形一次要素では，三つの節点からの内挿となる．具体的には，図 3.1(b) のような三つの節点の交点を結ぶ平面を表現する形状関数を定義すればよい．

図 3.1(a) の三つの節点 i, j, k†の節点座標を (x_i, y_i), (x_j, y_j), (x_k, y_k)，節点変位を (u_i, v_i), (u_j, v_j), (u_k, v_k) とする．図 3.1(b) のような u_i, u_j, u_k を結ぶ平面を表す式は，式 (2.10) の形状関数にならって，式 (3.3) のように設定できる．

$$\left.\begin{aligned} u(x,y) &= a_1 + a_2 x + a_3 y \\ v(x,y) &= a_4 + a_5 x + a_6 y \end{aligned}\right\} \tag{3.3}$$

ここで，$a_1 \sim a_6$ は決定すべき定数である．x 方向の変位 u（式 (3.3)）について，三つの節点座標を入力して得た u_i, u_j, u_k を，式 (3.4) のようにマトリックス表記をして，a_1, a_2, a_3 を決定することを考える．y 方向変位 v も同様であるので，ここでは省略する．

$$\begin{Bmatrix} u_i \\ u_j \\ u_k \end{Bmatrix} = \begin{bmatrix} 1 & x_i & y_i \\ 1 & x_j & y_j \\ 1 & x_k & y_k \end{bmatrix} \begin{Bmatrix} a_1 \\ a_2 \\ a_3 \end{Bmatrix} = [A] \begin{Bmatrix} a_1 \\ a_2 \\ a_3 \end{Bmatrix} \tag{3.4}$$

式 (3.4) で，$[A]^{-1}$ を計算して，左辺にかけることによって，a_1, a_2, a_3 を決定できる．

† 節点番号の順は反時計回りにつける．

これを，式 (3.3) に代入すると，次式が得られる．

$$
\begin{aligned}
u(x,y) &= \begin{bmatrix} 1 & x & y \end{bmatrix} \begin{Bmatrix} a_1 \\ a_2 \\ a_3 \end{Bmatrix} = \begin{bmatrix} 1 & x & y \end{bmatrix} [A]^{-1} \begin{Bmatrix} u_i \\ u_j \\ u_k \end{Bmatrix} \\
&= \begin{bmatrix} N_i & N_j & N_k \end{bmatrix} \begin{Bmatrix} u_i \\ u_j \\ u_k \end{Bmatrix}
\end{aligned} \tag{3.5}
$$

ここで，N_i, N_j, N_k は次式となる．分母は三角形の面積に相当する．

$$
\left.
\begin{aligned}
N_i(x,y) &= \frac{(x_j y_k - x_k y_j) + (y_j - y_k)x + (x_k - x_j)y}{x_j y_k + x_k y_i + x_i y_j - x_j y_i - x_i y_k - x_k y_j} \\
N_j(x,y) &= \frac{(x_k y_i - x_i y_k) + (y_k - y_i)x + (x_i - x_k)y}{x_k y_i + x_i y_j + x_j y_k - x_k y_j - x_j y_i - x_i y_k} \\
N_k(x,y) &= \frac{(x_i y_j - x_j y_i) + (y_i - y_j)x + (x_j - x_i)y}{x_i y_j + x_j y_k + x_k y_i - x_i y_k - x_k y_j - x_j y_i}
\end{aligned}
\right\} \tag{3.6}
$$

式 (3.6) を見ると，節点 i ($x = x_i$, $y = y_i$) で $N_i = 1$ となり，節点 j ($x = x_j$, $y = y_j$)，または節点 k ($x = x_k$, $y = y_k$) で $N_i = 0$ となることがわかる．N_j (N_k) も同様に，節点 j (k) のみで $N_j = 1$ ($N_k = 1$) となり，ほかの節点では $N_j = 0$ ($N_k = 0$) となる．したがって，式 (3.5) は，節点 i ($x = x_i$, $y = y_i$) で $u = u_i$ となり，節点 j, k でそれぞれ $u = u_j$, $u = u_k$ となる．形状関数が式 (3.6) のように線形関数であることから，要素内は，図 3.1(b) に示すように平面状に内挿されていることになる．

式 (3.6) を二次元に拡張してマトリックス表記すると，式 (2.12) に対応する式 (3.7) が得られる．y 方向変位 v についても，x 方向と同じ形状関数を使用できる．

$$
\begin{Bmatrix} u(x,y) \\ v(x,y) \end{Bmatrix} = \begin{bmatrix} N_i & 0 & N_j & 0 & N_k & 0 \\ 0 & N_i & 0 & N_j & 0 & N_k \end{bmatrix} \begin{Bmatrix} u_i \\ v_i \\ u_j \\ v_j \\ u_k \\ v_k \end{Bmatrix} = [N]\{d\} \tag{3.7}
$$

ここで，$[N]$ は形状関数，$\{d\}$ は節点変位ベクトルである．

(c) 要素剛性マトリックス

つぎに，要素剛性マトリックスを求める．式 (3.7) を式 (3.2) に代入すると，式 (2.14) に対応する B マトリックスが得られる．N_i, N_j, N_k（式 (3.6)）が，x, y の一次関数であることから，偏微分による $[B]$ の成分はすべて座標に依存しない定数となる．

$$[B] = [\partial]\,[N] = \begin{bmatrix} \dfrac{\partial}{\partial x} & 0 \\ 0 & \dfrac{\partial}{\partial y} \\ \dfrac{\partial}{\partial y} & \dfrac{\partial}{\partial x} \end{bmatrix} \begin{bmatrix} N_i & 0 & N_j & 0 & N_k & 0 \\ 0 & N_i & 0 & N_j & 0 & N_k \end{bmatrix}$$

$$= \begin{bmatrix} \dfrac{\partial N_i}{\partial x} & 0 & \dfrac{\partial N_j}{\partial x} & 0 & \dfrac{\partial N_k}{\partial x} & 0 \\ 0 & \dfrac{\partial N_i}{\partial y} & 0 & \dfrac{\partial N_j}{\partial y} & 0 & \dfrac{\partial N_k}{\partial y} \\ \dfrac{\partial N_i}{\partial y} & \dfrac{\partial N_i}{\partial x} & \dfrac{\partial N_j}{\partial y} & \dfrac{\partial N_j}{\partial x} & \dfrac{\partial N_k}{\partial y} & \dfrac{\partial N_k}{\partial x} \end{bmatrix} \tag{3.8}$$

一方，式 (2.15) に対応する応力とひずみの関係は，たとえば，等方性**平面応力場近似**の場合，付録 A.4 節の式 (A.16) より，つぎのようになる．

$$\begin{Bmatrix} \sigma_x \\ \sigma_y \\ \tau_{xy} \end{Bmatrix} = \frac{E}{1-\nu^2} \begin{bmatrix} 1 & \nu & 0 \\ \nu & 1 & 0 \\ 0 & 0 & \dfrac{1-\nu}{2} \end{bmatrix} \begin{Bmatrix} \varepsilon_x \\ \varepsilon_y \\ \gamma_{xy} \end{Bmatrix} = [E] \begin{Bmatrix} \varepsilon_x \\ \varepsilon_y \\ \gamma_{xy} \end{Bmatrix} \tag{3.9}$$

なお，**平面ひずみ場近似**の場合には，付録 A.4 節の式 (A.17) より，

$$\begin{Bmatrix} \sigma_x \\ \sigma_y \\ \tau_{xy} \end{Bmatrix} = \frac{E}{(1+\nu)(1-2\nu)} \begin{bmatrix} 1-\nu & \nu & 0 \\ \nu & 1-\nu & 0 \\ 0 & 0 & \dfrac{1-2\nu}{2} \end{bmatrix} \begin{Bmatrix} \varepsilon_x \\ \varepsilon_y \\ \gamma_{xy} \end{Bmatrix} = [E] \begin{Bmatrix} \varepsilon_x \\ \varepsilon_y \\ \gamma_{xy} \end{Bmatrix} \tag{3.10}$$

となる．$[E]$ を E マトリックスとよぶ．左辺は応力の成分を数ベクトル表記したものである．以上の関係式から，式 (2.21) と同様に要素剛性マトリックスが計算でき，$[B]$ が定数であることから積分は代表点（**積分点**：たとえば，図 3.1(b) のように要素の重心に置く）の値に体積をかけたものになる．要素の面積を A，厚さを t として，次式

を得る．

$$[k] = [B]^T[E][B]\int_V \mathrm{d}V = [B]^T[E][B]At \tag{3.11}$$

⚠ 具体的な計算は，章末の練習問題 3.1，3.2 で取り扱う．

(d) 全体剛性マトリックスと応力・ひずみの出力

以降の手順はトラスとまったく同様であり，全体要素マトリックスを合成（マージ）して，境界条件の処理後，連立一次方程式を解くことにより節点変位ベクトルが得られる．変位は節点の値として出力される．ひずみは次式のように要素内の任意の点の値が定義され，通常は積分点で計算・出力させる（図 3.1(b) 参照）．

$$\begin{Bmatrix} \varepsilon_x(x,y) \\ \varepsilon_y(x,y) \\ \gamma_{xy}(x,y) \end{Bmatrix} = [B]\{d\} \tag{3.12}$$

応力は式 (3.9) もしくは式 (3.10) から計算される．ここで，$[B]$ は要素内で一定となるので，応力・ひずみも要素内で一定となる．これが**定ひずみ要素**とよばれる理由である．一般に，応力・ひずみは変位の微分値であるため，変位にくらべて精度よく求めることが難しい．

ポイント 13　三角形一次要素は非実用的 ⇔ ノウハウ 3 (p.62)

三角形一次要素の変位は，三つの節点の変位を線形に結ぶ形状関数で近似される．要素内の応力・ひずみは，変位の勾配なので一定値となってしまい，精度が著しく低く実用的ではない．したがって，通常，特殊な用途以外の応力解析に用いられることはない．

3.2　アイソパラメトリック四辺形一次要素

(1) アイソパラメトリック四辺形一次要素の定式化

(a) 形状関数

アイソパラメトリック（**isoparametric**）要素は，正方形要素の定式化を出発点としている．まず，図 3.2(a) のような $\xi\eta$ 座標系（$-1 \leqq \xi, \eta \leqq 1$）の正方形要素を考える．この要素内の変位分布は式 (3.5), (3.6) にならって，つぎのように ξ と η の関数で表すことができる（図 (b)）．

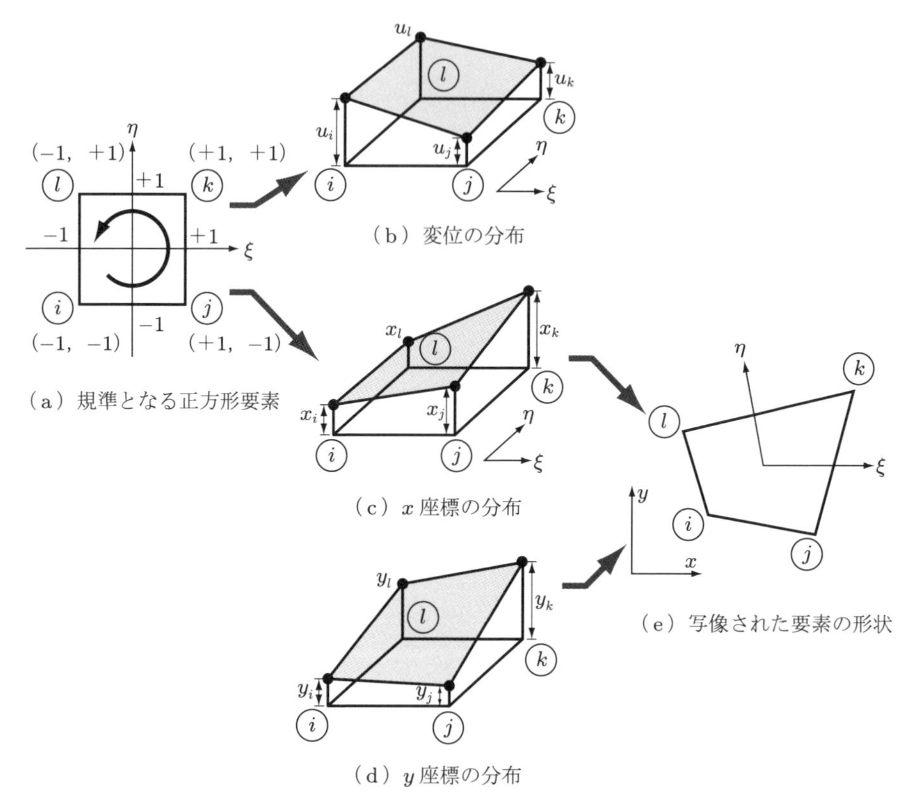

図 3.2　アイソパラメトリック四辺一次形要素
（変位も xy 座標も同じ形状関数 $[N]$ で表現する）

$$\left.\begin{aligned} u(\xi,\eta) &= N_i u_i + N_j u_j + N_k u_k + N_l u_l \\ v(\xi,\eta) &= N_i v_i + N_j v_j + N_k v_k + N_l v_l \end{aligned}\right\} \tag{3.13}$$

$$\left.\begin{aligned} N_i &= \frac{1}{4}(1-\xi)(1-\eta), \quad N_j = \frac{1}{4}(1+\xi)(1-\eta) \\ N_k &= \frac{1}{4}(1+\xi)(1+\eta), \quad N_l = \frac{1}{4}(1-\xi)(1+\eta) \end{aligned}\right\} \tag{3.14}$$

ここで，$(u_i,\ v_i)$ は節点 i の変位である（$j,\ k,\ l$ も同様）．N_i は形状関数で，節点 i で 1 になり，それ以外の節点 j, k, l で 0 となる関数である．したがって，節点 i の座標（$\xi = \eta = -1$）を代入すると，$N_i = 1$ で $N_j,\ N_k,\ N_l$ がすべてゼロになるので，$u = u_i$ となることが確認できる．ほかの点 j, k, l に関しても，同様のことが成り立つ．三角形要素と比較して，節点が三つから四つとなったため，変位 u, v は ξ と η だけでなく，$\xi \cdot \eta$ を含む関数と設定されており，変位の分布の表現力が高い．また，

$\partial u/\partial \xi$, $\partial u/\partial \eta$ が一定値にならずひずみ分布の表現力も高く，よりよい近似が可能である．

ポイント 14 アイソパラメトリック四辺形要素の近似精度は高い

アイソパラメトリック四辺形要素は，変位の近似が x, y に加えて xy の形状関数によって行われるため，精度が高くなる．

変位が定義できたら，式 (3.8) と同様な手順（x, y を ξ, η に置き換えて）で B マトリックスを計算し，剛性マトリックスを組み立てることができる．

しかし，この定式化は正方形限定であり，任意の形状の要素に対応できない．そこで，アイソパラメトリック要素では，形状（xy 座標）も変位と同様に ξ, η で表すことを考える．すなわち，式 (3.13) の u_i, u_j, u_k, u_l のかわりに x_i, x_j, x_k, x_l を，v_i, v_j, v_k, v_l のかわりに y_i, y_j, y_k, y_l を代入して，次式のように要素内の位置（x, y）を式 (3.14) と同じ形状関数 N_i, N_j, N_k, N_l で表す（図 3.2(c)，(d) 参照）．

$$\left.\begin{aligned} x(\xi,\eta) &= N_i x_i + N_j x_j + N_k x_k + N_l x_l \\ y(\xi,\eta) &= N_i y_i + N_j y_j + N_k y_k + N_l y_l \end{aligned}\right\} \tag{3.15}$$

ポイント 15 アイソパラメトリック要素は変位と形状を同じ形状関数で表現

アイソパラメトリック要素では，形状（xy 座標）も変位と同じ形状関数で表される．変位と形状の双方に同じ形状関数を使うことが，アイソパラメトリック要素の語源である．

実際の形状（図 3.2(e)）は，xy 座標で表現されているため，ひずみの計算のためには変位 u, v を x, y で偏微分する必要がある．しかし，変位 u, v は，式 (3.13) のように ξ, η の関数であると定義したので直接微分はできない．したがって，x, y が ξ, η の関数であることを使う．このような二つの座標系の偏微分は，**ヤコビアン** $[J]$[†] を通して関係づけられることがわかっている．偏微分に関する連鎖律を用いれば，次式が得られる．

$$\begin{Bmatrix} \dfrac{\partial u}{\partial \xi} \\ \dfrac{\partial u}{\partial \eta} \end{Bmatrix} = \begin{bmatrix} \dfrac{\partial x}{\partial \xi} & \dfrac{\partial y}{\partial \xi} \\ \dfrac{\partial x}{\partial \eta} & \dfrac{\partial y}{\partial \eta} \end{bmatrix} \begin{Bmatrix} \dfrac{\partial u}{\partial x} \\ \dfrac{\partial u}{\partial y} \end{Bmatrix} = [J] \begin{Bmatrix} \dfrac{\partial u}{\partial x} \\ \dfrac{\partial u}{\partial y} \end{Bmatrix} \tag{3.16}$$

† ヤコビアンは，多変数関数の変数変換（ここでは xy 座標と $\xi\eta$ 座標の変換）を伴う微分・積分を行うために使われる．

$[J]^{-1}$ を求め，式 (3.16) にかけると，

$$\begin{Bmatrix} \dfrac{\partial u}{\partial x} \\ \dfrac{\partial u}{\partial y} \end{Bmatrix} = [J]^{-1} \begin{Bmatrix} \dfrac{\partial u}{\partial \xi} \\ \dfrac{\partial u}{\partial \eta} \end{Bmatrix} \tag{3.16$'$}$$

となり，$\partial u/\partial x, \partial u/\partial y$ が求まる．u を v に変えると，$\partial v/\partial x, \partial v/\partial y$ も同様な手順で求める．すると，B マトリックスが誘導でき，変位とひずみを関係づけることができる．

具体的な手順は少し複雑になるので，練習問題 3.3 の「解説〜計算手順のまとめ」で説明する．練習問題を実際に解きながら理解してほしい．

(b) 要素剛性マトリックス

要素剛性マトリックスを計算するためには，要素体積内にわたる積分が必要となる．$[B]$ は ξ と η の関数となるため，積分は $\xi\eta$ 座標系で行わなくてはならない．積分の変数変換の公式により，xy 座標系と $\xi\eta$ 座標系の微小面積の変換は，ヤコビアン $[J]$ を使って，$\mathrm{d}x\mathrm{d}y = (\det[J])\mathrm{d}\xi\mathrm{d}\eta$ となるため，要素剛性マトリックスの積分は，次式となる．

$$[k] = \int_{-1}^{+1}\int_{-1}^{+1} [B]^T[E][B]t(\det[J])\mathrm{d}\xi\mathrm{d}\eta \tag{3.17}$$

ここで，t は要素の板厚，det[ ] は行列式である．

(c) ガウスの数値積分

式 (3.17) の積分計算にあたっては，B マトリックスと $\det[J]$ は ξ, η の関数であるため簡単には積分できない．そこで，積分計算には**ガウスの数値積分**を用いる．

ガウスの数値積分とは積分領域内の数点の代表点†に対して被積分関数を計算し，それに適当な重みをかけて足し合わせる積分法であり，少ない計算負荷で高い精度が得られる．例として，一次元関数 $F(\xi)$ の $-1 < \xi < 1$ の範囲の積分を考える．図 3.3 に示す位置 ξ_a （**積分点**）と比率 W_a （**重み係数**）を用いて，式 (3.18) のように積分値を近似する．図 3.3(a) は**一次積分**，図 (b) は**二次積分**，図 (c) は**三次積分**である．ξ_a と W_a はもっとも積分の精度が高くなるようにあらかじめ決められており，図 3.3 に示すとおりである．

$$\int_{-1}^{+1} F(\xi)\mathrm{d}\xi \approx \sum_{a=1}^{n} W_a F(\xi_a) \tag{3.18}$$

† トラス要素・三角形要素の場合は被積分関数が要素内で一定のため，代表点を図 2.5，3.1 のように要素の中心で便宜的に定義した．

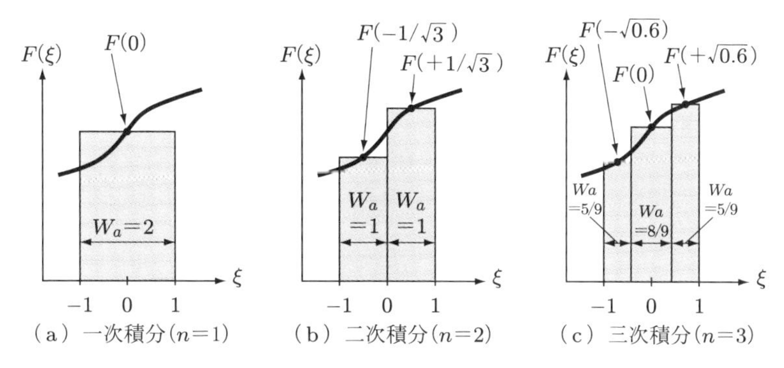

（a）一次積分（$n=1$）（b）二次積分（$n=2$）（c）三次積分（$n=3$）

図 3.3 一次元関数 $F(\xi)$ のガウスの数値積分法
（長方形の幅は重み W_a に相当する）

図 3.3 には示していないが，四次積分以上も可能で，要素の次数に応じて，精度をよくするための最適な積分点数が決まる．必要以上に積分点数を増やしても精度が向上するわけではない[†]．二次元四辺形要素の場合は，図 3.4 に示す積分点位置と重みが用いられ，つぎのように積分が定義される．

$$[k] = \int_{-1}^{+1}\int_{-1}^{+1} F(\xi,\eta)\mathrm{d}\xi\mathrm{d}\eta \approx \sum_{a=1}^{n}\sum_{b=1}^{n} W_a W_b F(\xi_a,\eta_b) \tag{3.19}$$

積分点数は，四辺形一次要素のときは 4（二次積分）が，二次要素のときは 9（三次積分）が用いられることが多い．このような積分点数の要素を**完全積分要素**とよぶ．これより，積分点が少ない要素（一次要素なら 1，二次要素なら 4）を**低減積分要素**とよ

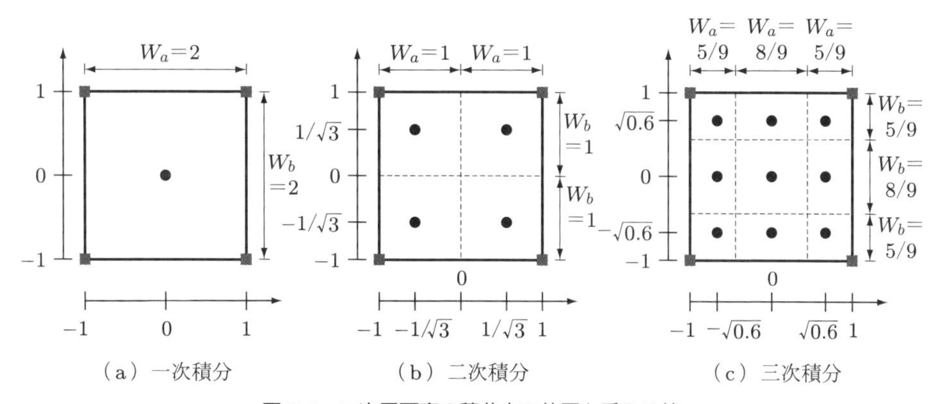

（a）一次積分（b）二次積分（c）三次積分

図 3.4 二次元要素の積分点の位置と重みの値
（四角形の幅と高さは重み W_a, W_b に相当する）

† たとえば，3.2 節(2) のようにせん断ロッキングが生じる場合は逆に積分次数を下げたほうがよい．

び，それらは特殊な用途に用いられる．

ポイント16　ガウスの数値積分 ⇔ ノウハウ10（p.75）

要素剛性マトリックスの算出にはガウスの数値積分が用いられる．積分次数は選択可能であるが，通常は完全積分要素が用いられる．

(d) 応力・ひずみの算出

全体剛性マトリックスを組み立て，境界条件の処理後に連立一次方程式を解けば，節点変位ベクトルが算出され，図3.5(a)のように変位分布を得ることができる．各要素内のひずみベクトルは，

$$\begin{Bmatrix} \varepsilon_x(x,y) \\ \varepsilon_y(x,y) \\ \gamma_{xy}(x,y) \end{Bmatrix} = [B]\{d\} \tag{3.20}$$

から，図3.5(b)のように，変位の勾配として求まる．この際，式(3.17)の要素剛性マトリックスの被積分関数，すなわち，応力・ひずみ値は積分点の位置でのみ計算されている．よって，応力・ひずみは，理論上積分点での値がもっとも精度が高くなり，結果の出力も積分点で行われる．しかし，積分点の位置は要素内の中途半端な場所にあるため，3.2節(1)の(e)で詳細を述べる節点平均応力や節点平均ひずみが一般には広く用いられている．

ここで，変位は要素間で連続（**適合**とよぶ）であるが，ひずみ（応力）の連続性は保証されない．

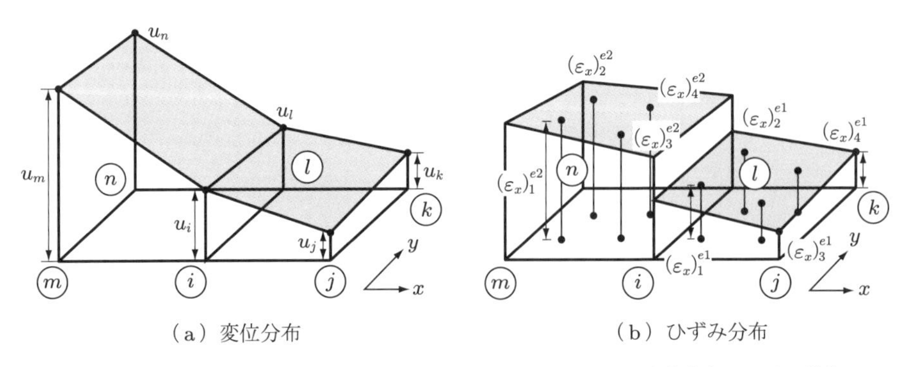

図3.5　四辺形一次要素（二次積分）の計算結果として得られる変位分布とひずみ分布
（2要素分を示している）

(e) 節点平均応力・ひずみ

節点変位は異なる要素間で共通であるため，図 3.5(a) のように要素間で連続となる．しかし，その勾配である応力・ひずみは，連続であるという条件は課されていない．そのため，積分点の値を図 (b) のように節点へ外挿すると，要素間でひずみは不連続な分布となる†．つまり，一つの節点が四つの要素に属している場合，積分点から外挿された節点のひずみは，節点をとり囲む四つの要素ごとに異なる．この四つの節点ひずみ（節点応力）の値を平均化したものを**節点平均ひずみ**（**節点平均応力**）とよぶ．出力されるひずみ（応力）の値のなかでもっとも近似の精度が高いのは積分点のひずみ（応力）であるが，取り扱いが便利なため節点平均ひずみ（応力）が出力に使われることが多く，精度の面で十分注意しなければならない．

ポイント 17　積分点応力と節点平均応力 ⇔ ノウハウ 10 (p.75)

応力・ひずみの出力には，積分点での値が用いられるが，実用的には積分点値を節点に外挿して平均した節点平均応力・ひずみが用いられる．

(2) アイソパラメトリック四辺形一次要素の使用上の注意点

四辺形一次要素は，曲げ変形の記述が貧弱である．すなわち，図 3.6(a) に示すように，曲げモード下では，実際には積分点の位置でせん断変形は発生しないが，一次要素では，形状関数の性質上，図 (b) のように積分点上でせん断変形が発生してしまう．この余分なせん断変形により，ひずみエネルギーを過大に評価してしまい，曲げに対して剛な解が得られる．これを**せん断ロッキング**という．

せん断ロッキングは，積分点数を一つに減らした**低減積分要素**によってある程度解決できる．しかし，低減積分要素は，メッシュが粗いと，**アワーグラスモード**（エネルギーゼロの変形モード）とよばれる異常な変形が現れるという大きな問題を抱えている．

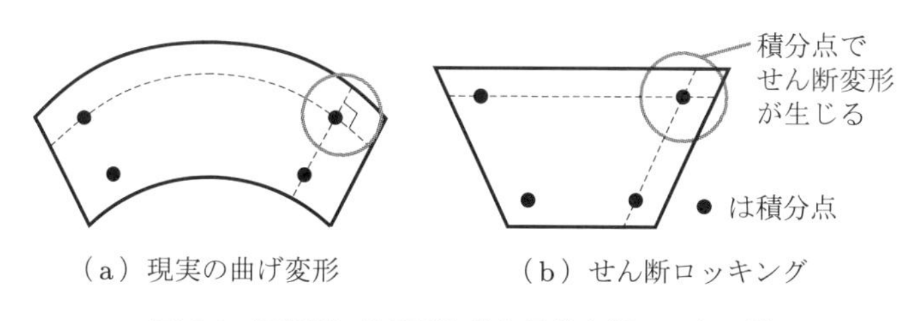

図 3.6　四辺形一次要素に生じるせん断ロッキング

† 要素内のひずみは，式 (3.20) で定義されているが，通常は，外挿にはこの式は使わず，最小二乗法などが使われる．

これらのことを背景に，一次要素では非適合要素が用いられることがある．非適合要素とは，通常の四辺形一次要素の形状関数に，曲げ変形に対応した形状関数を追加した要素であり，曲げに対する精度が格段に向上する．しかし，図 3.7 のように，要素間の変位の連続性が保たれないという問題が生じる．しかし，メッシュが適正であれば，多くの場合は実用的には問題は生じない．

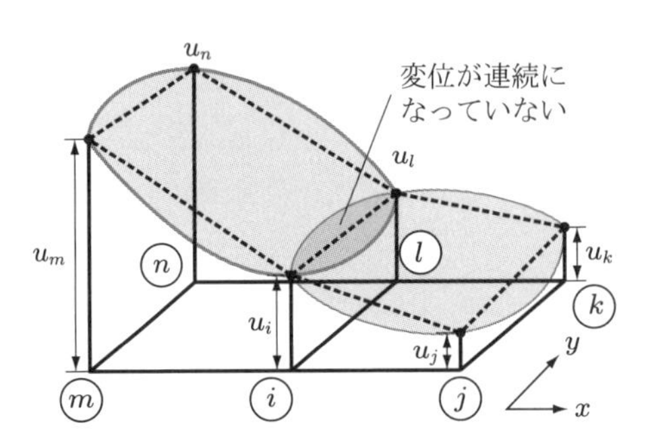

図 3.7　非適合要素の変位分布の例
（要素間の連続性は保たれない）

なお，あとに述べる二次要素では，これらのせん断ロッキング，アワーグラスモードは生じない．これが，計算負荷が大きいにもかかわらず，二次要素が好んで使われる理由の一つにもなっている．

ポイント 18　せん断ロッキングとアワーグラスモード

四辺形一次要素は，せん断ロッキングやアワーグラスモードなどの問題が生じるので注意．四辺形二次要素では生じない．

3.3 アイソパラメトリック四辺形二次要素

(1) アイソパラメトリック四辺形二次要素の定式化

一次要素の節点と節点の間に**中間節点**を設け，形状関数を一次式ではなく，二次式で近似する要素を**二次要素**とよぶ．概念の理解のため，図 3.8 に一次元要素の一次要素と二次要素の例を示す．一次要素では変位分布は次式で表される．

$$u = N_i u_i + N_j u_j \quad \left(N_i = \frac{1-\xi}{2},\ N_j = \frac{1+\xi}{2} \right) \tag{3.21}$$

二次要素では，中間節点 k を追加して，

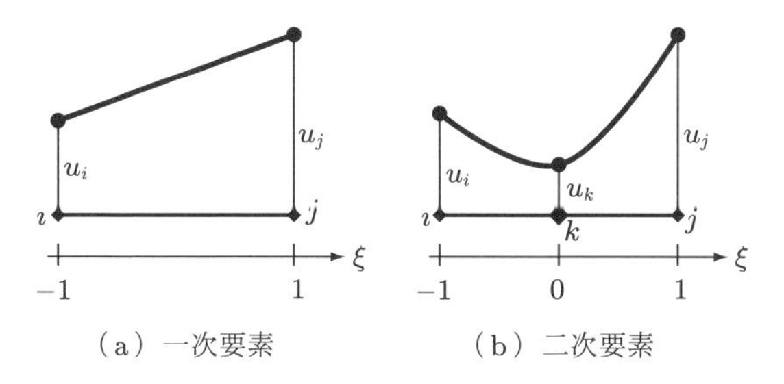

図 3.8 一次元要素の一次要素と二次要素

$$u = N_i u_i + N_j u_j + N_k u_k$$
$$\left(N_i = -\frac{(1-\xi)\xi}{2},\ N_j = \frac{(1+\xi)\xi}{2},\ N_k = (1-\xi)(1+\xi) \right) \tag{3.22}$$

と，変位分布は ξ の二次関数で表される．

二次元でもっともよく用いられる要素であるアイソパラメトリック四辺形二次要素は，図 3.9(a) のように，節点と節点の間に中間節点を追加した計 8 個の節点をもち，変位・形状を二次の形状関数で近似する．一次要素では，形状関数は $(\xi,\ \eta,\ \xi\eta)$ の関数であったが，二次要素では，$(\xi,\ \eta,\ \xi\eta,\ \xi^2,\ \eta^2,\ \xi^2\eta,\ \xi\eta^2)$ の関数となる．なお，三角形二次要素の場合は，図 (b) のように 6 節点となる．

二次要素は二次の形状関数が用いられるため，曲げ応力場の解析に適しており，一次要素と比べて格段に精度は高い．

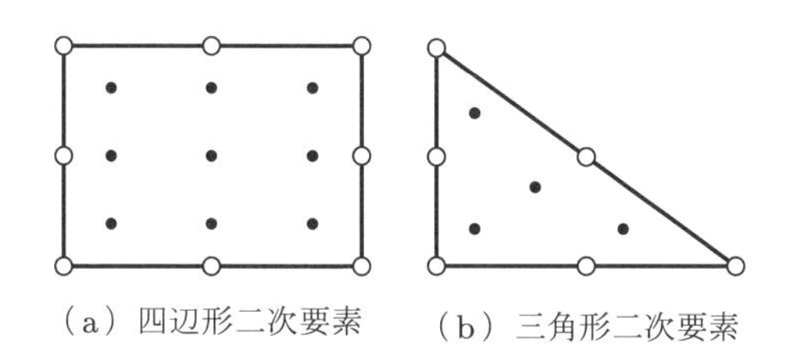

図 3.9 四辺形二次要素と三角形二次要素の節点位置（○）と積分点位置（●）

(2) アイソパラメトリック四辺形二次要素を用いる際の注意点

(a) 形状関数

二次要素は二次関数を用いるため，集中荷重の作用点近傍などの応力特異点付近では非物理的な不自然な応力分布が得られることがある．これは，急激な要素内の変位の変化を二次近似するため，過大・過小評価が生じるためである．具体的には特異点近傍の応力の低下や符号の反転などの現象があげられる（4 章の図 4.17 のケースが一例．図 4.17(e) より，特異点近傍（左端）でわずかに応力低下が起こっていることがわかる）．ユーザーは，このような挙動が要素の特性により現れることを理解しなければならない．多くのケースでは，このような不自然な現象は局所的に限られるため無視してよく，二次要素の特性であることを理解していれば問題はない（**ノウハウ 12**（p.78）参照）．

図 3.10 は，応力集中点における一次要素と二次要素の応力分布の近似例である．二次要素（線形ひずみ要素）では，高応力部で，高い応力勾配を適切に表現できず，一部応力値がマイナスに転じていることがわかる．

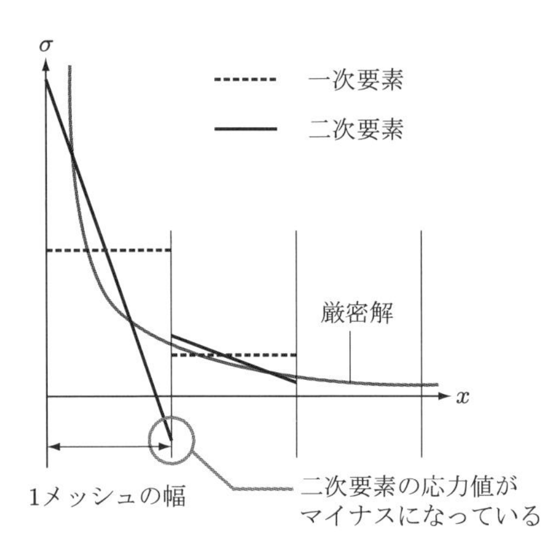

図 3.10　高次要素による応力集中点における不自然な応力分布

ポイント 19　**二次要素の精度と注意点 ⇔ ノウハウ 12**（p.78）

二次要素は，節点間に中間節点を設けることにより変位を二次関数で近似しているため精度が高い．しかし，応力特異点近傍では不自然な挙動をすることがあるので注意．

(b) 等価節点力

荷重境界条件の設定には，集中荷重と分布荷重と，重力や遠心力のような物体力とがある．集中荷重は単純に節点外力として入力すればよいが，分布荷重と物体力はこれを等価な節点値に置き換えた**等価節点力**として入力しなければならない．最近の汎用コードでは，このプロセスは自動化されているが，知らないと，結果について大きな誤解をする場合がある．

図 3.11 に，一次要素と二次要素の物体力・等分布荷重の等価節点力の設定方法を示す．二次要素の場合は，直感的な力の方向に反した入力が必要な場合があり，注意が

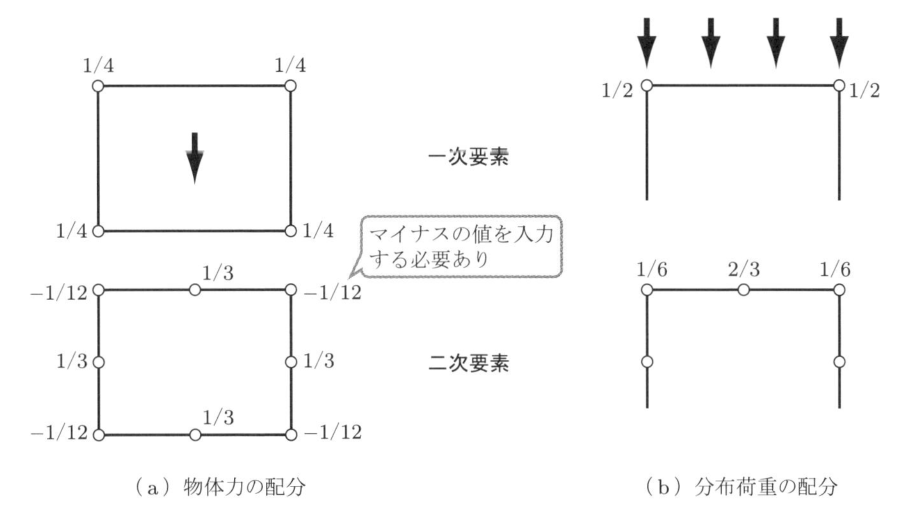

図 3.11 物体力と分布荷重入力方法の一次要素と二次要素の違い

必要である．ここでは，物体力の場合が二次要素の場合，外力と逆向きの節点力の入力が必要となる．

3.4 軸対称ソリッド要素

軸対称問題は，物体の断面の二つの方向の変位成分だけでひずみの状態を表すことができるので，図 3.12 のように，二次元問題と類似している．しかし，ひずみの成分が二次元では三つ（ε_x, ε_y, γ_{xy}）であったのに対して，軸対称では，座標系が円筒座標系となり，円周方向のひずみ成分 ε_θ が加わり，四つ（ε_r, ε_θ, ε_z, γ_{rz}）になるのが大きな違いである．以下に，**軸対称ソリッド要素**の要素剛性マトリックスの定式化を三角形ソリッド要素の場合と対応させながら説明する．

式 (3.2) に相当する変位とひずみの関係式は，軸対称の場合はつぎのようになる．こ

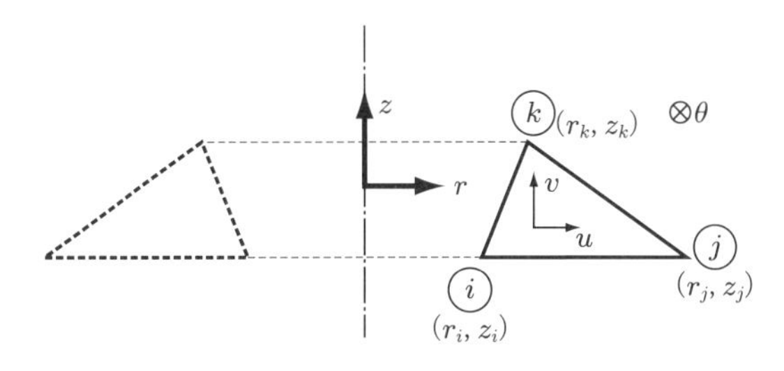

図 3.12 三角形軸対称要素

こで，$\varepsilon_\theta = u/r$ が成り立つ．

$$\left\{ \begin{array}{c} \varepsilon_r \\ \varepsilon_\theta \\ \varepsilon_z \\ \gamma_{rz} \end{array} \right\} = \left[\begin{array}{cc} \dfrac{\partial}{\partial r} & 0 \\ \dfrac{1}{r} & 0 \\ 0 & \dfrac{\partial}{\partial z} \\ \dfrac{\partial}{\partial z} & \dfrac{\partial}{\partial r} \end{array} \right] \left\{ \begin{array}{c} u \\ v \end{array} \right\} = [\partial] \left\{ \begin{array}{c} u \\ v \end{array} \right\} \tag{3.23}$$

式 (3.5) に対応する変位の式は，同じ形となり，次式となる．

$$u(r,z) = \left[\begin{array}{ccc} N_i & N_j & N_k \end{array} \right] \left\{ \begin{array}{c} u_i \\ u_j \\ u_k \end{array} \right\} \tag{3.24}$$

形状関数は，式 (3.6) において x を r に，y を z に置き換えて次式のようになる．ここで，A は三角形の面積である．

$$N_i = \frac{a_i + b_i r + c_i z}{2A}$$
$$(a_i = r_j z_k - r_k z_j, \quad b_i = z_j - z_k, \quad c_i = r_k - r_j) \tag{3.25}$$

N_j, N_k も同様に得られる．

変位は，節点変位を使って次式のようになる．

$$\left\{ \begin{array}{c} u(r,z) \\ v(r,z) \end{array} \right\} = \left[\begin{array}{cccccc} N_i & 0 & N_j & 0 & N_k & 0 \\ 0 & N_i & 0 & N_j & 0 & N_k \end{array} \right] \left\{ \begin{array}{c} u_i \\ v_i \\ u_j \\ v_j \\ u_k \\ v_k \end{array} \right\} = [N]\{d\} \tag{3.26}$$

B マトリックスは，式 (3.8) と対応して，次式のようになる．

$$[B] = [\partial][N] = \begin{bmatrix} \dfrac{\partial}{\partial r} & 0 \\ \dfrac{1}{r} & 0 \\ 0 & \dfrac{\partial}{\partial z} \\ \dfrac{\partial}{\partial z} & \dfrac{\partial}{\partial r} \end{bmatrix} \begin{bmatrix} N_i & 0 & N_j & 0 & N_k & 0 \\ 0 & N_i & 0 & N_j & 0 & N_k \end{bmatrix}$$

$$= \begin{bmatrix} \dfrac{\partial N_i}{\partial r} & 0 & \dfrac{\partial N_j}{\partial r} & 0 & \dfrac{\partial N_k}{\partial r} & 0 \\ \dfrac{N_i}{r} & 0 & \dfrac{N_j}{r} & 0 & \dfrac{N_k}{r} & 0 \\ 0 & \dfrac{\partial N_i}{\partial z} & 0 & \dfrac{\partial N_j}{\partial z} & 0 & \dfrac{\partial N_k}{\partial z} \\ \dfrac{\partial N_i}{\partial z} & \dfrac{\partial N_i}{\partial r} & \dfrac{\partial N_j}{\partial z} & \dfrac{\partial N_j}{\partial r} & \dfrac{\partial N_k}{\partial z} & \dfrac{\partial N_k}{\partial r} \end{bmatrix} \tag{3.27}$$

式 (3.9) と対応する，軸対称の応力とひずみの関係は，つぎのようになる．

$$\begin{Bmatrix} \sigma_r \\ \sigma_\theta \\ \sigma_z \\ \tau_{rz} \end{Bmatrix} = [E] \begin{Bmatrix} \varepsilon_r \\ \varepsilon_\theta \\ \varepsilon_z \\ \gamma_{rz} \end{Bmatrix}$$

$$= \frac{E(1-\nu)}{(1+\nu)(1-2\nu)} \begin{bmatrix} 1 & \dfrac{\nu}{1-\nu} & \dfrac{\nu}{1-\nu} & 0 \\ & 1 & \dfrac{\nu}{1-\nu} & 0 \\ & & 1 & 0 \\ \text{sym.} & & & \dfrac{1-2\nu}{2(1-\nu)} \end{bmatrix} \begin{Bmatrix} \varepsilon_r \\ \varepsilon_\theta \\ \varepsilon_z \\ \gamma_{rz} \end{Bmatrix} \tag{3.28}$$

これらの関係式より，式 (3.11) に対応する要素剛性マトリックスは，式 (3.29) のように得られる．積分内に r があるため，平面応力要素などのように簡単に積分はできず，ガウス積分などの数値積分が必要となる．

$$[k] = 2\pi \int_V [B]^T [E][B] r \, \mathrm{d}r\mathrm{d}z \tag{3.29}$$

実際の解析では，対称軸の位置に気をつけながら二次元平面応力要素のようにモデルを作って，要素の選択の際に軸対称要素を選ぶ．

3.5 三次元ソリッド要素

(1) 三次元四面体要素

三次元解析では，二次元解析と比べて，格段に節点数・要素数が必要となり，計算時間が増加する．また，三次元形状を六面体でメッシュ分割することは多大な労力を必要とするため，多くの自動メッシュ分割ソフトでは四面体メッシュ分割が採用されている．したがって，精度は低いが四面体要素の位置づけが重要になる．

四面体要素には，図 3.13 のように 4 節点の四面体一次要素と 10 節点の**四面体二次要素**とがある．三角形要素と同様，四面体一次要素は，特殊な場合以外に用いられることはなく，ほとんど四面体二次要素が用いられる．

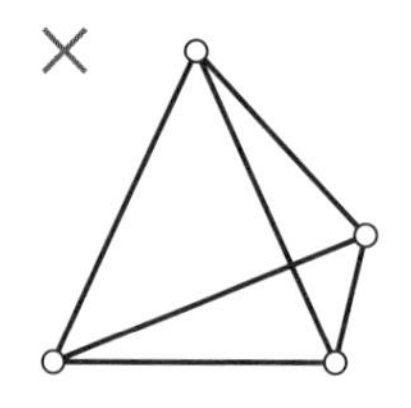

（a）四面体一次要素

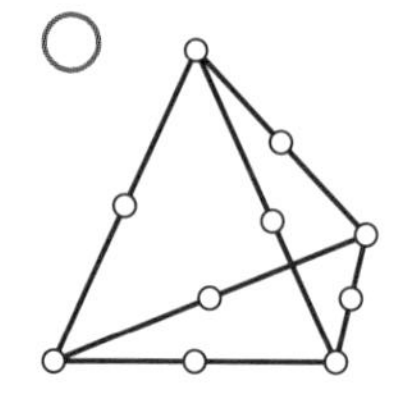

（b）四面体二次要素

図 3.13　四面体要素の節点位置

四面体一次要素の形状関数は，式 (3.30) のように表現され，座標 x, y, z の一次関数となっている．したがって，変位は要素内で線形であり，応力 - ひずみは要素内で一定値となる．

$$u(x,y,z) = a_1 + a_2x + a_3y + a_4z \tag{3.30}$$

四面体二次要素の場合は，つぎのような二次関数となり，精度が高くなる．

$$u(x,y,z) = a_1+a_2x+a_3y+a_4z+a_5x^2+a_6xy+a_7y^2+a_8yz+a_9z^2+a_{10}zx \tag{3.31}$$

四面体二次要素は，比較的メッシュが切りやすく精度が高いことから，近年の三次元有限要素法では非常によく用いられている．

(2) 三次元六面体要素

六面体要素（アイソパラメトリック要素）は，四面体要素と比べて格段に高い精度を有するが，三次元解析ではメッシュ分割に労力を要する．一次要素は，図 3.14 のよ

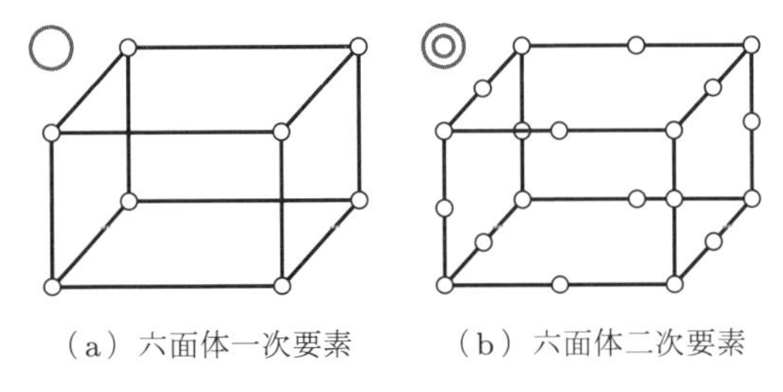

（a）六面体一次要素　　（b）六面体二次要素

図 3.14　六面体要素の節点位置

うに 8 節点，二次要素は 20 節点が一般的である．

一次要素の変位は四辺形要素の場合と同様に，形状関数を使ってつぎのように表される．

$$\left.\begin{aligned} u &= \sum_{i=1}^{8} N_i u_i \\ N_1 &= \frac{1}{8}(1-\xi)(1-\eta)(1-\varsigma) \\ N_2 &= \frac{1}{8}(1+\xi)(1-\eta)(1-\varsigma) \\ &\ \vdots \end{aligned}\right\} \tag{3.32}$$

要素内の座標値も同様の形状関数で与えられる．積分点は $2 \times 2 \times 2$ の 8 点が標準的である．二次要素は $3 \times 3 \times 3 = 27$ 点が基本であるが，それ以下に設定される場合も多い．

六面体二次要素はもっとも精度が高く，標準的に用いられるべきであるが，任意の領域を六面体に分割することは容易でないため，四面体二次要素と混合させて用いられることもある．つまり，形状が複雑なところは四面体を用い，そうでない部分や，精度を必要とする部分は六面体を用いる．

(3) 三次元ソリッド要素の使用上の注意点

三次元解析では，計算リソースの制約から必ずしも十分なメッシュが切れるわけではなく，解析者は十分に近似誤差に対する感覚をもっていることが重要となる．粗いメッシュの際に，どのように定性的比較を行うのか，定量的な評価のためにはどのような点に注意しなければいけないのかなどの判断には，比較的高度な知識が必要となってくる．

この点については，実践編（4.3 節(4)）でもう一度詳しく述べる．

練習問題【3】

問題 3.1　三角形一次（定ひずみ）要素

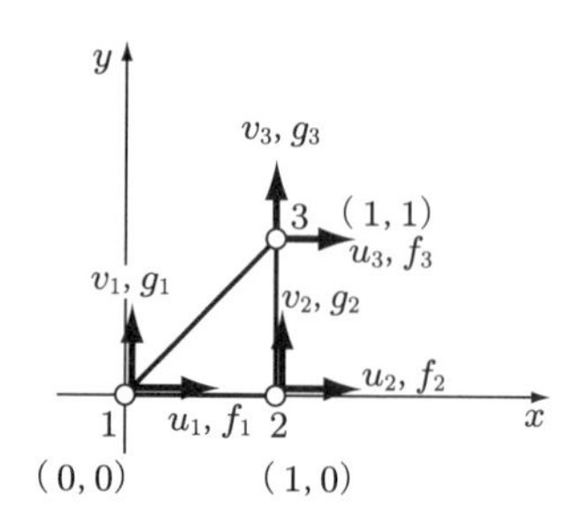

演図 3.1

演図 3.1 のような三角形一次要素の要素剛性マトリックスを導きなさい．ただし，厚さを t，ヤング率を E，ポアソン比 $\nu = 0$，平面応力状態とする．

問題 3.2　三角形一次（定ひずみ）要素

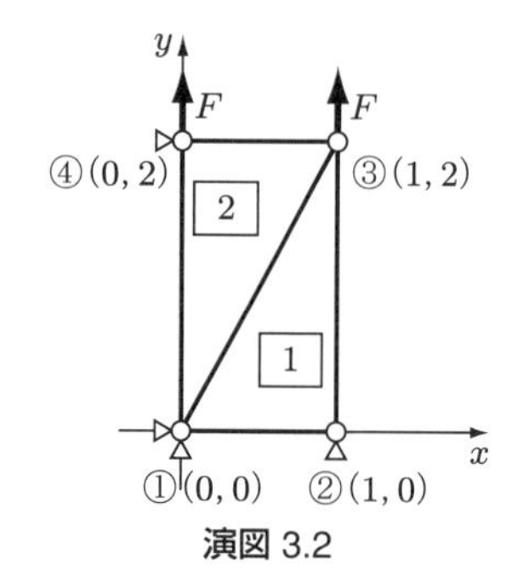

演図 3.2

演図 3.2 のような二つの三角形要素に分割された有限要素モデルがあり，節点①の x, y 方向変位が拘束され（$u_1 = 0, v_1 = 0$），節点②の y 方向変位が拘束され（$v_2 = 0$），節点④の x 方向変位が拘束されている（$u_4 = 0$）．また，節点③と④には y 方向に外力 F がはたらいている．両要素の厚さを t，ヤング率を E，ポアソン比 $\nu = 0$，二次元平面応力場近似とする．

(1) 要素 2 の要素剛性マトリックスを導きなさい．

(2) 要素 1 の要素剛性マトリックスは以下の式になる．二要素の全体剛性マトリックスを導きなさい．

$$[k_1] = \frac{Et}{8}\begin{pmatrix} 8 & 0 & -8 & 0 & 0 & 0 \\ 0 & 4 & 2 & -4 & -2 & 0 \\ -8 & 2 & 9 & -2 & -1 & 0 \\ 0 & -4 & -2 & 6 & 2 & -2 \\ 0 & -2 & -1 & 2 & 1 & 0 \\ 0 & 0 & 0 & -2 & 0 & 2 \end{pmatrix}$$

(3) (2) の結果を使って，節点③と④の変位（u_3, v_3, v_4）を求めなさい．

問題 3.3　アイソパラメトリック四辺形一次要素

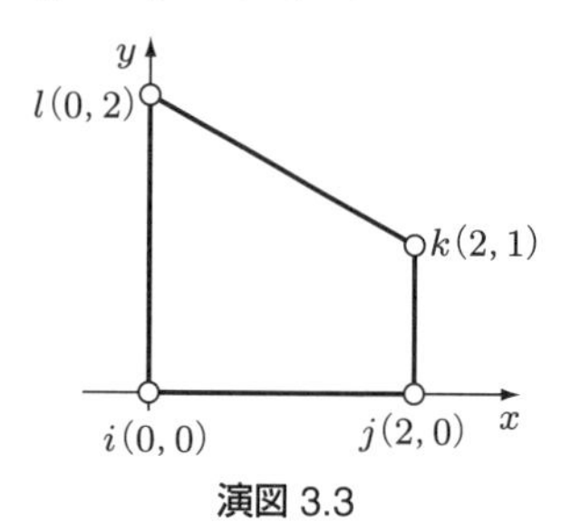

演図 3.3

演図 3.3 のアイソパラメトリック四辺形一次要素の要素剛性マトリックスを求めなさい．アイソパラメトリック四辺形一次要素の要素剛性マトリックスは，

$$[k] = \int_{-1}^{+1}\int_{-1}^{+1} [B]^t[E][B]t(\det[J])d\xi d\eta$$

$$\approx \sum_{a=1}^{m}\sum_{b=1}^{n} W_a W_b [B]^t [E][B] t(\det[J])$$

で与えられる．本要素は，

$$\xi = \pm 1/\sqrt{3}, \quad \eta = \pm 1/\sqrt{3}$$

の $2\times 2=4$ 点で，ガウス（数値）積分を行うことが多いが，ここでは，手計算が容易になるように，$\xi=\eta=0$ の 1 点で数値積分（重み $W_a = W_b = 2$ とせよ）を行うものとする．ただし，板厚は $t=1$ とし，ポアソン比 $\nu=0$ の平面応力を仮定する．

解説～計算手順のまとめ

要素剛性マトリックスは，要素の節点変位と節点力を関係づける 8×8 のマトリックスとなる．

$$\underbrace{\begin{bmatrix} & & \\ & k & \\ & & \end{bmatrix}}_{8\times 8} \begin{Bmatrix} u_i \\ v_i \\ u_j \\ v_j \\ u_k \\ v_k \\ u_l \\ v_l \end{Bmatrix} = \begin{Bmatrix} f_i \\ g_i \\ f_j \\ g_j \\ f_k \\ g_k \\ f_l \\ g_l \end{Bmatrix}$$

具体的な計算は，式 (3.17) を式 (3.19) のように，特定の積分点の値に重みをつけた合算（ガウスの数値積分）で求める．

$$[k] = \sum_{a=1}^{m}\sum_{b=1}^{n} W_a W_b [B]^T_{\xi_a,\eta_b}[E][B]_{\xi_a,\eta_b} t \det[J]_{\xi_a,\eta_b} \tag{A}$$

設問では，積分点は一つとしているので $\xi=\eta=0$ で $m=n=1$, $W_a=W_b=2$ となる．$t\ (=1)$ は厚さである．

式 (A) を求めるための具体的計算手順を以下に示す．まず，アイソパラメトリックの形状関数は，式 (3.14) で定義されている．

$$\left.\begin{aligned} N_i &= \frac{1}{4}(1-\xi)(1-\eta), \quad N_j = \frac{1}{4}(1+\xi)(1-\eta) \\ N_k &= \frac{1}{4}(1+\xi)(1+\eta), \quad N_l = \frac{1}{4}(1-\xi)(1+\eta) \end{aligned}\right\} \tag{B}$$

要素内の変位 u, v は，同じ形状関数を使って，式 (3.13) で定義されている．

$$\left.\begin{aligned} u &= N_i u_i + N_j u_j + N_k u_k + N_l u_l \\ v &= N_i v_i + N_j v_j + N_k v_k + N_l v_l \end{aligned}\right\} \tag{C}$$

要素内の座標は式 (3.15) で定義されている．

$$\left.\begin{aligned} x &= N_i x_i + N_j x_j + N_k x_k + N_l x_l \\ y &= N_i y_i + N_j y_j + N_k y_k + N_l y_l \end{aligned}\right\} \tag{D}$$

要素剛性マトリックスを求めるためには，$\xi\eta$ 系の座標系と xy 座標系との間のヤコビアン $[J]$（式 (3.16)）を求め，

$$\begin{Bmatrix} \dfrac{\partial u}{\partial \xi} \\ \dfrac{\partial u}{\partial \eta} \end{Bmatrix} = \underbrace{\begin{bmatrix} \dfrac{\partial x}{\partial \xi} & \dfrac{\partial y}{\partial \xi} \\ \dfrac{\partial x}{\partial \eta} & \dfrac{\partial y}{\partial \eta} \end{bmatrix}}_{[J]} \begin{Bmatrix} \dfrac{\partial u}{\partial x} \\ \dfrac{\partial u}{\partial y} \end{Bmatrix} \tag{E}$$

式 (F) のような要素内のひずみと節点変位ベクトルを関連づける B マトリックスを求める必要がある．

$$\begin{Bmatrix} \dfrac{\partial u}{\partial x} \\ \dfrac{\partial v}{\partial y} \\ \dfrac{\partial u}{\partial y} + \dfrac{\partial v}{\partial x} \end{Bmatrix} = \underbrace{\begin{bmatrix} \quad & & \\ & B & \\ & & \quad \end{bmatrix}}_{3\times 8} \begin{Bmatrix} u_i \\ v_i \\ u_j \\ v_j \\ u_k \\ v_k \\ u_l \\ v_l \end{Bmatrix} \tag{F}$$

手順 1) 要素内の座標の式 (D) に，形状関数（式 (B)）と節点座標（演図 3.3）を代入する．

手順 2) 手順 1 の結果に基づき，式 (E) で定義されるヤコビアン $[J]$ を求める．

手順 3) 積分点での ξ, η の値を $[J]$ に代入し，数値化する．$[J]^{-1}$, $\det[J]$ も求めておく（積分点が複数ある場合，この作業を積分点ごとに行う）．

手順 4) 式 (B)，(C) に基づき，$\partial u/\partial \xi$, $\partial u/\partial \eta$ を計算（$\partial v/\partial \xi$, $\partial v/\partial \eta$ も同様）する．

手順 5) 積分点での ξ, η の値を手順 4 の結果に代入する．

手順 6) 式 (3.16′)

$$\begin{Bmatrix} \dfrac{\partial u}{\partial x} \\ \dfrac{\partial u}{\partial y} \end{Bmatrix} = [J]^{-1} \begin{Bmatrix} \dfrac{\partial u}{\partial \xi} \\ \dfrac{\partial u}{\partial \eta} \end{Bmatrix}$$

に手順 3 で求めた $[J]^{-1}$ と，手順 5 で求めた $\partial u/\partial\xi$, $\partial u/\partial\eta$ の積分点の値を代入して，

$$\begin{Bmatrix} \dfrac{\partial u}{\partial x} \\ \dfrac{\partial u}{\partial y} \end{Bmatrix}_{\xi=\eta=0} = \underbrace{\begin{bmatrix} & & & \\ & & & \end{bmatrix}}_{2\times 4} \begin{Bmatrix} u_i \\ u_j \\ u_k \\ u_l \end{Bmatrix}$$

を導く（$\partial v/\partial x, \partial v/\partial y$ も同様）．

手順 7) 手順 6 の結果に基づき，式 (F) の形を導き，3×8 の B マトリックス（積分点での値）を求める．

手順 8) 式 (A) に E マトリックス，B マトリックス，$[J]$ の積分点の値を代入して，要素剛性マトリックスを得る．

問題 3.4　アイソパラメトリック四辺形一次要素

問題 3.3 と同様に，演図 3.4 の要素剛性マトリックスを求めなさい．

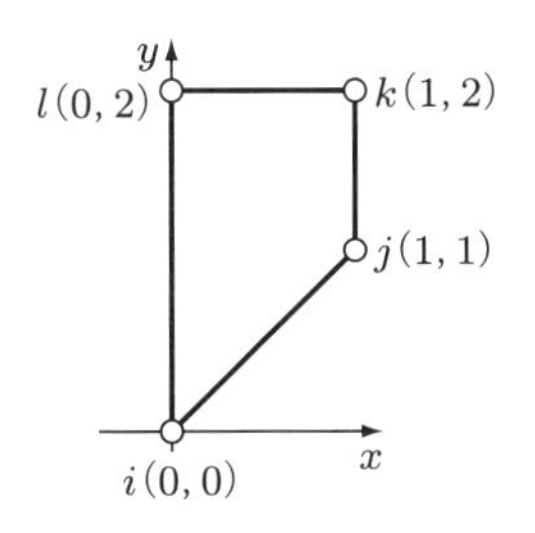

演図 3.4

実践編

「実践編」では，実際に有限要素法シミュレーションを行う際に必要な実践的知識（ノウハウ）をまとめた．とくに重要なものは“ノウハウ”として記した．理論と実践的知識を有効に結びつけるために，理論編の“ポイント”と“ノウハウ”の関係を本書冒頭の「学習手順」のチャート図（p.vi）に示したので活用してほしい．つぎに，例題を通して，有限要素法シミュレーションの利用技術・解析結果のまとめ方などを示す．そして，有限要素法の演習問題を 17 題，詳細な解説付きで用意した．実際に，自分で有限要素法のソフトウェアを使って，問題に挑戦してみてほしい．

4章 有限要素法の実践的知識

有限要素法はポピュラーなツールである一方，実際の解析においては苦労しているユーザーが多いと思われる．これは有限要素法の使用にあたっては高度な実践的知識（ノウハウ）が必要となるからである．そのため，解析の流れに沿って**形状のモデリング**（4.1 節），**要素の選定**（4.2 節），**メッシュの作成**（4.3 節），**境界条件の設定**（4.4 節），**解析物理モデルの設定**（4.5 節），**結果の検証**（4.6 節），**結果の分析における注意**（4.7 節），**結果の検証と妥当性確認（V&V）**（4.8 節）について詳細に記した．とくに重要な実践的知識は“ノウハウ”として記した．また，理論編で学んだことが有効にリンクするように，“ノウハウ”と“ポイント”の対応を示した．

4.9 節では有限要素法解析がもっとも活用されている構造強度設計の考え方を述べる（詳細な計算法は付録 B で解説する）．

最後の 4.10 節では，よく使われる便利で高度な有限要素法の機能をいくつか紹介する．

4.1 形状のモデリング

(1) 形状の単純化

「物体の一部分に作用している荷重を，その荷重と等価な異なった分布荷重で置き換えても，荷重の作用域から十分離れたところでは，この二つの荷重系の効果の差は無視できる」．これを**サンブナン（Saint - Venant）の原理**とよぶ．

この原理は，「高応力場による局所的な影響は遠方には及ばない」とも解釈でき，評価対象領域から十分離れた領域（荷重の存在の有無にかかわらず）や，評価対象とならない低応力部のモデル化は単純化できるということになる．また，場合によっては影響のない領域を削除することも可能である．図 4.1(a) は，円孔を含む帯板の応力集中の解析例であるが，荷重負荷部分に小円孔が存在している．サンブナンの原理により，負荷部分の小円孔が中央の円孔へ及ぼす影響は小さいと考えられるため，小円孔の領域が評価領域でないならば，解析モデルから小円孔は省略できる．また，図 (b) のような細長い帯板は，応力がほぼ一様な部分を省略でき，より短くモデル化可能で

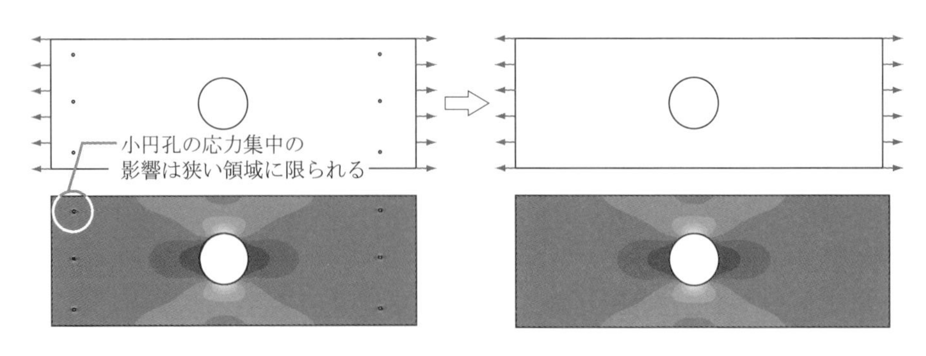

（a）形状の単純化（荷重負担部の小円孔は中心の円孔の評価には無視できる）

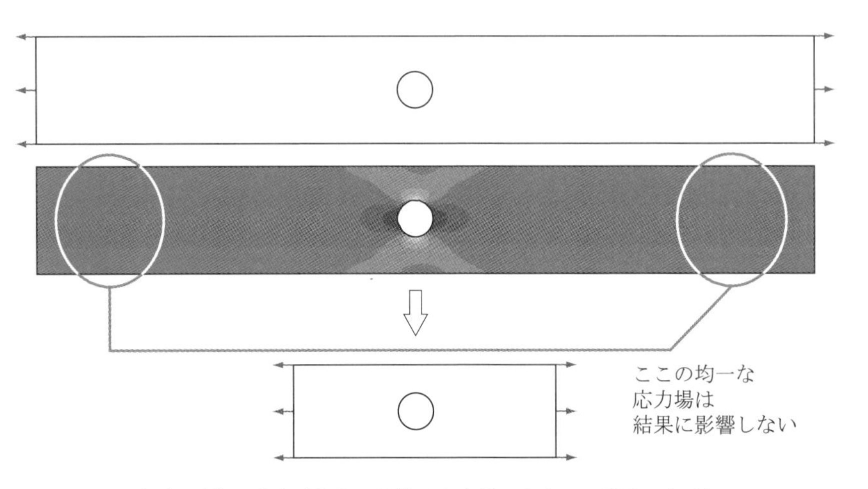

（b）形状の省略（左右の領域は応力が一定なので省略できる）

図 4.1　サンブナンの原理を使ったモデルの単純化
（応力分布図は引張方向の垂直応力成分）

ある．ただし，形状の単純化・省略は行い過ぎると解析結果を大きく変えてしまうので，入念なチェックが必要である．

ノウハウ 1　サンブナンの原理でモデルを単純化できる
⇔ ノウハウ 2 （p.60）

有限要素法では，サンブナンの原理により，評価対象領域は十分離れた領域の応力場の影響を受けない．

(2) 対称条件の考慮

対称性を利用すれば解析領域が減り，効率的な解析がまったく精度を落とさずに可能になる．ただし，形状が対称であっても，荷重や変位の拘束条件が対称でない場合は対称性が利用できないので注意が必要となる．

図 4.2 で示すような，円孔付き帯板が一様な引張を受ける場合，モデルは 1/4 に削減できる．ただし，解析条件が一致するように対称軸上には変位拘束条件を設定する必要がある．つまり，1/4 モデルの左面は対称性により，x 方向には変位しない面拘束，下面は y 方向に変位しない面拘束の設定が必要になる．境界条件の詳細については 4.4 節でも述べる．

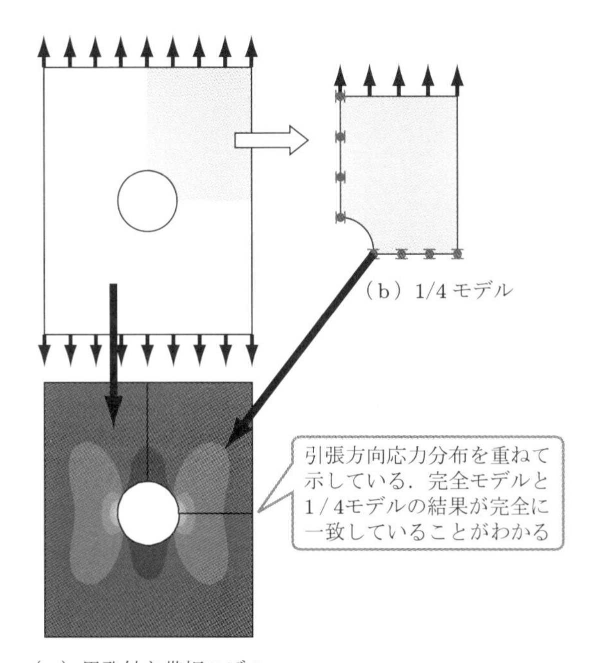

図 4.2 対称性を利用したモデル化
((a) の円孔付き帯板モデルは (b) のように 1/4 にモデル化可能．ただし，対称軸の境界条件の設定が必要)

4.2 要素の選定

(1) 要素の選定の基本

ユーザーは膨大な種類の要素のなかから適切なものを選ばなければならない．同じ形状の四辺形要素でも，形状関数の次数・積分点の個数などの違いでいくつもの種類が存在する．また，トラスやシェル要素といった構造要素も数多くあり，三次元の問題を効率的に取り扱うことを可能にしている．

要素を選定する際は，ユーザーは必ず使用する要素が，自分たちの目的に合致しているか，十分な精度を有しているかなどの特性を詳細にチェックすべきである．そのためには，よく使われている一般的な要素を選ぶのが安全である．同じグループでよく使っている要素を使って実践的知識を共有するのもよい．

(2) 適当な要素の選定（次元の低減）

三次元構造物であっても，近似的に一次元もしくは二次元とみなせる場合は次元を落として解析を行うことも有効である．次元を落とすことによって，解析の計算量（自由度）が減少するとともに現象が単純になり，効率的な解析が可能になる．また，大規模な三次元の解析を行う際でも，単純化した一次元および二次元解析で予備解析を行い，おおよその傾向を把握することによって効率を上げる方法も有効である．

二次元化できるのであれば，面内変形に対しては，二次元ソリッド平面応力要素や平面ひずみ要素が用いられる．一般に，厚い構造物には平面ひずみ要素を，薄い構造物には平面応力要素を使うことが多い．一方，厚い構造物でも，奥行き方向に拘束がなく自由に変形でき，かつ，どの断面も面内の荷重が同じ場合は，奥行き方向の合応力がゼロになっているケースもある．このようなケースに $\varepsilon_z = 0$ を仮定すると，現実と異なる大きな応力 σ_z が生じてしまうため，平面ひずみ場の適用は疑問である．

このような場合には，平面応力要素を用いるか，平面ひずみと平面応力の中間である**一般化平面ひずみ要素**を用いる．これは，z 方向の合応力がゼロになるような，z 方向の変位（面内均一）を求める要素で，$\varepsilon_z = 0$ とした場合より拘束が厳しくなくなり，z 方向に外部による拘束がない状態をモデル化できる．

ただし，いずれの場合でも二次元要素は三次元の近似であり，その近似の妥当性はユーザーが評価しなければならない．なお，現在は，計算機能力の進歩により三次元解析が主流となり，二次元解析は使われなくなりつつある．

面外変形が必要な場合には，板曲げ - シェル要素が用いられる．軸対称構造物には軸対称要素が，棒状の解析の場合はトラス要素，梁要素が用いられる．

(3) 適当な要素の選定（高次要素と要素形状）

同じタイプの要素でも，たとえば二次元ソリッド要素の場合，近似の次数が異なる一次要素と二次要素や，メッシュ形状が異なる三角形要素とアイソパラメトリック四辺形要素など，さまざまな要素を選定できる．これらを目的に応じて使い分ける必要がある．

一般に，二次元解析では実用性が高いアイソパラメトリック四辺形二次要素が用いられる（**ポイント 14**（p.35），**18**（p.40），**19**（p.42）参照）．積分点は**完全積分要素**

(3.2 節(1)，**ポイント 16** (p.38) 参照）が基本であるが，目的に応じて変えてもかまわない（低減積分要素など）．

要素の次数や積分点数の解析結果に及ぼす具体的影響については 4.3 節(2)で取り上げる．

4.3 メッシュの作成

有限要素法による構造解析は，メッシュ（要素）を無限に細かく分割した場合，弾性理論解に近づくことが証明されている．逆に，メッシュが有限である限り，結果は近似解となってしまう．したがって，要求される精度に対して，メッシュをいかに効率的に分割して答えを出すかということが重要である．計算時間がかかるような場合でも，粗いメッシュの解析によりラフな検討を行い，最終的な評価は詳細なメッシュの解析を用い，効率を上げることが可能である．

(1) 要素の選択と自動メッシュ生成

基本的に，二次元ならば三角形要素より四辺形要素，三次元ならば四面体要素より六面体要素のほうが精度が高いため，それぞれ後者を選択することが望ましい（**ポイント 13** (p.33)，**14** (p.35) を参照）．しかし，メッシュ分割にかかる労力は，後者のほうが大きい．精度の高い解析を行うためには，メッシュを自分で作成するべきであるが，すみやかな解析が必要な場合は，自動メッシュ分割機能を用いることが一般的となっている．

二次元の場合は，四辺形での自動分割が可能であるが，三次元において形状が複雑になると六面体のみによる自動分割は実現しておらず，四面体による要素分割もしくは六面体と四面体との混合分割が一般的である．四面体要素を用いる場合は，とくに精度の検証が必要である．

作成したメッシュで解析を行い，必要に応じてメッシュを切り直す手法もよく使われている．これには，2 種類の考え方がある．一般的な方法は，応力勾配が大きく精度が低いと考えられる部分のメッシュを細かくする方法であり，**h 法**とよばれる．もう一方は，精度が低いと考えられる部分の要素の近似の次数を上げる **p 法**である（たとえば，通常は二次であるが，これを三次，四次，五次，六次と精度が改善されるまで次数を上げていく）．また，場所によって，一次要素と二次要素を切り替える手法も，計算時間削減のために用いられる．

(2) メッシュの粗密

有限要素法は，すべての領域で精度よく解を求める必要はない．高応力領域や応力勾配が大きい領域や，正確な数値が必要な評価域を，メッシュを細かく規則的に分割する．一般に，表面や界面は応力勾配が大きいことが多いため，細かく分割するよう注意が必要である．

逆に，高応力場や評価点より十分離れた場所や応力勾配が小さい場所は，メッシュ分割を粗くする（メッシュを散らすともいう）．サンブナンの原理により，このような部分のメッシュを粗くしても，応力勾配が大きな部分への影響はほとんどないことがわかっている．ただし，メッシュの粗密を滑らかに変化させなければ精度が下がるため，注意が必要である．たとえば，図 4.3(a) のようなメッシュ単位を考え，図 (b), (c) のような分割パターンを用いれば，効率的で精度の高いメッシュ分割が行える．

ノウハウ 2　応力集中部のメッシュは細かく．四辺形二次要素を使うこと
⇔ ポイント 1 (p.5)，**6** (p.13)，**13** (p.33)，**14** (p.35)，**18** (p.40)，**19** (p.42)，**ノウハウ 1** (p.56)

応力集中部や評価点のメッシュは十分に細かく切る．それ以外の重要でない部分は粗くてもよい．三角形要素より四角形要素を，一次要素より二次要素を使うこと．

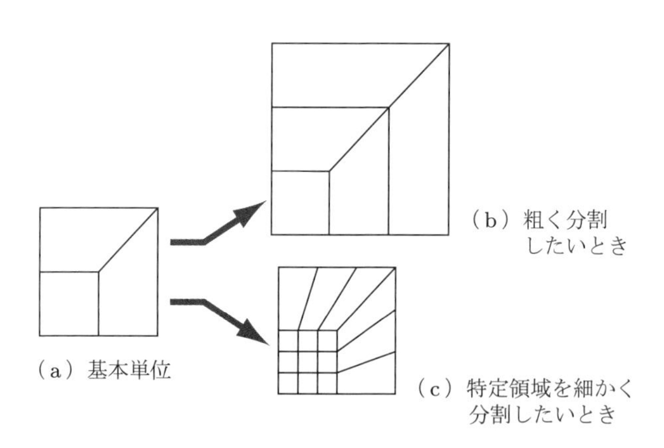

図 4.3　効率的なメッシュの切り方の例

実例によりメッシュ分割と解析精度を比較する．

図 4.4 に図 4.2 の円孔付き帯板のさまざまな解析メッシュを示し，表 4.1 に解析結果（応力集中係数と変位）を示す．具体的な解析条件は 5.2 節の初級問題 2 で解説する．

円孔表面で最大応力が生じ，応力の評価は図 4.4(a) の○で示した応力集中点の引張方向の節点平均応力で行った．図 (a) は粗いメッシュであり精度が悪い．図 (b) は図

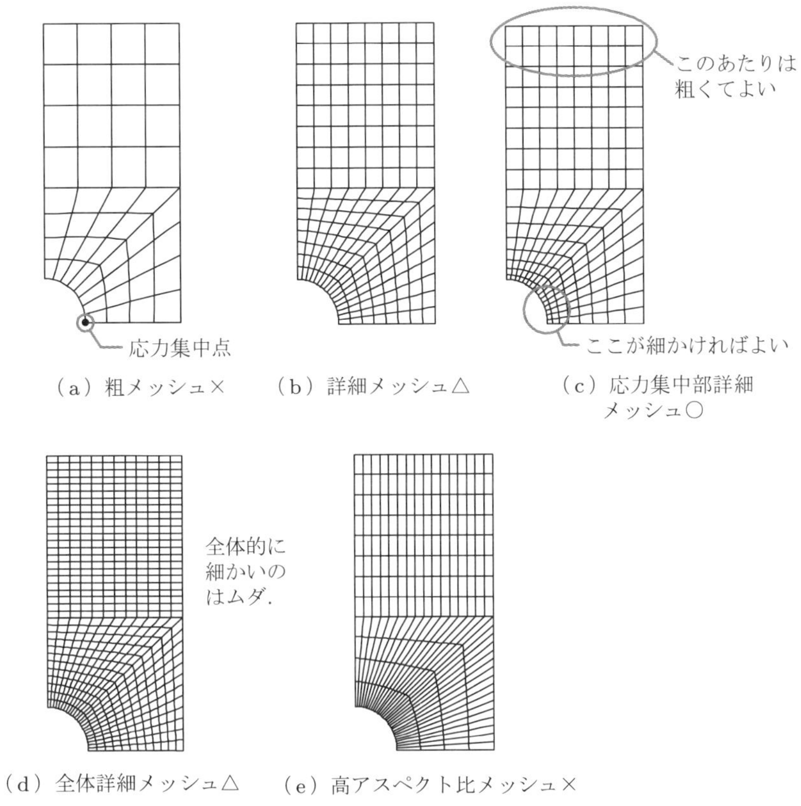

図 4.4　図 4.1 の円孔付き帯板の解析メッシュ図
（結果は表 4.1 参照．図 (a) の丸で示した場所の値を比較している）

表 4.1　解析精度のメッシュ依存性

	節点数	要素数	応力集中係数の誤差	円孔上部変位
(a) 粗メッシュ	177	48	8.2%	4.8872×10^{-2}
(b) 詳細メッシュ	641	192	3.9%	4.8941×10^{-2}
(c) 応力集中部詳細	641	192	0.6%	4.8942×10^{-2}
(d) 全体詳細	1811	564	2.6%	4.8943×10^{-2}
(e) 高アスペクト比	857	256	10.7%	4.8936×10^{-2}

(a) の分割数を変えたもので，精度は向上するが少しの誤差は残る．図 (c) のように，応力集中部のメッシュが細かくなるように分割に傾斜をつけると，自由度数（節点数）が図 (b) と同じにもかかわらず精度は格段に上昇する．また，図 (d) のように，応力集中部以外を細かく分割しても精度はあまり上がらない．図 (c) よりも節点数が 3 倍程度に増えたにもかかわらず，精度的に劣ることがわかる．図 (d) の全体詳細が，図

(c) の応力集中部の詳細より精度が低いのは，最表面のメッシュの大きさが図 (c) のほうが細かいことに起因する．

また，いまは応力に注目したが，変位（ここでは円孔上部）を比較すると，どのモデルもよい精度を有することがわかる（差は 0.1% 程度）．これは，ひずみ（応力）は変位分布の空間微分量（たとえば式 (2.15), (3.12)）であり，変位と比較して精度を出すのが難しいことに起因している．逆に，変位のみを求める解析の場合（たとえば振動解析），メッシュは粗くてもよいことを意味している．

基本的に，メッシュを細かく切れば精度が上がるが，応力が発散する応力特異場の取り扱いには注意が必要である．このような応力場はメッシュを細かく切れば切るほど，応力値が高くなってしまう．これについては 4.7 節(4)で詳細を述べる．

ノウハウ 3　応力は変位より精度が低い
⇔ ポイント 7 (p.14)，**13** (p.33)

応力は変位の勾配（空間微分）であるため，変位より精度を出すのが難しい．逆に変位だけを見る解析はメッシュが粗くてもよい．

つぎに，図 4.5 のような長さ $L = 100$ mm で，断面が 10 mm × 10 mm の正方形の片持ち梁の先端に，100 N の集中荷重が作用している問題を，①三角形二次要素，②四辺形一次要素，③四辺形二次要素，④四辺形一次低減積分要素，⑤四辺形一次非適合要素を用いて，長さ方向と高さ方向のメッシュ分割数を設定して解析したさまざまな結果を表 4.2 に示す．材料力学の理論解は，曲げ応力 60.0 MPa，最大たわみ 0.195 mm となっている．

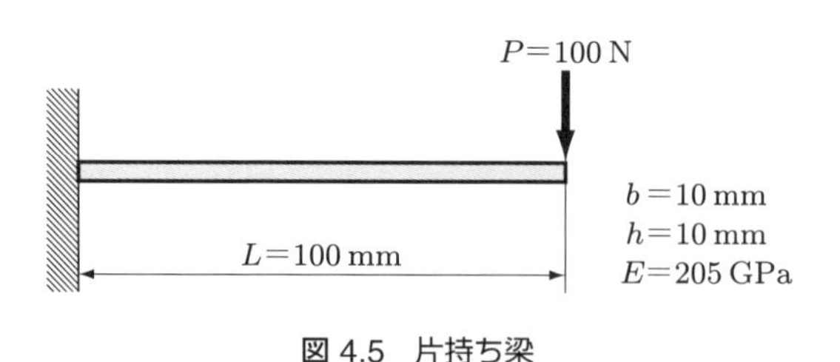

図 4.5　片持ち梁

10 × 10 のメッシュ分割の結果を見ると，三角形・四辺形の二次要素は，十分な精度を有することがわかる．一方，四辺形一次要素は，**せん断ロッキング**（**ポイント 18** (p.40)）のために精度が悪い．低減積分要素にすると，精度が向上するが十分といえない．また，非適合要素を採用すると精度が上がることがわかる．四辺形一次要素を 50 × 10 とメッシュ分割を細かくすると，理論値とほぼ一致することがわかる．四辺

表 4.2 各要素の解析結果（最大曲げ応力 60 MPa，最大たわみ 0.195 mm が理論解）

長さ × 高さ メッシュ	三角形二次要素		四辺形一次要素		四辺形二次要素		四辺形一次低減積分要素		四辺形一次非適合要素	
	最大曲げ応力 σ	最大たわみ v	最大曲げ応力 σ	最大たわみ v	最大曲げ応力 σ	最大たわみ v	最大曲げ応力 σ	最大たわみ v	最大曲げ応力 σ	最大たわみ v
10 × 10	60.0	0.196	38.1	0.131	60.8	0.197	52.0	0.198	57.3	0.196
10 × 2	59.3	0.196	38.0	0.131	60.1	0.196	38.0	0.261	57.0	0.196
10 × 5	59.5	0.196	38.1	0.131	60.6	0.197	47.6	0.204	57.3	0.196
5 × 10	57.8	0.196	18.0	0.065	60.6	0.197	49.2	0.196	54.2	0.194
2 × 10	47.3	0.185	3.3	0.015	60.2	0.196	40.9	0.186	45.1	0.184
50 × 10	–	–	59.0	0.193	–	–	54.5	0.199	60.3	0.196

形二次要素は，メッシュを粗くしても精度を維持する．これは，曲げのたわみ曲線が一般に二次から三次の曲線となるため，二次要素と相性が良いためである．三角形二次要素もおおむね精度がよいが，長さ方向が 2 分割だけの場合，精度は十分ではない．

(3) メッシュの形状

四辺形要素の場合，理想的なメッシュはアスペクト比が 1 である正方形である．アスペクト比が高いメッシュ，低角度/高角度を含むメッシュは避けるように分割しなければならない．図 4.4(e) に，帯板のアスペクト比が高いメッシュのモデルを示し，結果を表 4.1 に示した．表から，節点数は多いが精度が低いことがわかる．メッシュが評価ラインを何分割しているかという視点で見るとよい．しかし，実際には解析対象をすべて正方形で分割することは，メッシュの数を著しく増大させるため，現実的ではない．

四辺形要素は，メッシュの粗密の調節が難しい（図 4.3 参照）．このため，評価点と関係のない，精度を必要としない場所は，三角形要素を用いてメッシュの粗密を調整し，解析を効率的に行ってもよい．

(4) 実践的なメッシュ作成の心構え

実践的な視点から見ると，二次元解析では多くの場合は計算時間が短いため，あまり考えずに，メッシュを細かく切ったほうが計算時間はかかっても効率的である．三次元では，理想的なメッシュの切り方は幾何学的にも難しく，また時間もかかるため，メッシュ作成はおろそかになりがちである．しかし，三次元でも理想的なメッシュに近づけるように，メッシュ作成の実践的知識（自動メッシュ分割機能などソフトウェアの機能を使いこなすことも含まれる）を習得しなければならない．また，時間的，およびコスト的に十分なメッシュが切れない場合でも，作成したメッシュの精度がどのレベルにあるのかを把握する能力をもつ必要があり（メッシュの精度に責任をもつこと），その場合に，メッシュ切りの実践的な知識は不可欠となる．

たとえば，精度が低いメッシュを用いた場合，異なるメッシュを用いた結果との定量的な比較はもちろん，定性的な比較も避けるべきである（4.7節(2)，図4.14参照）．逆に，同じメッシュであれば少々精度が低くとも，定性的な比較を間違えることはない．

評価点から遠く，応力勾配が小さいところは，思い切ってメッシュを粗くできる．その際，メッシュを徐々に粗くしていく領域のメッシュ形状が少々不規則であっても，解析精度には影響を及ぼさない．

与えられた制約条件のなかで最善の答えを得るために，解析精度（メッシュの細かさ）に関する感覚を，手軽な二次元解析から身につけるとよい．

4.4 境界条件の設定

有限要素法は，全体剛性方程式 $[K]\{U\} = \{F\}$ を解く計算であるため，適切な形状やメッシュにより $[K]$ を作成しても，適切な変位境界条件 $\{U\}$ もしくは，荷重境界条件 $\{F\}$ を与えないと解は得られない．

変位境界条件は，解析対象物が何にどのように拘束されているのかに依存する．したがって，モデル化においては，対象物だけではなく，その周辺のモデル化が必要になる場合が多い．たとえば，5.2節の初級問題4で扱うような固定端の問題が典型であり，解析対象の梁だけでなく，固定部の構造に着目する必要がある．

荷重境界条件においては，解析対象物が受ける，たとえば風荷重や地震荷重の設定が必要となってくる．設定には計測結果もしくはほかの数値流体解析や振動解析の結果が必要となる場合もあるため，有限要素法解析以外の実践的知識も必要となってくる．

ここでは，境界条件の設定方法と注意点について述べる．

(1) 荷重境界条件

荷重境界条件の設定には，集中荷重（節点荷重），分布荷重（面荷重），物体力とがある（図4.6参照）．集中荷重は節点に，分布荷重は要素の辺上（三次元なら面上）に，物体力は要素全体に設定する．計算上では，分布荷重と物体力は要素タイプに応じて等価節点力として節点へ割り振られているが，多くの汎用ソフトでは自動化されているため，ユーザーは意識する必要はない．しかし，二次要素を用いた場合，直感と異なる等価節点力の割り振りが行われるため注意が必要である（3.3節(2)の(b)参照）．

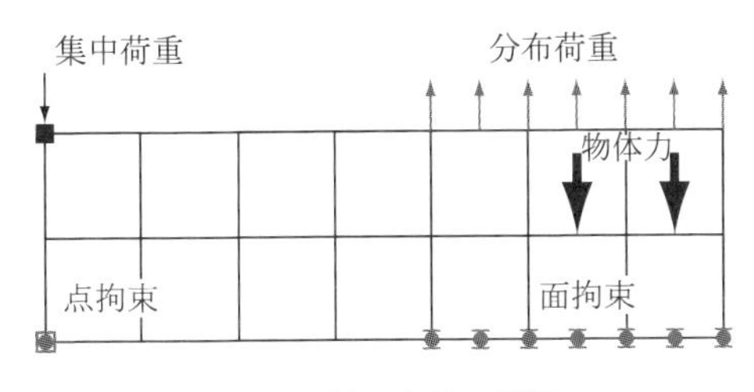

図 4.6 境界条件の種類

(2) 変位境界条件

変位境界条件の設定には，点拘束と面拘束とがある（図 4.6 参照）．点拘束は節点を拘束し，面拘束は分布荷重と同様に要素辺上のすべての節点を拘束する．一般に，ゼロでない変位で拘束する場合，**強制変位**とよばれる．荷重境界と変位境界を同じ節点に同時に与えることはできない．実際の計算手順は，2 章章末の「**memo 境界条件の処理**」（p.26）および**ポイント 12**（p.27）を参照のこと．

境界条件の設定にあたっては，図 4.7(a) のように外力だけが与えられるような問題は，系が**剛体変位**をしてしまい，解が得られない．図 (b) のように剛体変位を防ぐため，1 点のみを x, y 方向に固定しても，系が**剛体回転**してしまい，同じく解が得られない．図 (c) のように 3 自由度の固定を行うと，ようやく解が得られる．二次元においては，最低 3 自由度の拘束が必要である．

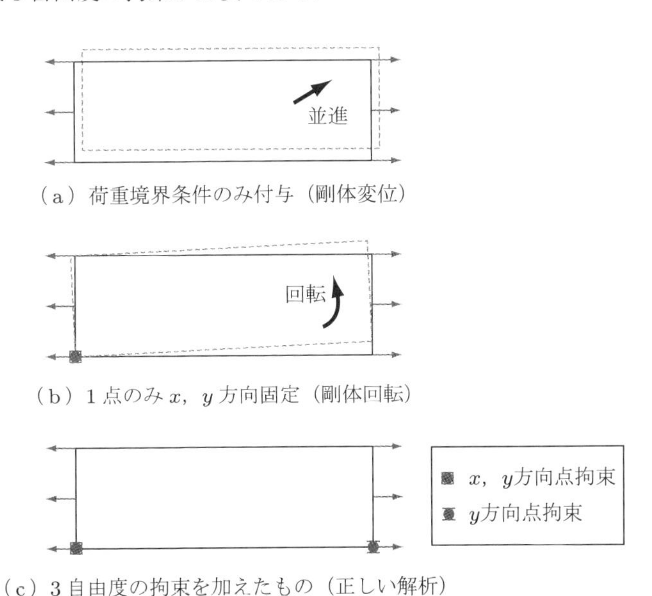

図 4.7 境界条件の設定方法

このような間違いは，有限要素法においては，摩擦・重力・減衰などが考慮されていないため，現実の体験とギャップがあることにも起因している．また，物体間の接触も**接触要素**を用いない限り考慮されないので注意が必要である（4.10 節(1)参照).

図 4.2 のように対称条件を使っている場合は，対称軸が軸と垂直な方向へ変位しないように，図 (b) のように面拘束を行う．面で拘束する場合は，拘束自由度の数が増えるので，剛体変位・回転の問題が回避されることが多い．

(3) 点拘束や集中荷重の注意

実際の構造物を拘束する際には，完全に点や面で拘束することは不可能である．また，1 点に集中荷重をかけるような面圧が無限大になるようなことは非現実的である．実際は，固定端の解析対象を拘束している構造物も変形するし（5.2 節の初級問題 4 参照)，集中荷重もある程度の大きさの領域に荷重が分散している．

このような非現実的なモデル化を行うことにより，拘束点や集中荷重点では非現実的に大きな応力が生じることがある．しかし，これはモデル化の問題であるので，実際には起こらないことに注意する必要がある．

また，もし，このような拘束点や集中荷重点が評価の対象になる場合，拘束方法や接触面積などを考慮した詳細なモデル化が必要となる．逆に，評価の対象でなく，評価点から十分離れている場合は，メッシュを粗くして，非現実的な応力分布は無視してかまわない．詳細は 4.7 節(4)で，実例を示しながら説明する．

> **ノウハウ 4**　**境界条件の設定はとても重要**
> **⇔ ポイント 4** (p.10)，**12** (p.27)
>
> 有限要素法の解析結果は境界条件に大きく依存するため適切な設定が必要である．
> 有限要素法は，設定しないと，摩擦・重力・減衰がない世界なので注意．

4.5　解析物理モデルの設定

(1) 物理モデルの選定

二次元解析であるならば，3.1 節(1)で述べたように，平面応力要素，平面ひずみ要素などの選定が必要である．応力が十分に小さく，塑性変形しない場合は弾性解析でよいが，応力が大きい場合は弾塑性解析が必要である．弾性体が高応力で大きく変形したり，応力は小さいが梁のような構造物が大きく変位したりする場合は，線形（微小変形）解析の範囲を超えるため，**幾何学的非線形（大変形）解析**が必要である．幾何学的非線形については，4.6 節(2)で解説する．

(2) 材料物性値の収集と設定

有限要素法で実験と比較するような定量値を得るためには，適切な材料物性値の入力が重要である．弾性解析の場合，等方性材料ならば**ヤング率** E と**ポアソン比** ν を入力する．異方性材料の場合は，異方性の種類に応じて必要な独立な**弾性定数**を入力する．**熱応力解析**を行う場合はさらに線膨張係数の入力が必要となり，自重を考慮する場合は密度の入力が必要となる．

基本的に，設計において使用される材料物性値は，個別に測定するべきである．測定できない場合には，文献やデータベース†から参照することが多いが，データの信頼性を十分に考慮する必要がある．これには，材料強度学や材料試験の知識が必要となってくる．

たとえば，鉄鋼材料であれば，ヤング率とポアソン比は熱処理・不純物に大きく依存することはないが，降伏応力や疲労強度は大きく依存する．よって，対象となる鋼材と同様な熱処理・不純物の値を用いる必要がある．加えて，疲労強度は表面の残留応力やショットピーニングなどの表面処理にも大きく依存する．測定されるデータにはバラツキもあるため，構造強度設計ではデータの信頼性に気を付ける必要がある．

また，樹脂系材料を扱う場合は，さらに注意が必要で，ヤング率や強度データが製造法に大きく依存する．温度や湿度といった環境にも依存するため注意が必要であり，文献やデータベースから値を得るのではなく，可能な限り実測したほうがよい．

(3) 単位系の注意

物性値の入力においては，単位系に十分注意しなければならない．これを怠ると，まったくオーダーが異なる解を得ることになってしまう．一般に，汎用ソフトでは，入力は無次元で単位の指定はなく，解析者の責任に任されている．静的な解析の場合，解析者が決めなければならない単位は「力」と「長さ」である．長さの単位を [mm]，力の単位を [N] に設定した場合，応力は $[\text{力}/(\text{長さ})^2]$ の単位なので，$[\mathrm{N/mm^2}] = [10^6\,\mathrm{N/m^2}] = [\mathrm{MPa}]$ の単位になる．したがって，ヤング率の入力は [MPa] で行わなければならない．出力の応力の単位も，当然，[MPa] となる．

自重による変形などの計算で，質量の単位を入れる場合は，さらに注意が必要である．上記と同様，[mm], [N], [s] の単位を使う場合，$1\,\mathrm{kg} = 1\,\mathrm{N\cdot s^2/m} = 1.0\times10^{-3}\,\mathrm{N\cdot s^2/mm}$ となるため，質量はトン（t）で入力する必要がある．**質量密度**は $\mathrm{N\cdot s^2/mm^4}$ となる．**重力加速度**の入力（$9.8\times10^3\,\mathrm{mm/s^2}$）も必要である．

† たとえば，物質・材料研究機構の物質・材料データベースや，日本機械学会や日本材料学会が発行しているデータベース（日本機械学会「金属材料の弾性係数」や日本材料学会「疲労強度データ集ベース」など）が参考になる．汎用コードのなかには，物性値のデータベースを備えているものもある．

ノウハウ5 単位系のチェックはユーザーの責任

単位系の設定はユーザーに託される．よく間違えるため要チェック．

(4) 計算ソルバー

解析を行う際，多くの汎用ソフトでは数値解析手法（連立一次方程式の解法）を選択できる．ほとんどは初期設定のものを使うことになるが，解の精度・計算時間のコストなどを考える意味でも，計算がどのような手法で行われているのかを理解しておくことは重要である．

有限要素法での連立一次方程式の解法は，大きく分けて**直接法**と**反復法**の二つがある．直接法は，ガウスの消去法など，直接連立一次方程式を解く手法であり，誤差が少ない．有限要素法のマトリックスが疎行列†であることから，スカイライン法，ウェーブフロント法，**スパースマトリックス法**などのメモリの節約・高速演算のための多くの工夫がなされ，現在でも手法の開発が行われている．一方，反復法は，なんらかの初期値から出発して反復計算を繰り返して解の精度を改善していく．したがって，問題によっては収束性が悪く，精度の面で直接法に劣る場合もあるが，メモリ使用量と計算速度の面で直接法に比べて優れている．反復法のなかでも前処理付き**共役勾配法**（Preconditioning Conjugate Gradient Method：PCG法）を使った手法では，行列の前処理によって性能を格段に向上させることができるため，応用が進んでいる．

4.6 結果の検証

有限要素法の結果を信用してよいかどうかの判断は，解析者の責任で行う．間違った解析に気づかず，重大な設計ミスや事故を起こすことがあるため，結果の検証は慎重に行うべきである．作業を迅速に行うためには，結果を視覚的に理解できるポストプロセッサーを活用したい．

ノウハウ6 結果の検証は慎重に

結果の検証は慎重に行う．出てきた計算結果をそのまま信頼しないこと．

(1) 計算エラーが生じる場合

計算が正常に行われない場合は，節点や領域の2重定義，節点間の接続設定のミス

† 大半の行列要素がゼロである行列．

(要素の面積が負になる), 境界条件の設定ミス・入れ忘れなどが考えられる. ソフトのエラーメッセージをもとに検討する必要がある.

つねに, ソフトから出力される解析レポートをチェックし, ワーニング (警句) などのメッセージに注意することが重要である. ワーニングの多い解析は, どこか間違っている可能性が高い.

(2) 変形・反力のチェック

変形図は, 直感的に理解しやすいので, 不自然な変形を起こしていないかを第一にチェックすべきである. よくある間違いは, 境界条件 (荷重・変位) の設定ミスにより, 図 4.7 のように解析対象が剛体変位や剛体回転を起こしている場合である.

また, 一般の解析では, 変形は微小なのでポストプロセッサーで変位を増幅させてみる必要がある. たとえば, 1000 倍程度に変形量を拡大させてみることは, 直観的に変形を理解できるため有効な手段である. しかし, この変形量の拡大表示には少し注意が必要である. たとえば, ねじり変形の場合, 図 4.8(a) にあるような矢印の方向の変位を単純に拡大させてしまうと, 図 (b) のように, 半径方向の膨張が見かけ上, 起こってしまう. 便利な一方, 拡大変形図を盲信しては危険である.

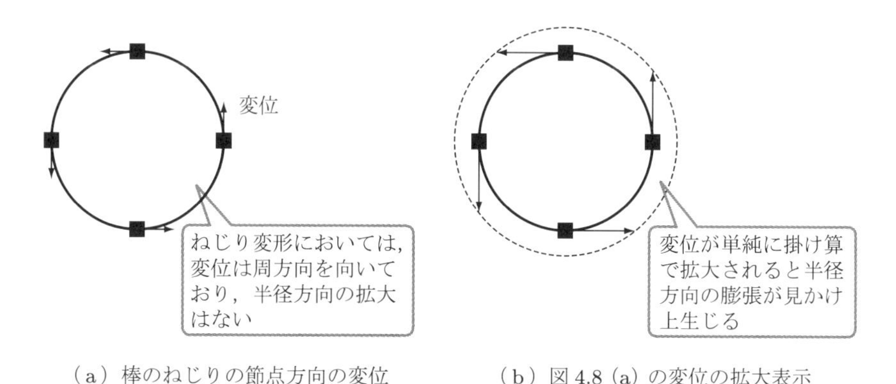

(a) 棒のねじりの節点方向の変位　(b) 図 4.8 (a) の変位の拡大表示

図 4.8 変形図の解釈における注意

また, 変位が非常に大きく線形解析の範囲を超えている場合は, 幾何学的非線形解析による検討が必要である. **線形 (微小変形) 弾性解析**では, 変形前の位置を基準に, 変位は微小という前提がある. そのため, 変形することによる力学的な釣り合いの変化は一切考慮されていない. したがって, 線形解析では, 荷重が 2 倍になると, 式 (2.21) などから明らかなように, 変位や応力は正確に 2 倍になる ($[k]2\{d\} = 2\{f\}$). よって, 線形弾性解析においては, 異なる荷重による解析を複数行う必要はない.

ノウハウ7　線形弾性解析では，出力は入力に線形となる
⇔ ポイント8（p.15）

線形弾性解析は，変形は微小と考え，変形した後の釣り合い状態は考えていない．荷重が2倍になると，変位・応力は2倍になる．

ひずみが10%を超えるような大変形問題や，大きな変位が釣り合い状態を変えてしまう大変位問題には，幾何学的非線形解析が必要となる．たとえば，図4.9の例では，両端固定梁は変形が大きくなると，梁の変形により固定端が梁を引っ張るような，いわゆる**吊り上げ効果**といわれるたわみを抑制する現象が現れる．梁のたわみが板厚を超えるような場合はとくに注意が必要である．具体例を5.2節の初級問題5で取り扱う．

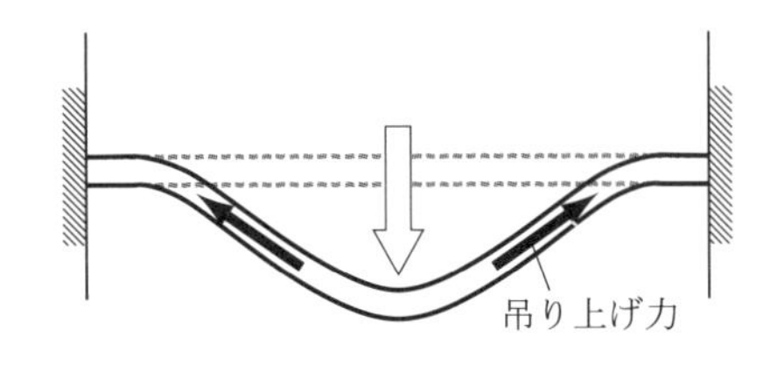

図4.9　両端固定梁の曲げ解析
（変形が大きくなると，変形に起因して，梁を持ち上げる力がはたらく．この効果は，線形弾性解析では扱えない．）

幾何学的非線形解析は，解析対象を少しずつ変形させて釣り合いを見つけるための繰り返し計算が必要となるため，線形弾性解析と比較して多くの計算時間が必要となる．多くの汎用コードでは，解析モデルは線形弾性解析とまったく同一なものを用いることができ，解析条件で単に幾何学的非線形解析を選択するだけになっている．そのため，気になったときは幾何学的非線形解析を選択しておくとよい．

また，変形と同時に反力もチェックするとよい．力の釣り合いが満足されているか，想定された反力が生じているかを検討することにより，結果を検証できる．

(3) オーダーエスティメーションの大切さ

解析結果に重大なミスがないか，単位系の設定は合っているかをチェックするため，得られた解のオーダーを材料力学などのほかの手法で見積もりを比較する．解析対象を材料力学で扱える単純な形に置き換えて計算したり，弾性論や実験に基づく解が類似問題について存在しないかを，文献やハンドブックなどで調べるとよい．時間があれば，解きたい有限要素解析のモデルを材料力学で見積もれる程度の問題に単純化して，解の一致をみる予備解析を行うのがよい．

このように**オーダーエスティメーション**は結果の検証において非常に重要な作業なので，解析の際は必ず行うべきである．逆に，オーダーエスティメーションを行っていない解析結果を信じてはいけない．

ノウハウ 8　オーダーエスティメーションは必ず行う

解析結果のオーダーエスティメーションは必ず行うこと．オーダーエスティメーションを行っていない解析結果は信用できない．

ただし，材料力学理論を使う場合は，その適用範囲も考えておかなければならない．たとえば，梁の荷重負荷部，固定端の応力評価が問題になる場合である．梁理論やねじり理論は断面の面外の変形を考えないなど近似が含まれているため，図 4.10 に示すように，十分に長い部材の中央部では材料力学の近似が成立するが，端部では成立しない場合がある（たとえば，長方形断面の棒のねじりは，中央部のみ適用範囲）．4.7 節(4)でもこの問題を取り上げる．

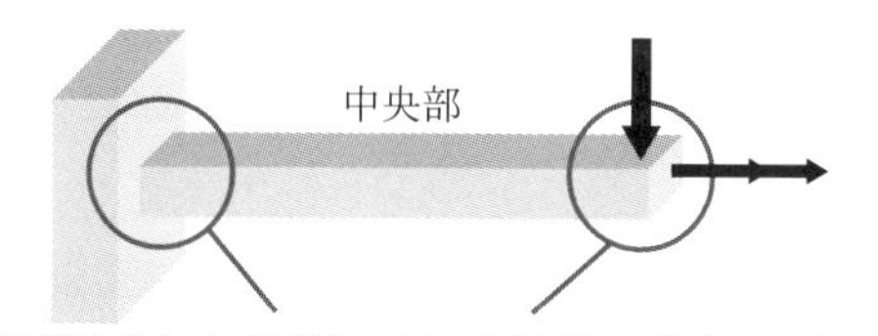

図 4.10　梁・ねじり理論の適用範囲

(4) 応力のチェック

色分け図（図 4.11(a)）や**コンター図**は，応力成分の分布を視覚的にとらえることができるため，メッシュの不備により不自然な分布になっていないかなどを容易にチェックできる．

基本的に応力は二次元では 4 成分あるので，すべての成分に対してのチェックが必要であるが，色分け図を 4 種類並べても直感的には応力分布を理解できない．問題が単純で支配的な応力成分がある場合（たとえば，荷重負荷方向）は，特定の成分の応力を比較すればよいが，支配的な成分がない場合は，各成分の応力をすべて独立にチェックすることはあまり意味がない．なぜなら，応力はテンソル量であり，その成分は採用されている座標系に依存してしまうからである（付録 A 参照）．

応力の理解とチェックには，図 4.11(b) に示すような**主応力線図**を見るとよい．主応力線図は，解析対象内に伝わる力（内力）の流れを直覚的に理解するために有用な表

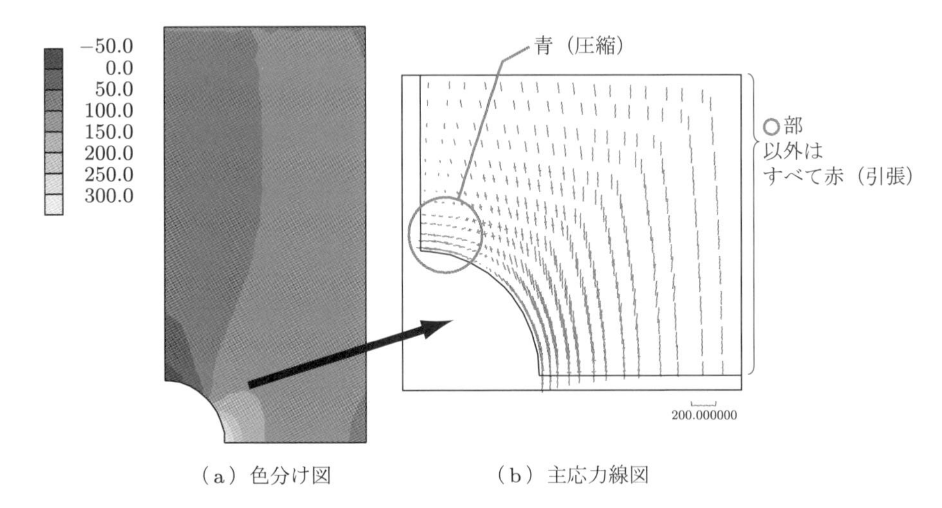

（a）色分け図　　（b）主応力線図

図 4.11　図 4.2 の円孔付き帯板解析の応力 σ_y の色分け図 (a) と応力集中部の主応力線図 (b)
（色分け図はレベルを調整して見やすくしている．単位は [MPa]）

示方法である．2 本の交差する線の方向と長さは主応力の方向と大きさを表し，赤と青の色は引張と圧縮を表す．色分け図が特定の応力成分だけの表示なのに対して，主応力線図はすべての応力成分の情報を含んでいる．応力成分の見方については，付録 A.3 節で補足説明する．

また，弾性解析を行っている場合は，材料が降伏していないかどうかのチェックも必要である．この場合，**ミーゼス（Mises）相当応力**が材料の降伏応力を超えていないかのチェックを行う．

ノウハウ 9　すべての応力成分をチェックする ⇔ 付録 A.3 節

応力は座標系に依存するため，すべての応力成分のチェックが必要である．直感的な理解のためには，座標系に依存しない主応力線図を見るとよい．結果の表示には，色分け図・コンター図が便利である．

ここで，ヤング率などの弾性係数の入力が間違っていても，応力値には反映されない場合があることに注意する．なぜなら，ある一定の外荷重下の変形においては，応力は単位面積の力であるため，ヤング率が変化しても変わらないからである†．変位（ひずみ）は変化するので，応力だけでなく，変位（ひずみ）のチェックもしていれば，間違いに気づくことができる．

† ある外荷重下で構造物が壊れないために，よりヤング率が高い材料を使っても，応力を下げる効果はまったくない．ひずみが小さくなるだけである．

4.7　結果の分析における注意

結果の検証が終わり，解析に間違いがないことを確認できたら，得られた結果を分析する．ここでは，分析におけるいくつかの注意点を述べる．

(1) 色分け図やコンター図の出力

最終的な結果として表示する際には，主応力図より色分け図やコンター図が視覚的にわかりやすく便利である．その際，図 4.11(a) のように，レベル数や値の幅が切りのよい数字になると視覚的に応力値を理解できる．異なる結果間の比較にも有効である．

色分け図やコンター図は，応力の方向の情報が欠如しているため，出力には十分な注意が必要である．主応力線図や変形図で解析結果を十分に理解した後に，結果の効率的な説明に使うとよい．

(2) 節点平均応力値に関する注意

もし，変位にもっとも関心のある場合は，節点位置で出力される変位値を評価に用いればよい．

一方，応力値は図 4.12 のように，要素内の**積分点**とよばれる計算上の点で計算される（3.2 節(1)の図 3.4 を参照）．積分点における出力がもっとも精度が高いため，値の正確さを求めるのであれば積分点で評価するのが望ましい．しかし，実際の評価の際には積分点表示では不便なことが多いため，節点平均応力値が一般に用いられる．

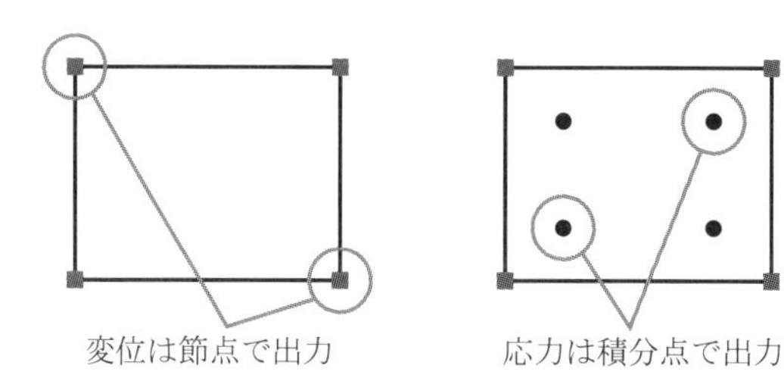

図 4.12　変位と応力の出力位置の違い

節点平均応力値は，ラインプロットやコンター図の作成に便利な値であるが，積分点応力を使った外挿が行われるため，精度が悪い場合がある．

具体的な節点平均応力（ひずみ）を求める手法は解析コードによって異なるが，図 4.13 のように，節点近接のすべての積分点値を単純に平均する方法や，積分点の値から節点の値への外挿値を平均する方法などが用いられている．

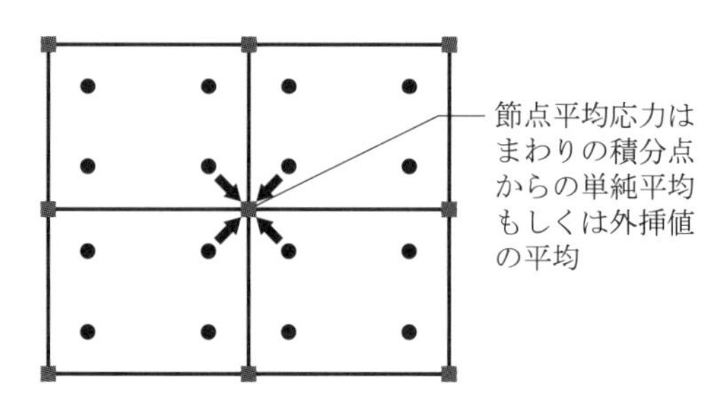

図 4.13　節点平均応力値の求め方

このような操作を行うため，節点平均応力は積分点値より近似の精度が低いと考えてよい．したがって，応力勾配が高い領域の応力の定量評価のためには，平均過程において大きな誤差が含まれないように，十分にメッシュを細かく配置するなどの配慮が必要である．とくに，表面と界面は精度が落ちるため，注意が必要である．

定量値は，その点まわりのメッシュの粗密や内挿・外挿方法に依存してしまうため，応力評価をある特定点の節点平均応力値で行うと，誤った判断をしてしまうことがある．たとえば，図 4.14 に示すような同じ形状でメッシュが異なる応力解析の場合，両者で外挿の精度が異なるため，節点平均応力値の定量的な比較はリスクが伴う．応力値の定量比較をする際には，少なくとも評価点のメッシュはそろえておくのが安全である．

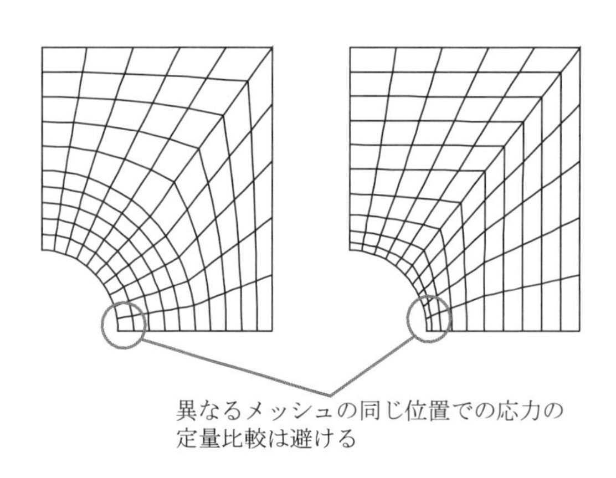

図 4.14　異なるメッシュの節点応力値の定量的な比較

このような，節点平均応力値の誤差の問題を避ける方法は，解析の分析を，特定の点の最大値の比較ではなく，線や面の分布の比較をすることである．つまり，木を見て森を見ずとならないように気をつけることである．

図 4.15 は，メッシュサイズが異なる二つの解析の比較であるが，最大節点平均応

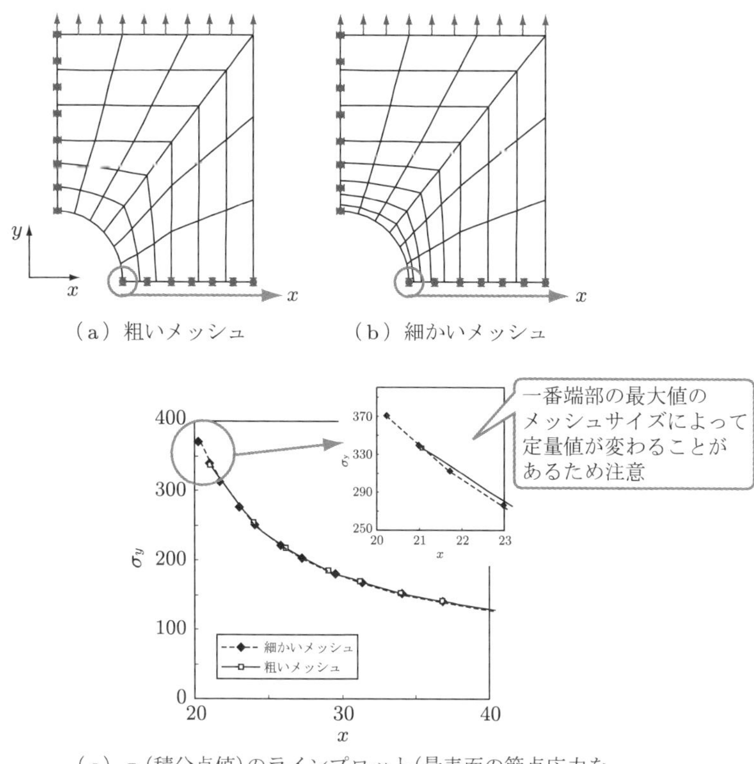

（c）σ_y(積分点値)のラインプロット(最表面の節点応力を求める際に，外挿が行われるため誤差が生じる.)

図 4.15　細かいメッシュと粗いメッシュライン上の積分点の応力分布の比較

力の値は，細かいメッシュで 397 MPa，粗いメッシュで 379 MPa となる．この差は，メッシュによる精度の差とも解釈できるが，同じく，図 (c) のモデル最下部ラインの σ_y の分布（積分点の値）を見ると，粗いメッシュでも応力の最大点以外は精度よく表現できており，最大点のわずかな外挿値の差が，定量値の違いを生み出している．この場合は，粗いメッシュの表面部にもう 1 層メッシュを設ければ，細かいメッシュの値とほぼ同じ最大値を得ることができる．

ノウハウ 10　節点平均応力の精度は低いので注意する

⇔ ポイント 7 (p.14)，**16** (p.38)，**17** (p.39)

基本的に変位は節点，応力（ひずみ）は積分点で出力される．節点平均応力（ひずみ）は，外挿の誤差が含まれるため，定量値の評価には注意が必要である．

ノウハウ 11 応力は線・面分布で比較する

応力は広い視点で比較する．最大となる特定の点ではなく，線や面の分布で比較すること．

(3) 表面と界面の評価に関する注意

表面と界面は，応力が最大となる場合が多く，評価点となることが多い．そのため，メッシュ分割を慎重に行うべき部分である．通常，図 4.16 のように，表面側が細かくなるようにメッシュを切るように配慮する．なぜなら，表面の節点応力は，内部よりも少ない数の積分点の平均となってしまうため，一般に，外挿誤差が大きいとされるからである．界面節点は二つの材料の応力の平均値がとられることもあるので，さらに注意が必要である．

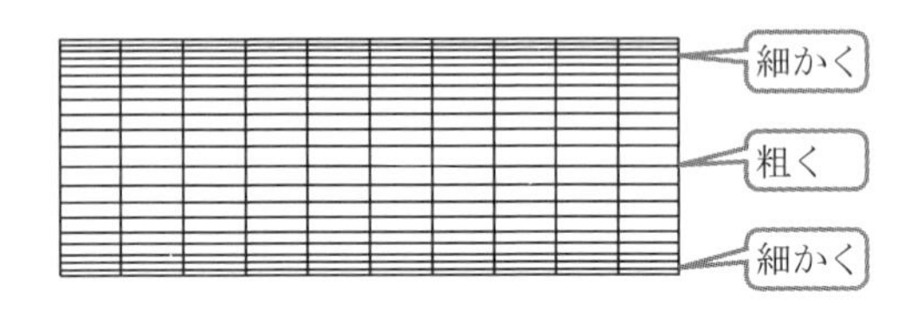

図 4.16 表面のメッシュの切り方
（表面のメッシュのアスペクト比が高くなるので，もし水平方向に精度が必要ならば水平方向の分割を増やす必要がある）

これらの精度を検証する方法は，必ずゼロになる表面法線方向に関連する応力（たとえば，表面法線方向が z 方向ならば，表面の σ_z, τ_{xz}, τ_{yz} は定義より必ずゼロになる）がゼロになっているかチェックすることである．メッシュが粗い場合には，ゼロになっていないケースがよくある．

(4) 応力特異点の取り扱い（集中荷重点や変位拘束点に生じる応力発散の扱い）

集中荷重や変位拘束を設定した点は，局所的に応力値が非常に大きな値をとることがある．この値は，メッシュサイズを小さくすればするほど大きくなる．このような点を**応力特異点**とよぶ．4.4 節(3)でも述べたが，これは，本来はある程度分散している荷重や拘束を点で表してしまうモデリング上の問題である．したがって，このような場合は，特異点の値を評価に用いてはいけない．

図 4.17 に，集中荷重点と変位をゼロに拘束した固定端のメッシュを細かく切った片持ち梁の応力解析（図 (b)）と，粗く切った応力解析（図 (a)）の結果を示す．それぞれの荷重点の変位は 23.8 と 23.7 で，たわみ（右端下点の変位）は 23.3 と 23.3 で

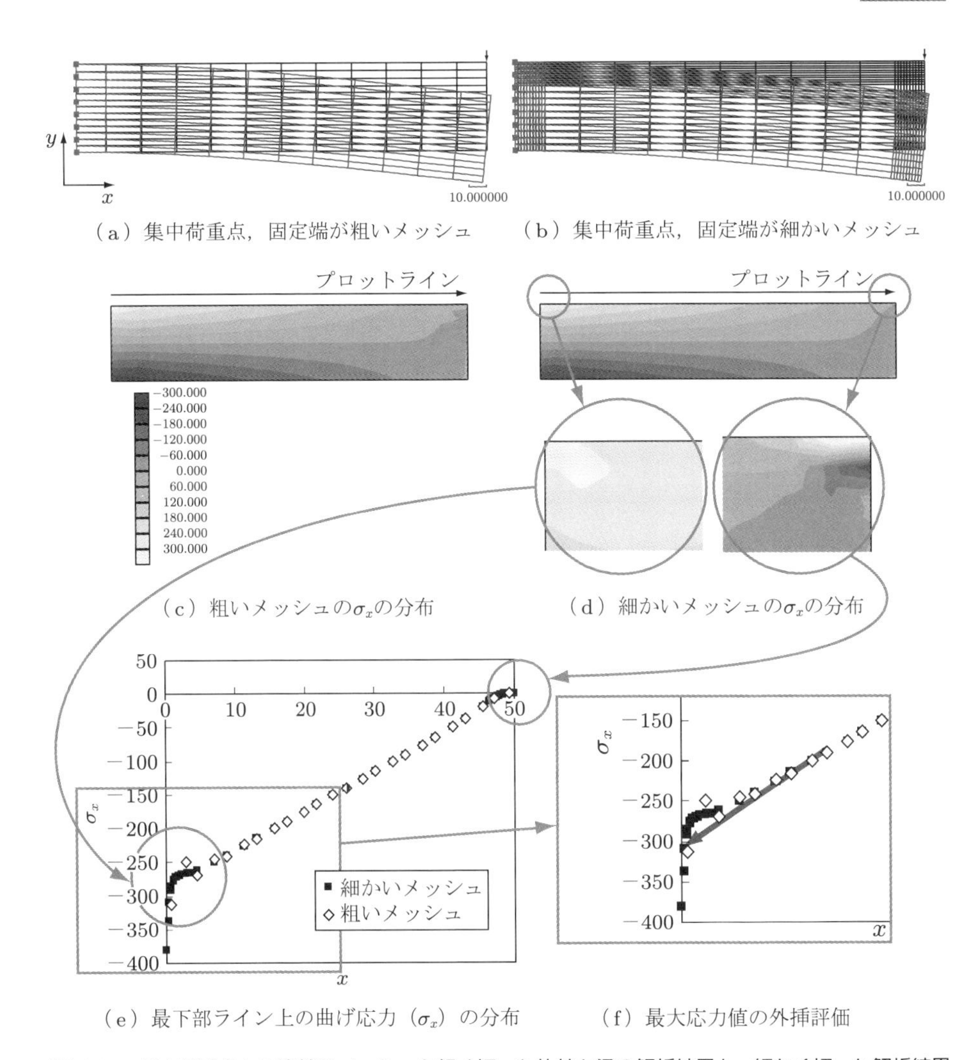

（a）集中荷重点，固定端が粗いメッシュ　（b）集中荷重点，固定端が細かいメッシュ

（c）粗いメッシュのσ_xの分布　（d）細かいメッシュのσ_xの分布

（e）最下部ライン上の曲げ応力（σ_x）の分布　（f）最大応力値の外挿評価

図 4.17　集中荷重点と固定端のメッシュを粗く切った片持ち梁の解析結果と，細かく切った解析結果

あった．図 (d) より，メッシュを細かく切ると集中荷重点と固定端に不自然な応力分布が現れる．図 (e) のラインプロットを見ると，とくに，固定端に局所的に不自然な応力分布が生じるが，その他の部分には影響を及ぼしていないことがわかる．このように，メッシュを細かく切ると，メッシュを粗く切った場合と比べて，集中荷重点と変位拘束点で不自然に大きな応力が顕著になる．

一般に，このような効果は図 4.17(a) のように，粗いメッシュ分割にしておけば表面上は見えなくなる．また，この現象は局所的であり，応力特異点となる領域以外には，影響を及ぼすことがないため（サンブナンの定理により），評価領域を応力特異点にとらなければ集中荷重点と変位拘束点の応力状態は無視してもかまわない．実際，梁の下端のたわみ量や右下部の応力分布などは，影響を受けていないことが確認できる．

また，特異点が評価点と重なったときの応力値の評価は，図 4.17(f) に示すように，応力特異点の影響を受けていない場所からの分布の外挿で概算値を得る．

もし，このような応力特異点となる集中荷重点と変位拘束点を正確に評価する必要がある場合は，より現実的なモデリングが必要である．すなわち，集中荷重ならば，荷重点を接触要素を使ったモデルに置き換えたり，変位拘束部ならば，拘束部付近をより広い範囲のモデル化を行ったりすべきである．また，実際は，角部は加工による形状の丸みが存在するので応力は低下する．たとえ，応力が高くとも，局所的に角部の領域が降伏することにより，実際には応力は発散しない．あくまでも弾性解析の計算上，応力が発散すると考えるべきである．

一方，き裂進展など，この応力特異点を陽に扱う必要がある問題もある．この場合は，最大応力値では評価せず，応力拡大係数などの応力分布の特徴量による評価を行う．詳細は，付録 B.3 節で説明する．

有限要素法解析では，たびたびこの応力特異点の問題が現れ，初心者を苦しめる（5.3 節の中級問題などにおいて，この問題をいくつか取り上げる）．結果のチェックを怠ると，この応力特異点の値で解析結果がすべて決まるようなことが起こってしまう．これは，応力を単なる 1 点の値の評価ではなく，図 4.17(e) のように，線や面で評価することにより自動的に回避できる（**ノウハウ 11**（p.76）を参照）．

ノウハウ 12　集中荷重点・変位拘束点の応力特異点は評価対象にしない ⇔ ポイント 19（p.42）

集中荷重・変位拘束を設定した点は，局所的に応力値が非常に大きな値をとることがある．これは，本来はある程度分散している荷重や拘束を点で表してしまうモデリング上の問題であり，特異点の値を評価に用いてはいけない．

4.8　結果の検証と妥当性確認（V&V）

(1) 結果の検証と妥当性確認（V&V）の考え方

有限要素法シミュレーションで正しい結果を得るための考え方として，結果の**検証と妥当性確認**（V&V: Verification & Validation）について述べる．V&V とは，2006 年に発行されたアメリカ機械学会の「計算固体力学におけるモデリングとシミュレーションの正確さと信頼性を評価するための基準」で使われている用語であり，図 4.18 で説明されている．

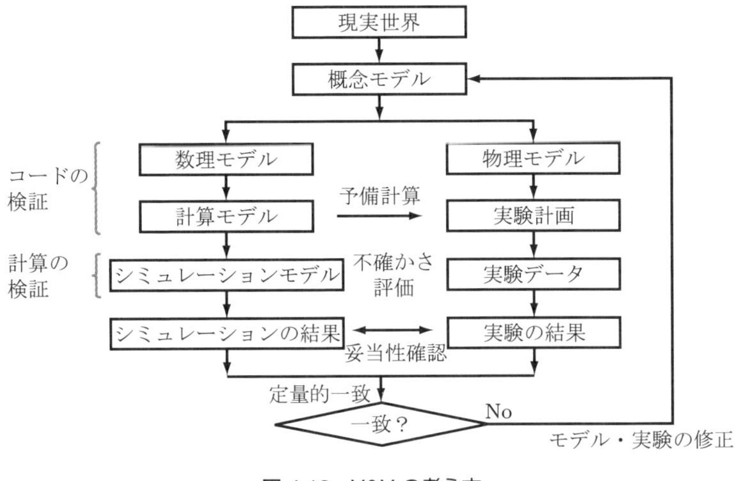

図 4.18　V&V の考え方

人間は，現実世界を何らかの概念モデルでとらえる．それを理解するために，一方では，物理モデルを立てて実験を行う．もう一方では，数理モデルによりシミュレーションを行う．この二つを組み合わせたものが **CAE**（Computer Aided Engineering）である．

シミュレーションでは，数理モデルから計算モデル（コード）を作る．このコードにバグがなく正常に動くかどうかの確認は，**コードの検証**（Code Verification）とよばれる．コードが正しく動く場合でも，シミュレーションモデル（形状，メッシュ，物性値，境界条件）が間違っていたら結果は正しくない．よって，**計算の検証**（Calculation Verification）が必要となる．この二つの検証の後，シミュレーション結果が現実をどの程度精度よく表しているか（正しいかを）を明確にする必要がある．これを**妥当性確認**（Validation）とよぶ．検証はコンピュータのなかで閉じた作業である一方，妥当性確認は現実世界との比較であり，両者を明確に区別することが大切である．

コードの検証のためには，可能であれば，実績のあるコードを使うことが望ましい．しかし，いくら良いコードを使っても，計算の検証はユーザーに任される．また，検証のためには，コードの中身もある程度理解しておく必要があるであろう．

一方，妥当性確認は，コードの機能とは直接関連はなく，得られた結果を材料力学や設計生産の知識をベースに解釈する能力が必要となる．多くの場合，シミュレーション結果と実験結果は合わない．合わない理由を明確にするためには，専門家（当事者）が集まったレビューが効果的である．レビューの過程で，境界条件などのシミュレーションモデルの実験との相違や，実験データの不確かさ（実験とシミュレーションの精度の乖離）などさまざまなことが明確になるであろう．妥当性確認は，CAE において欠かせないもっとも重要なポイントである．

検証と妥当性確認で不可欠になるのが，シミュレーション結果を材料力学的視点から理解することである．応力や変形の力学的解釈を検証し妥当性確認が行われたシミュレーションのみが**解析**（Analysis）とよべると筆者は考えている，材料力学の観点から理解できてこそ，初めて現象の本質がつかめたことになる．検証と妥当性確認について多くの経験を積むことによって，ユーザーの力学的素養が深まり，解析の検討段階で解析結果が予測できるようになってくる．そのような段階では，解析は単なる予測の確認になるであろう．

この検証と妥当性確認（V&V）の考え方は，1960年代くらいから設計分野にある考え方で，日本でも先輩技術者が古くから語り継いでいる考え方である．

5.2節の初級問題4で，V&Vの簡単な実例を取り上げる．

(2) V&Vを実現するにあたって身につけておくべき知識の体系

V&Vを実現するにあたって身につけておくべき知識の体系（力学，シミュレーション，実験・製作）は図4.19のように広く，座学と実践的な演習が必要である．

X軸：シミュレーション
　有限要素法，数値計算，プログラミング
Y軸：力学
　材料力学，破壊力学，弾性論，数学，機械力学
Z軸：実験・製作
　材料実験，計測誤差，製作，加工
（以上）座学

V軸：モデリングとV&V（Verification and Validation）
　モデリング，検証，妥当性確認
　→プレゼンテーション，レポート作成，議論
（以上）演習

⇒ 座学と演習のバランスが取れた教育が必要．実務のなかで，さらに能力を高められるための教育

図4.19 CAEを使ってものつくりを行うための基礎的な素養の習得
（XYZの学問体系とモデリングとV&V）

座学は，XYZ軸の3軸から成り，X軸はシミュレーションの知識であり，コードの中身を理解するために必要である．Y軸は力学で，たとえば材料力学は検証と妥当性確認には欠かせない．Z軸は実験・製作である．扱っている材料物性の知識や，応力やひずみなどの計測方法と不確かさの知識，現物がどのように製作されているかの知識が妥当性確認のためには必要である．

演習の軸はV軸のモデリングとV&Vである．演習は，仮想的な演習問題を数多く解き，結果に対するプレゼンテーション，議論，レビューをする経験が有効である．もちろん，業務の実践的な場でも身につく．

よって，シミュレーションで正しい結果を得るためには，シミュレーション手法（X軸）の教育だけではなく，図 4.19 のような実践を含んだ幅広い教育が必要である．しかし，現実問題，一人ですべての領域をカバーすることは難しいと感じるかもしれない．その場合は，技術者どうしの協力が不可欠である．たとえば，シミュレーションを専門とする技術者は X 軸の知識を，シミュレーションを専門としない設計技術者は YZ 軸の知識を有している場合が多い．両者がお互いの知識を補い合って，分担・協調して V&V を行えば，V 軸の能力の習得にもなるであろう．

ノウハウ 13　結果の検証と妥当性確認（V&V）は不可欠

信頼性のある有限要素法の結果を得るためには，結果の検証と妥当性確認（V&V）が不可欠である．そのためには，材料力学的視点から結果を理解することが鍵となる．結果の検証と妥当性確認の経験を積むことにより，解析する前に結果が予測できるようになる．

4.9　構造強度設計

(1) 構造強度と材料強度

有限要素法解析は**構造強度設計**のために用いられることが多いため，解析結果を使った構造強度設計について説明する．構造強度設計の考え方は分野によって異なるが，ここでは古くから機械系で行われている設計の考え方を述べる．

構造強度とは，人間が意図する機能（目的）を達成できるために，構造物が破損しないようにもたなければならない強度であり，材料の変形と強度および破壊に関連する基礎データである**材料強度**をベースとする．

日常会話では，この二つを区別せずに，「強度」の話をしてしまうため，混乱が生じる．たとえば，鋼とスパゲッティの棒はどっちが強いかという問いに対しては，鋼と答えるであろう．それでは，直径 1 mm の鋼と直径 1 m のスパゲッティはどちらが強いかと問われると，スパゲッティであろうが，混乱することになる．これは，前者が材料強度の話をしているのに対して，後者が構造強度の話をしていることに起因する．

構造物の破損には以下の二つのタイプがある．

①　強度上からみた構造破損

「壊れて使いものにならない状態」であり，破壊，破断，破裂などがある．

②　機能上・強度上からみた変形破損

「過度にゆがんで使いものにならない状態」であり，座屈，過度の塑性変形などがある（①の構造破損につながる可能性もある）．

ここで，破損とは人間が決める概念である．ゼムクリップを例にとると，ゼムクリップは金属の棒を大きく塑性変形させて作っているが，新品のゼムクリップは変形破損したとはいわない．一方，新品の状態からさらに変形してしまうと，ゼムクリップとしての機能は失われるため，人間はゼムクリップが破損したとみなす．破損の定義に人間の判断が入るため，構造強度の設計手法は，対象とする構造物とその使用法によって異なる．

構造物の代表的な破損を，荷重条件で分類すると，静的な荷重条件では，**塑性崩壊**，脆性破壊，座屈などが代表である．動的な荷重条件では，**疲労破壊**がある．熱的な荷重条件では高温で生じるクリープ破壊がある．

本書の演習問題では，静的強度として塑性崩壊と脆性破壊，動的強度として疲労破壊を扱う．また，演習問題の初級問題と中級問題では，応力が弾性範囲に留まる弾性設計を，実践問題では，塑性変形を伴う弾塑性設計を扱う．弾塑性設計は圧力容器で用いられてきた強度設計法をベースとする．なお，具体的な計算手法は付録のB.1，B.2節で説明する．

(2) 延性材料と脆性材料の静的強度

金属などの**延性材料**は，き裂の進展より先に転位が大量に発生し，降伏域を形成する降伏現象を起こす．降伏によりき裂の進展は阻害されるため，脆性材料のようにき裂が拘束に進展することはない．ただし，応力が高くなって降伏域が拡大すると塑性崩壊が起こり，構造物として機能しなくなる．延性材料は，おもに転位の駆動力となるせん断応力の大きさの指標である**ミーゼス相当応力**（A.2節(2)参照）で評価する．延性材料の静的強度の構造強度設計手法は，B.1節で詳細を説明する．

ガラスなどの**脆性材料**は，引張応力により，内在するき裂が急速に進展して破壊に至るため，おもに引張の**第一主応力**によって評価を行う．応力が引張強さを超えると，材料中のき裂は止まることなく進展し，構造物は破断に至ると考えられる．内在するき裂が進展するかどうかは，**応力拡大係数**により評価を行う．しかし，内在するき裂長さは実際には計測できないことが多いため，脆性材料の静的な強度評価は大きな不確定性が伴う．応力拡大係数を使った強度の考え方ついてはB.3節で詳細を説明する．また，5.3節の中級問題9で取り上げる．

(3) 疲労（動的強度）評価

引張破壊や塑性崩壊は比較的短時間の破壊であるのに対して，**疲労破壊**は，繰り返し荷重が数多く負荷されることによって破壊に至る．

疲労破壊の設計は，疲労き裂の発生と進展の2通りの評価がある．両者とも引張の第一主応力がき裂を進展させると考える．前者はSN線図より疲労限度もしくは想定する時間強度以下に応力振幅を抑える評価法で，後者はき裂長さが既知のき裂に関して応力拡大係数 K もしくは J を求めて，パリス則などの疲労き裂進展則により，き裂が臨界長さに達しないような設計をする評価法である．応力拡大係数 K，J は，変位分布や変位・応力分布から推測できるが，汎用ソフトのなかにはJ積分などのより高精度な方法で求める機能が備わっているものが多い．疲労破壊の強度設計法はB.2節で詳細を説明する．

5章の演習問題の初級と中級問題では，応力が弾性範囲に留まる弾性疲労（高サイクル）設計を，実践問題では，塑性変形を伴う塑性（低サイクル）疲労設計を扱う．

なお，延性材料であっても，疲労により内在するき裂が徐々に進展して，脆性破壊を起こすため，応力拡大係数による評価が必要になる（B.3節(6)参照）．

ノウハウ14　構造強度評価にはミーゼス相当応力と主応力が用いられる ⇔ A.2節(2)，B.1，B.2節

延性材料の降伏の評価にはせん断応力の指標であるミーゼス相当応力が用いられる．脆性材料の破壊や疲労の評価には，引張応力の指標である主応力が用いられる．

4.10 より高度で便利なモデリング

実構造物の解析では非常に重要であるが，これまで述べた範囲では扱えない解析手法についていくつか紹介する．これらはほとんどの汎用ソフトにはすでに備わっている機能である．

(1) 接触・摩擦解析

有限要素法では，通常，材料は一つの領域の連続体であるものとして扱われている．したがって，二つもしくはそれ以上の領域が接触する場合には，特別なモデル化が必要となる．図4.20(a)は，接触によって物体どうしが食い込みを生じる場合と，逆に，図(b)は非接触状態によって，物体どうしの連結が解消されない場合であり，いずれも接触解析が必要である．また，二つの領域で節点が共有されていない場合（離れている場合），この二つの領域が変形して接しても接触は生じず，すり抜けてしまう．

接触解析では，接触する可能性のある要素の表面に**接触要素**という特別な要素を設定する．この要素間で接触が生じているかどうかの判定計算が行われている．また，接触している場合は，通常は図4.21のように，接触要素間にばねが設定され，過剰な

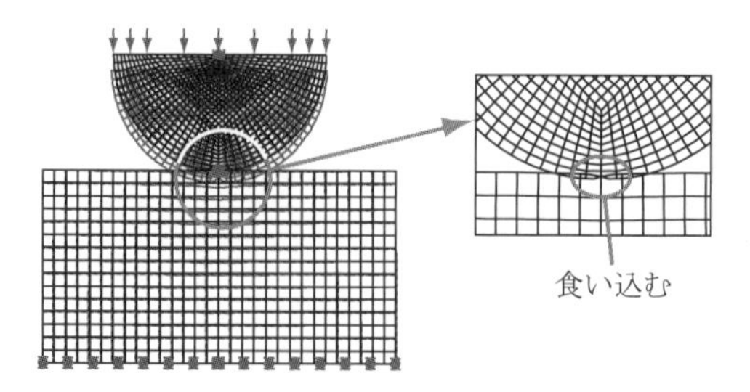

（a）接触によって物体どうしが食い込みを生じる場合

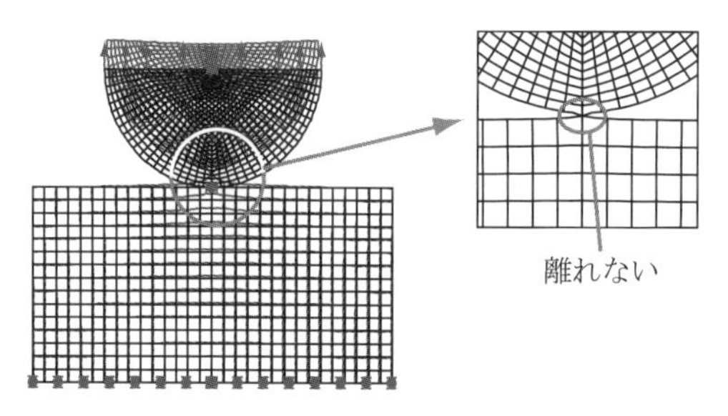

（b）非接触状態によって物体どうしの連結が解消されない場合

図 4.20　接触解析が必要なケース
（円柱と板の接触問題．初期状態では円柱の先端の一点と板の節点が共有されている）

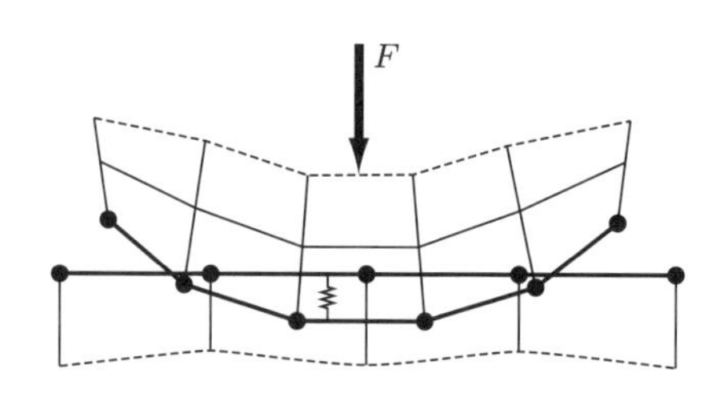

図 4.21　接触要素間に設定されるばね

食い込みを防いでいる（接触していない場合はばねは設定されない）．ただし，このモデルでは微小な食い込みは許容される．摩擦を考慮する場合は，接触面に平行なばねが別途設定される．

ノウハウ 15　有限要素法では接触の概念がない

有限要素法では，二つの物体の節点が共有されていれば，物体どうしは離れることはない．逆に，節点の共有がされていない場合は，物体どうしは接触することなく，すり抜ける．

(2) 拘束方程式

図 4.22 に示すように，モデルの左端を固定して，右端を x 軸に平行に引っ張る場合には，**拘束方程式**が有効である．多点拘束（Multi Point Constraint：MPC）ともよばれる．図の例では，節点 i（1〜5）の変位が最上部の節点 j の変位といかなる場合でも等しいと設定している（$u_1 - u_j = 0$，$u_2 - u_j = 0$，…，$u_5 - u_j = 0$）．拘束方程式を満たす全体剛性マトリックスが生成され，設定した拘束条件を満足した解が得られる．

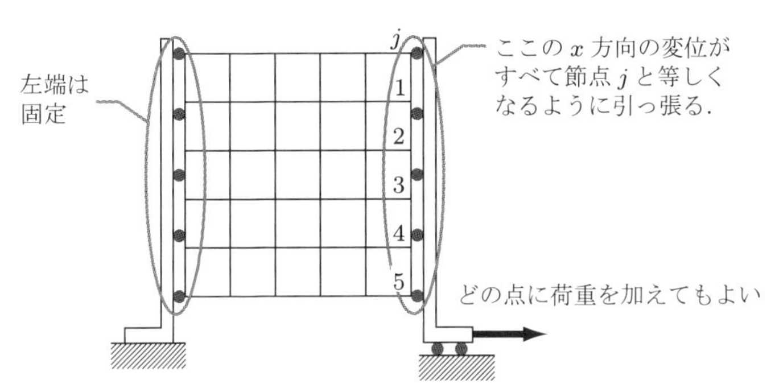

図 4.22　拘束方程式の応用例

(3) 混合要素タイプ

構造物には，複数の要素タイプを用いたほうがよりよく効率的にモデル化できる場合がある．たとえば，図 4.23 の単純なレンチは，柄の部分を梁要素で，先の部分を二

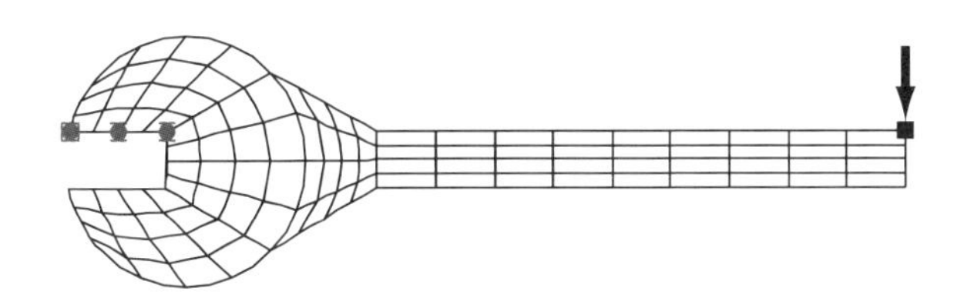

（a）二次元平面応力要素

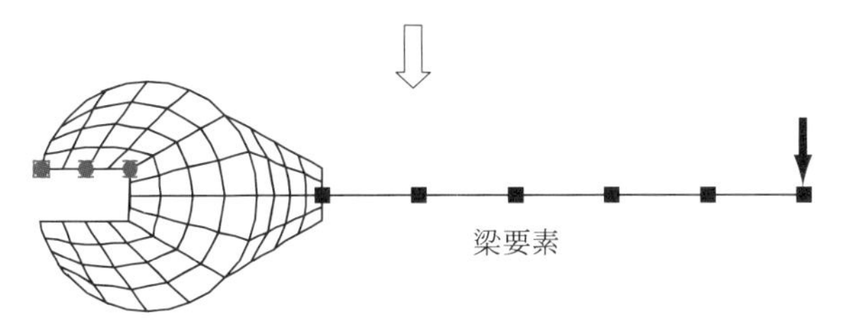

（b）梁要素による置き換え

図 4.23　二次元平面応力要素と梁要素の結合

次元平面応力要素でモデル化でき，より少ない自由度での解析が可能になる．ただし，二次元要素については，結合点で面内の二つの自由度しかもたないのに対して，梁要素はそれ以上に回転の自由度をもっている．

したがって，正しい解析を行うためには，二次元要素の端部の回転が梁要素の回転と等しくなるように，拘束方程式を定式化し，全体剛性マトリックス内に組み込まなくてはならない．異なる種類の要素の結合には，モデル間の適切な境界条件の設定に注意が必要である．

(4) サブモデリング（ズーミング法）

構造物中において，とくにスケールの異なる構造が同時に存在する場合，局所的な小さい構造に合わせて詳細にメッシュ分割すると効率が悪くなり，解析は難しくなる．モデル内でメッシュの密度を変化させても，急激なメッシュ変化は精度を悪くする．そこで，局所構造を単純化したグローバルモデルと，局所構造のみをモデル化した**サブモデル**を独立に作成し，サブモデルの変位境界条件をグローバルモデルより決める手法がとられる（図 4.24 参照）．これは，サンブナンの原理（**ノウハウ 1**（p.56））により，応力場の影響は遠方に及ばないことにも関連している．

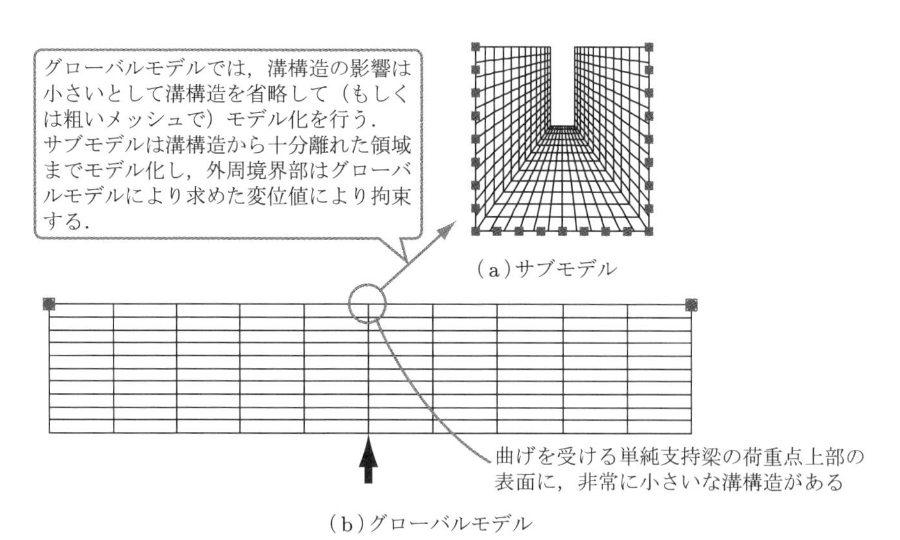

図 4.24　サブモデリングの例

5章　有限要素法の演習問題

例題を通して，有限要素法の問題の解き方，およびレポートのまとめ方を紹介する．その後，いくつかの演習問題を設ける．いままで学習した理論（ポイント）と実践的知識（ノウハウ）が有効に生かされるように，適宜参照するので，1章から4章へ立ち戻って再学習しながら，問題に取り組んでほしい．

最後の実践問題の2題は，実際の構造設計に近い問題であり，検証と妥当性確認（V&V）の能力向上のためにも取り組んでみてほしい．

5.1　有限要素法のレポートのまとめ方（例題）

例題　**偏心円孔を有する帯板**

図5.1にあるように，直径15 mmの偏心円孔を有する帯板（厚さ1 mm）に引張荷重が加わる場合について解析し，以下の問いに答えなさい．ただし，材料はS45Cで表5.1の材料物性値を用いる．

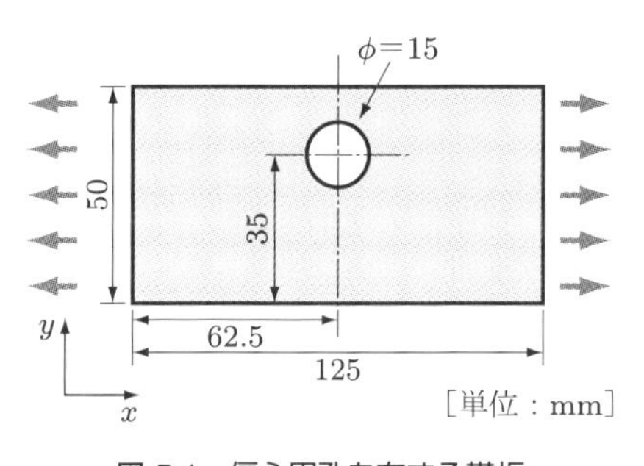

図5.1　偏心円孔を有する帯板

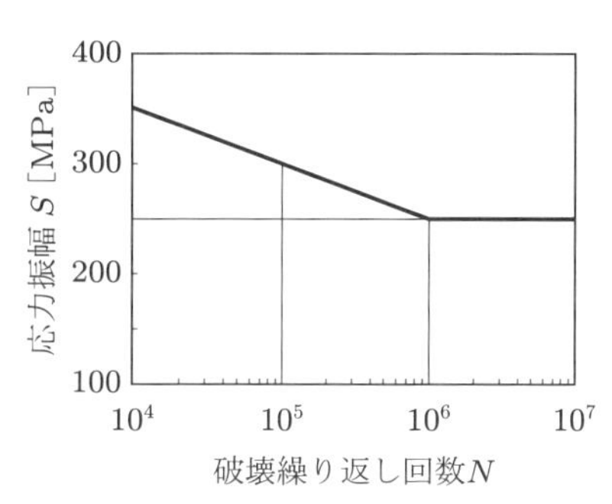

図5.2　S45Cの両振りSN線図

表5.1　S45Cの材料物性値

材料	ヤング率 E	ポアソン比	降伏応力 σ_Y	引張強さ σ_B	疲労強度
炭素鋼 S45C	205 GPa	0.28	600 MPa	900 MPa	SN線図（図5.2）

(1) メッシュサイズの評価と解析結果のオーダーエスティメーションを行いなさい.

(2) 応力集中係数を求めなさい.

(3) 本材料において, 降伏がはじまる臨界荷重を求めなさい.

(4) 引張荷重が負荷と除荷を繰り返す場合, この構造物を疲労限度以下に設定するためには荷重をいくら以下に設定すればよいかを答えなさい. また, 疲労き裂はどの場所から発生すると考えられるかを答えなさい.

解答・解説

本問題は, 円孔付きの帯板の応力集中問題である. 円孔まわりの応力集中に加え, 上部に円孔が偏心していることによって, 薄くなっている部分の引張方向の応力が重複して高くなる.

レポートにまとめる際は, 図 5.3 のように, メッシュ図, 変形図, 境界条件図とともに, 詳細な**解析条件表** (表 5.2) を用意する. これにより, 第三者が解析内容についてチェックでき, 理解できる (有限要素法は入力を間違えることが多いので, ミスを減らすためにも重要な作業である).

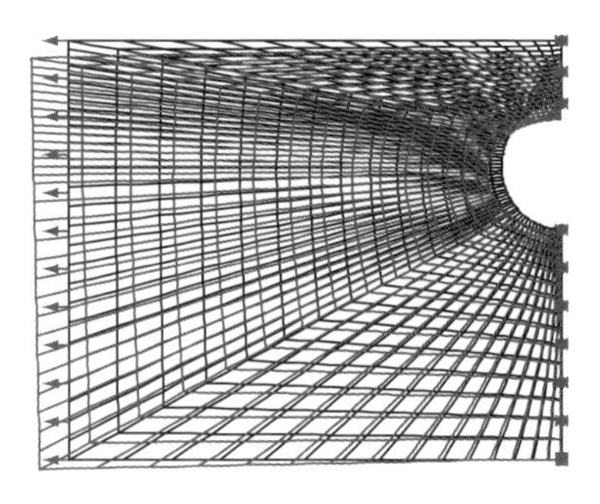

図 5.3　メッシュ図, 変形図, 境界条件図を重ねた図

表 5.2　解析条件表

物理モデル・要素	四辺形二次平面応力要素
対称・境界条件	1/2 モデル, 右端を x 方向固定 (対称条件), 剛体運動を防ぐため, 右下の 1 点を y 方向点拘束
荷重条件	左端 x 方向に単位等分布荷重
物性値	$E = 205\,\mathrm{GPa}$, $\nu = 0.3$
単位系	[MPa] [N] [mm]

(1) メッシュサイズの評価とオーダーエスティメーション

解析の精度がどの程度かを確かめるためにも, 最低 3 種類くらいのメッシュサイズで計算をしてみて, 解が収束しているかどうかをチェックするとよい. 過度なメッシュの細かさは, 計算時間のロスになるので避ける. とくに, 三次元において, 計算時間の制約で十分なメッシュが切れないときに, この検討を通して, 解析モデルの精度を把握することが重要である.

図 5.4 は，3 種類のメッシュで応力の変化を調べた例である．メッシュを評価点まわり（応力が最大になる円孔付近）に寄せると，精度が向上する．これは，評価点近くを精度よく解析するためと，節点応力の外挿の精度を高める意味がある（**ノウハウ 2**（p.60）および **10**（p.75）参照）．図 (c) の詳細メッシュを用いなくても，図 (b) の解析メッシュで十分な精度が出ていることがわかる．一方，変位を求めるだけならば，図 (a) の粗メッシュでも十分に精度がある（**ノウハウ 3**（p.62）参照）．

また，オーダーエスティメーションを，応力と変位（ひずみ）の両方について，必ず行うこと（**ノウハウ 8**（p.71）参照）．オーダーエスティメーションは，同時に単位系のチェックにもなるため（**ノウハウ 5**（p.68）参照），欠かしてはいけない作業である．ここでは，応力のチェックを行うと，荷重は単位荷重 $P = 1\,\mathrm{N/mm^2}$ なので，応力は 1 MPa 程度となると考えられる．この場合，応力が物性値に依存しないので，チェックしてもあまり意味がない．計算結果は 0〜4 MPa であり，オーダーは一致している．ひずみは，$1\,\mathrm{MPa}/205\,\mathrm{GPa} \fallingdotseq 5.0 \times 10^{-6}$ となる．計算結果も $0 \sim 1.0 \times 10^{-5}$ 程度で一致している．

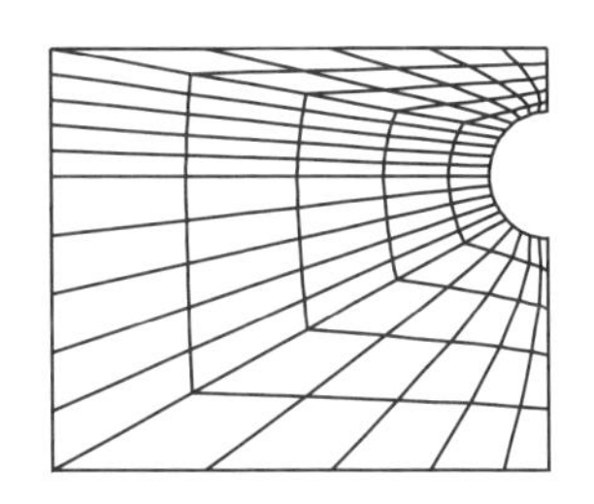

（a）粗メッシュ（350 節点）

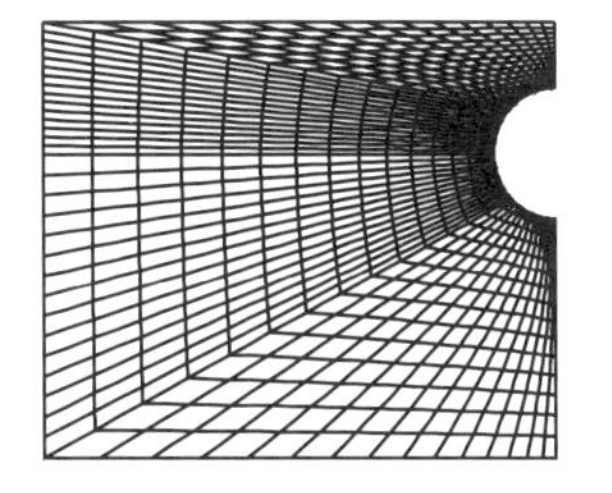

（b）解析メッシュ（2850 節点）

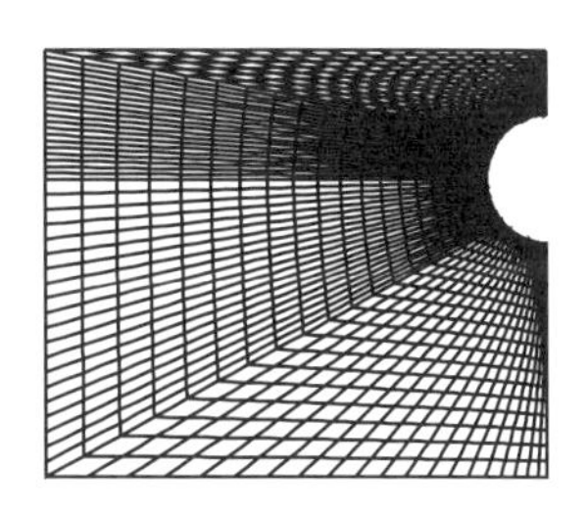

（c）詳細メッシュ（5000 節点）

	σ_x の最大値 [MPa]	σ_y の最大値 [MPa]
(a) 粗メッシュ	4.142	0.485
(b) 解析メッシュ	4.194	0.628
(c) 詳細メッシュ	4.197	0.642

図 5.4　3 種のメッシュによる応力の比較

つぎに，結果の応力分布をチェックする．図 5.5 は，σ_x, σ_y, τ_{xy} のコンター図である．

もっとも値が大きいのは，引張方向の σ_x で，円孔の上部と下部で応力集中により高応力となっている．とくに上部が大きい．σ_y は円孔中腹部が大きくなる．これは，変形図からわかるように，円孔が上下にゆがむからである．値は σ_x と比べて小さい．τ_{xy} は，円孔の左下が大きいが，値は小さい．

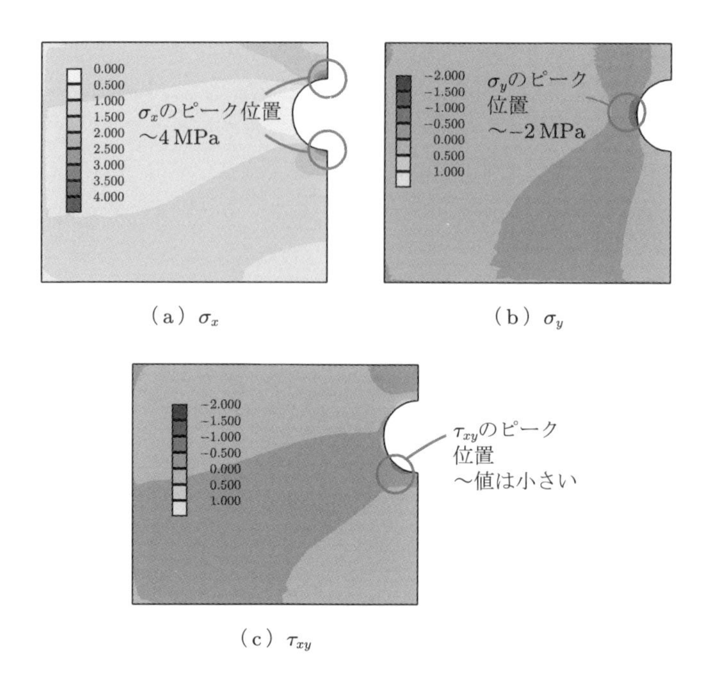

（a）σ_x　（b）σ_y

（c）τ_{xy}

図 5.5　応力分布図（σ_x, σ_y, τ_{xy}）

しかし，このような，単なる応力の成分の解釈だけでは，応力分布を理解したことにならない．なぜなら，応力値は座標系に依存するからである．したがって，座標系に依存しない**主応力**や**主応力線図**，**ミーゼス相当応力**を見る必要がある（**ノウハウ 9**（p.72），**ノウハウ 14**（p.83）参照）．図 5.6 に，主応力分布，ミーゼス相当応力分布，主応力線図を示す．

第一主応力は，円孔上部がもっとも大きく，σ_x の効果が支配的であると考えられる．ただし，第一主応力は，引張の主応力であり，σ_y のような圧縮応力の影響は，ここでは第二主応力に現れることに注意する必要がある．主応力線図を見ると，物体内を伝わる力（内力）の流れが理解できる．円孔中腹部は圧縮が局在しているが，ほかの領域は x 方向の引張が支配的である．

ミーゼス相当応力も同様に，円孔上部が支配的である．それ以外に，圧縮応力が生じる中腹部でもピークをもつ．

ノウハウ 16　応力は成分と発生場所を明らかにする

応力を議論するときは，必ず，成分（たとえば，σ_x，主応力，ミーゼス相当応力）と発生する場所を明示する．ラインプロットやコンター図で大局をつかむことも重要である（**ノウハウ 9～11**（p.72, 75, 76）参照）．

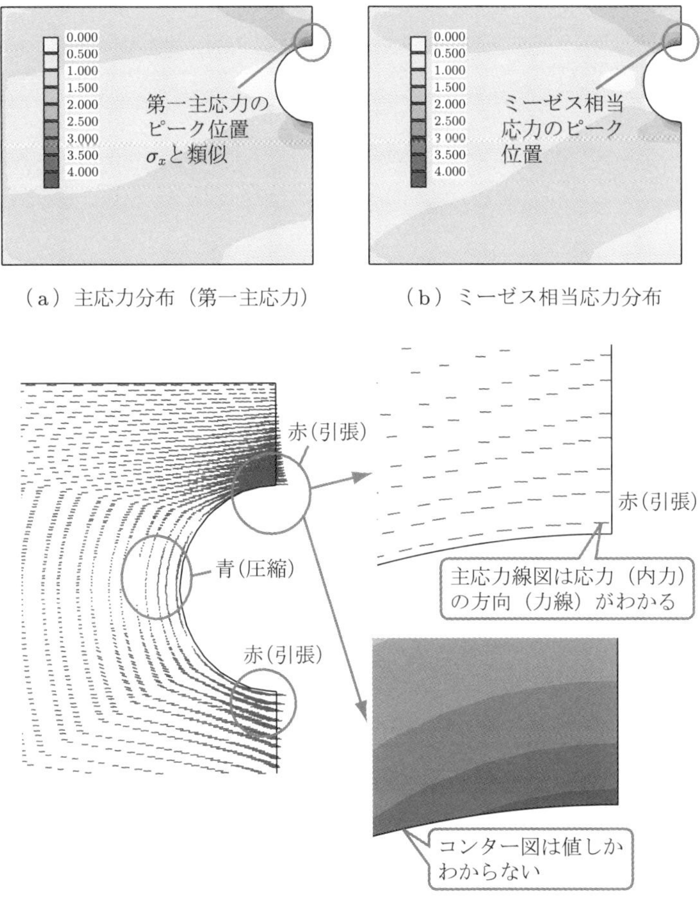

（a）主応力分布（第一主応力）　（b）ミーゼス相当応力分布

（c）主応力線図(応力集中部の第一主応力との対応)

図 5.6　応力分布図（主応力とミーゼス相当応力分布と主応力線図）

このような応力分布の見方は付録 A.3 節でも補足説明する.

(2) 応力集中係数

応力集中係数とは，応力の最大値を基準応力で割ったもので，円孔などの形状がどの程度応力を大きくするかの尺度である.

基準応力は，断面積が減少した分を考慮して，以下のように定義する.

$$\sigma_0 = 1.0\,\mathrm{MPa} \times \frac{50\,\mathrm{mm}}{35\,\mathrm{mm}} = 1.43\,\mathrm{MPa} \tag{5.1}$$

最大応力 σ_x は，円孔上部で 4.06 MPa（積分点値）なので，

$$\alpha = \frac{\sigma_x}{\sigma_0} = 2.84 \text{ (答)} \tag{5.2}$$

(3) 降伏の評価

線形弾性解析では，荷重を2倍にしたら，応力は正確に2倍になる（**ノウハウ7** (p.70) 参照）．降伏が生じる臨界荷重を求めるために，荷重を変えた計算をトライアンドエラーで何度も行う必要はない．

一般に，降伏は**ミーゼス相当応力**で評価する（**ノウハウ14** (p.83) 参照）．ミーゼス相当応力の最大値は4.19 MPaであり，降伏応力はおおよそ600 MPaなので，

$$\frac{600}{4.19} \times 1\,\mathrm{N/mm^2} = \underline{143\,\mathrm{N/mm^2}} \text{ (答)} \tag{5.3}$$

が降伏が生じる臨界荷重となる．最大ミーゼス相当応力部（円孔上部）が降伏すると考えられる．

降伏の評価の基礎知識については，付録B.1節で述べる．

(4) 疲労の評価

一般に，疲労は**主応力**で評価する．とくに，疲労は**引張の主応力**が問題になる（き裂が進展するため）．また，値だけではなくて，それぞれの発生位置も明らかにする．

SN線図や降伏応力は，材料や熱処理によって異なるため，基本的に使用材料について調べる必要がある．しかし，不可能なときは，類似の材料の値を使って設計する．

問題に与えられた材料の両振りSN線図を使って，本問題のような片振りの疲労の疲労限度を求める．疲労限度の応力振幅 σ_a と平均応力 σ_m の関係が図5.7の**修正グッドマン線図**で表されるとき，

$$\sigma_a = \sigma_w \left(1 - \frac{\sigma_m}{\sigma_B}\right) \tag{5.4}$$

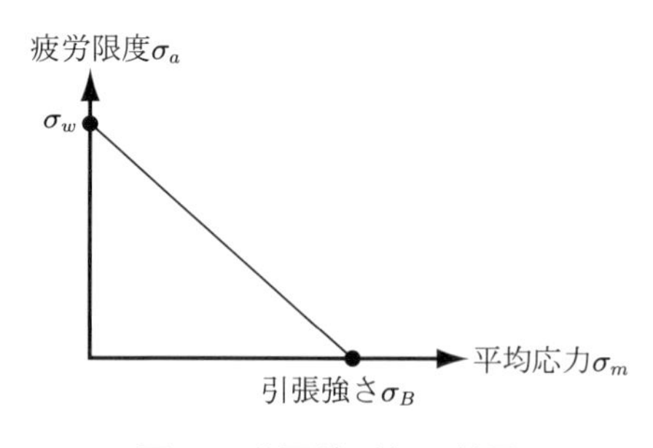

図5.7　修正グッドマン線図

の関係式が成り立つ．ここで，$\sigma_w = 250\,\mathrm{MPa}$（両振りの疲労限度），$\sigma_B = 900\,\mathrm{MPa}$（引張強さ）を入力し，片振りの条件 $\sigma_a = \sigma_m$（応力振幅＝平均応力）を代入すると，$\sigma_a = \sigma_w \sigma_B / (\sigma_w + \sigma_B)$ より，$\sigma_{\max} = 391\,\mathrm{MPa}$（最大応力）となる．いま，引張の第一主応力が発生するのは円孔上部で，第一主応力の最大値は 4.19 MPa†である．したがって，

$$\frac{391}{4.19} \times 1\,\mathrm{N/mm^2} = \underline{93\,\mathrm{N/mm^2}} \text{ 答} \tag{5.5}$$

が臨界荷重となり，疲労き裂は円孔上部で発生する 答．

疲労の評価の基礎知識については，付録 B.2 節で説明する．

最後に，レポートにまとめる際，主応力線図は，メッシュが細かいと表示がみにくくなり，かつ，定量値がわからないので適さない．一方，コンター図はレポート向けで，応力が高い部分が色でわかり，かつ，定量値もわかる．主応力線図とコンター図の二つをうまく使いこなすことが重要である（**ノウハウ 9**（p.72）参照）．

有限要素法では，答えを求めることも大切であるが，なぜそうなるのかについて材料力学的観点から検討することがより重要である．結果の意味についての検討をして，初めて解析ができたことになる（**ノウハウ 6**（p.68），**13**（p.81）参照）．

5.2　有限要素法演習問題（初級）

初級問題 1　梁の曲げ

$L = 100\,\mathrm{mm}$，$h = 5\,\mathrm{mm}$，$b = 5\,\mathrm{mm}$ の単純支持梁の中心に，集中荷重 $F = 1\,\mathrm{N}$ が負荷されている．荷重点直下のたわみ δ と曲げ応力 σ を求め，材料力学の式と一致するかを確かめなさい．ただし，ヤング率は 205 GPa，ポアソン比は 0.3 とする．

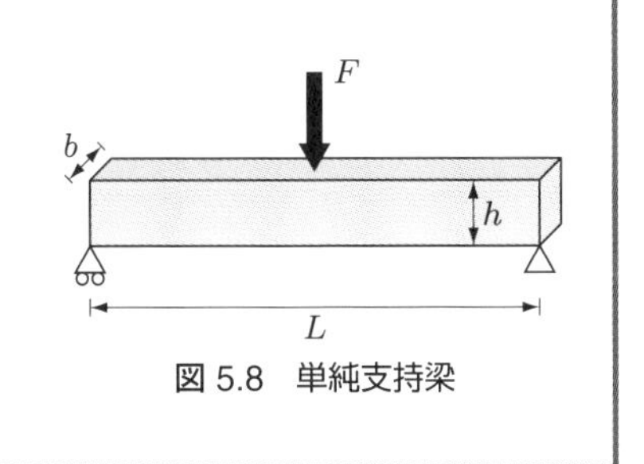

図 5.8　単純支持梁

解答

材料力学で，もっとも基本的な構造の単純支持梁の解析である．表 5.3 に解析条件表，図 5.9 に変形図を示す．曲げ変形の応力分布の見方は，付録 A.3 節の図 A.6（p.164）でも述べるので参考にしてほしい．

† 第一主応力の最大値とミーゼス相当応力の最大値が同じになるのは偶然ではなく，ここでのような平面応力場の場合の二次元解析の表面では定義より必ず等しくなる（A.3 節参照）．

表 5.3　解析条件表

要素	四辺形二次要素平面応力要素
変位境界	1/2 モデル，左端下 y 方向点拘束，右側 x 方向面拘束
荷重境界	右端上集中荷重 0.5 N
材料物性	$E = 205\,\mathrm{GPa}$，$\nu = 0.3$
単位系	[N] [mm] [MPa]

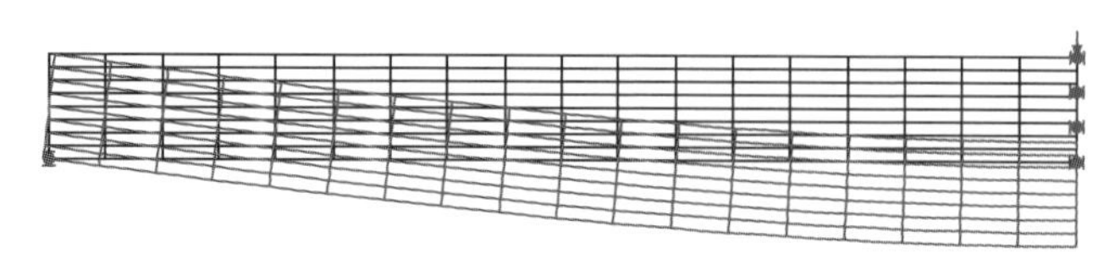

図 5.9　変形図

境界条件は，対称性より，半分をモデル化する．単純支持なので，左側の下の点を **y 方向の点拘束**とする．右側の対称面を **x 方向の面拘束**とする．荷重は対称性より，**半分の 0.5 N** を右端の上の点に集中荷重として与える．

対称モデルにしない場合は，曲げ理論と同じ拘束条件を行う．すなわち，図 5.10(a) のように，右下の点を **xy 方向の点拘束**とし，左下の点を **y 方向の点拘束**とする．また，荷重をかける中央に集中荷重 1.0 N を入力する．この際，よくある間違いは，図 (b) のように，両方の点を完全に固定（xy 方向拘束）してしまうことである．このような小さな境界条件の間違いにより，大きく異なる解になってしまうので，注意が必要である（**ノウハウ 4**（p.66）参照）．

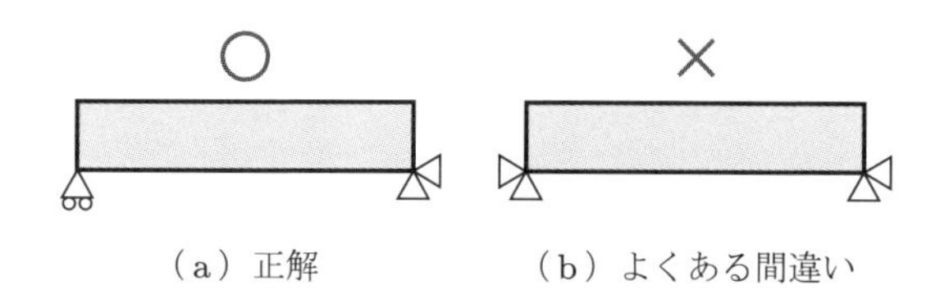

（a）正解　　（b）よくある間違い

図 5.10　単純支持梁の境界条件

ここでは二次要素を用いるが，一次要素を用いる際はアワーグラスモードやせん断ロッキングに気をつける（**ポイント 18**（p.40），4.3 節(2)参照）．

有限要素法の結果は，

変位 $\delta = -1.97 \times 10^{-3}\,\mathrm{mm}$，$\sigma_x$ の最大値（曲げ応力）$= 1.20\,\mathrm{MPa}$ 答　となった．材料力学の梁理論より，たわみと曲げ応力を求めると，$\delta = -1.95 \times 10^{-3}\,\mathrm{mm}$，$\sigma = 1.2\,\mathrm{MPa}$ が得られる．よって，結果は，材料力学の解と一致する．参考に，図 5.10(b)

の境界条件では，変位は -9.3×10^{-4} mm となり，半分程度小さく見積もられてしまう．

ノウハウ 17　材料力学と有限要素法は一致する

材料力学で仮定できるような単純なモデルでは，有限要素法と材料力学の解はよく一致する．ずれる場合は，解析モデルの間違い（たとえば，境界条件），もしくは材料力学の適用範囲の問題が考えられる．その原因を入念にチェックすることが大切である（**ノウハウ 6**（p.68），**13**（p.81）参照）．

初級問題 2　円孔を有する帯板

図 5.11 に示す中央に円孔を有する無限長の有限幅帯板の応力集中係数を有限要素法で求め，便覧などの値と比較しなさい．ただし，モデルサイズは，$a = 30$ mm，$b = 100$ mm，$P = 2.0 \times 10^4$ N，ヤング率は 205 GPa，ポアソン比は 0.3，厚さは $h = 1$ mm とする．

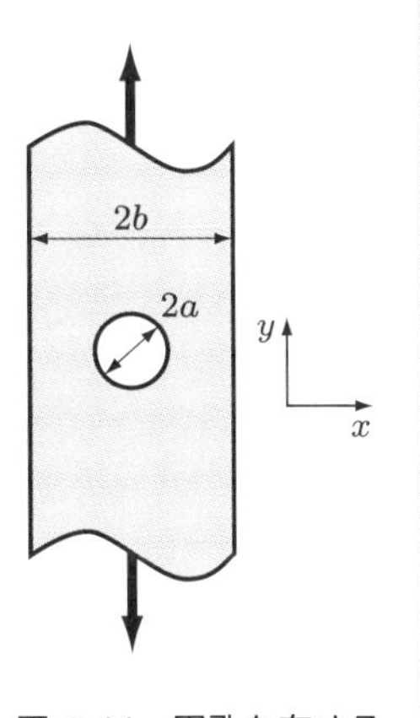

図 5.11　円孔を有する有限幅帯板

解答

4 章の図 4.2 のように，対称性を使って 1/4 のモデリングを行う．ただし，無限長の帯板なので，縦方向の長さ方向は十分に長くする必要がある．サンブナンの原理（**ノウハウ 1**，および図 4.1 参照）より，ある程度長くモデリングすれば，円孔付近の応力に影響はない．ここでは，200 mm とした．荷重は，集中荷重で与えられているが，均一に引っ張られるように等分布荷重（$20000/200 = 100$ N/mm^2）で置き換える．表 5.4 に解析条件表，図 5.12 にメッシュ図，変形図，σ_y の応力分布図を示す．

解析結果は，図 5.12 のようにメッシュを細かく切り，解析と節点平均応力の外挿の誤差を最小限にすると（メッシュの切り方は 4.3 節(2)の図 4.4，および**ノウハウ 2**（p.60）参照．節点平均応力の誤差については，**ノウハウ 10**（p.75）参照），σ_y の最大値が 335.67 MPa となり，応力集中の基準応力を，

表 5.4　解析条件表

要素	四辺形二次要素平面応力要素
変位境界	1/4 モデル，左端面 x 方向面拘束，下端面 y 方向面拘束
荷重境界	上部に等分布荷重 $100\,\mathrm{N/mm^2}$
材料物性	$E = 205\,\mathrm{GPa}$，$\nu = 0.3$
単位系	[N] [mm] [MPa]

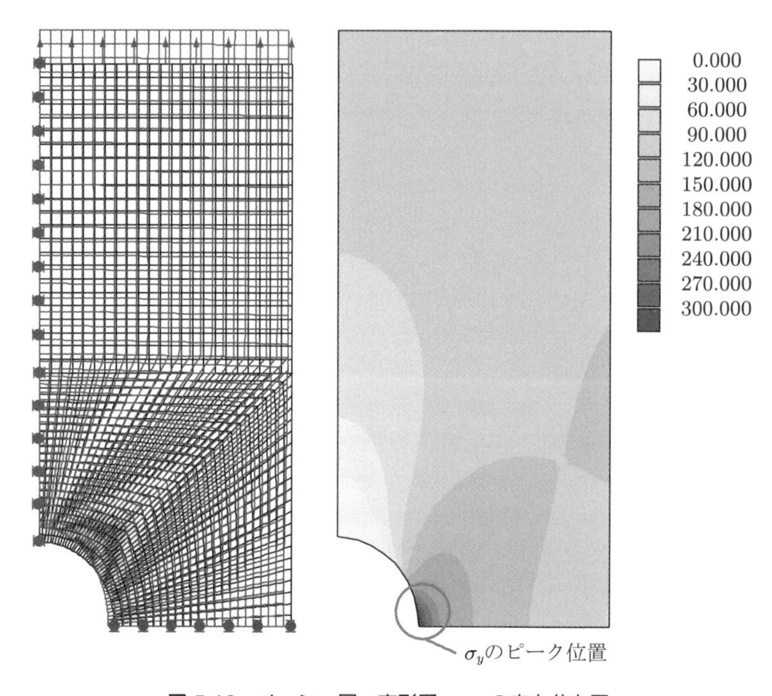

図 5.12　メッシュ図，変形図，σ_y の応力分布図

$$\sigma_0 = \frac{P}{2(b-a)h} = \frac{20000}{2(100-30)} = 142.857\,\mathrm{MPa} \tag{5.6}$$

とすると，応力集中係数は $\alpha = 2.35$ 答 となる．理論値は付録 B.3 節（1）の図 B.20 によると，$a/b = 0.3$ の場合は $\alpha = 2.35$ となり，解析と一致する．

ここで，σ_y のみに着目したが，これは σ_y が支配的な応力成分であるからである．一般には，応力成分の値は，座標系に依存するため，注意する必要がある（**ノウハウ 9** (p.72) 参照）．付録 A.3 節の図 A.4，A.5 に実例を示すので参考にしてほしい．

初級問題 3　単純引張

境界条件を検討して，単純引張問題の解析を行いなさい．ただし，モデルを 100 mm × 100 mm の正方形として，厚さは 1 mm，引張荷重は 1 N/mm²，ヤング率は 205 GPa，ポアソン比は 0.3 とする．

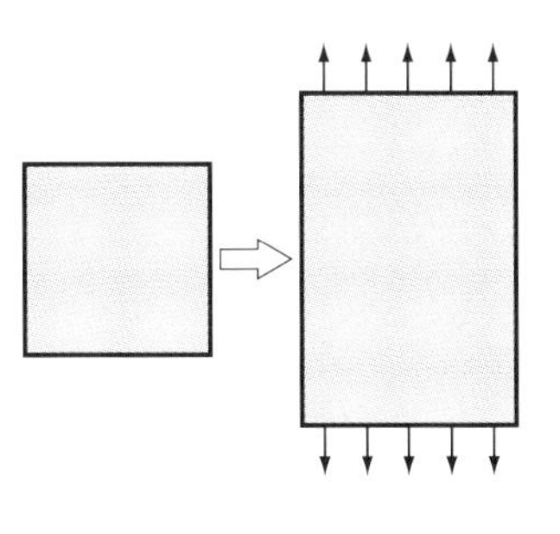

図 5.13　単純引張の解析

解答

本問題は，境界条件の設定の問題であり，4.4 節の図 4.7 を参照するとよい（**ノウハウ 4**（p.66）参照）．ここでは，まず図 5.14 のように，対称性を考慮して 1/4 でモデリングする（4.1 節(2)参照）．

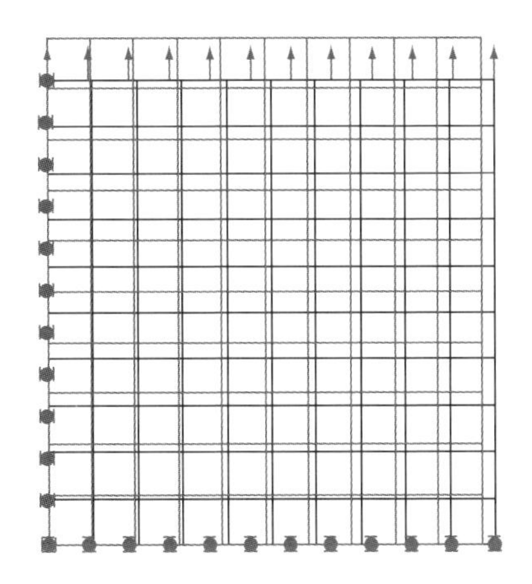

図 5.14　単純引張の 1/4 モデルでの解析結果（変形図）

境界条件は，左端 x 方向面拘束，下端 y 方向面拘束，上端を等分布荷重で引っ張る．平面応力要素を使う．正しい境界条件が設定されていれば，すべての要素で均一な単軸引張の応力場となっているはずである．また，対称性を使わない場合は，4.4 節の図 4.7 のように，左下端を x, y 方向拘束，右下端を y 方向拘束して，上・下部から同じ荷重で引っ張ればよい（二次元で最低必要な拘束自由度は 3 であるため）．ただし，下部を引っ張るのは反力を再現しているに過ぎない．

均一に引っ張る方法は，ほかにも数種類存在する．境界条件を考える練習になるので，試してみるとよい．

初級問題 4　計算の検証と妥当性確認（V&V）（4.8 節参照）

図 5.8 と同様の梁（ただし，$L = 500\,\mathrm{mm}$, $h = 38\,\mathrm{mm}$, $b = 19\,\mathrm{mm}$）を単純支持した場合と，両端固定支持した場合の解析を行う．荷重は梁の中央に $F = 10000\,\mathrm{N}$ を加える．解析結果を材料力学の解および実験結果と比較することにより，計算の検証と妥当性確認を行いなさい．

実験は，図 5.15 に示すように，変位計で中央の最大たわみの計測を行った．単純支持と固定支持で，それぞれ 1.519 mm，0.569 mm が得られた．ただし，固定支持は図のように，ボルトで梁の両端を締め付けて固定した．

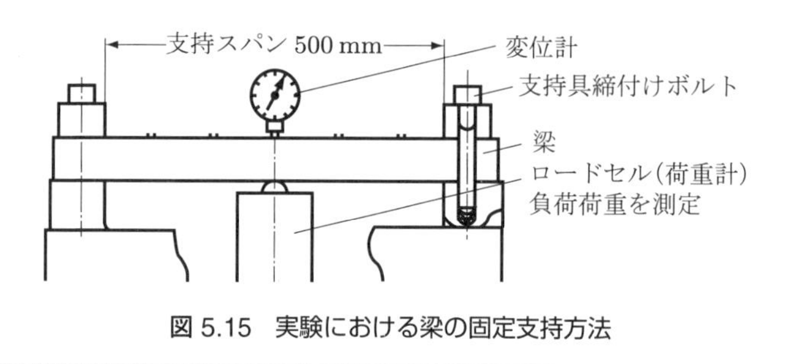

図 5.15　実験における梁の固定支持方法

解答

解析条件は初級問題 1 と同様であるが，固定支持では左端を x, y 方向ともに完全固定している．有限要素法の解析モデルを図 5.16 に示す．

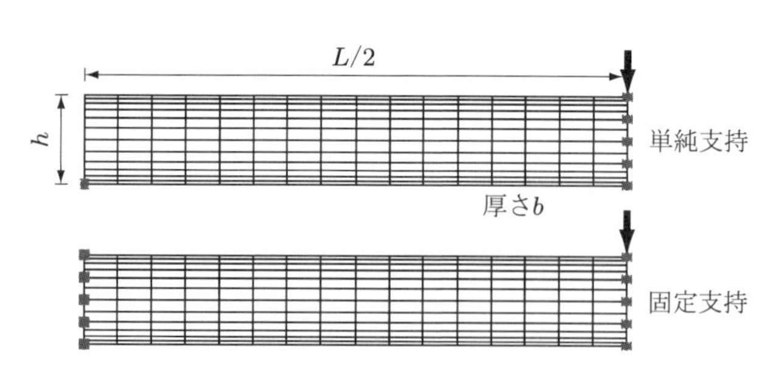

図 5.16　解析モデル

最初に，解析と材料力学の解と比較することにより計算の検証を行う．表 5.5 に結果を示す．材料力学の計算は初級問題 1 と同様，梁のたわみの式を用いた．単純支持では有限要素法と材料力学は一致することがわかる．一方，固定支持では 10% 弱の差がある．この差について考察するのが検証の作業である．たとえば，メッシュサイズ

表 5.5 有限要素法・材料力学・実験の結果の比較

モデル	単純支持たわみ [mm]	固定支持たわみ [mm]
有限要素法	1.498	0.395
材料力学	1.495	0.366
実験	1.519	0.569

（有限要素法と材料力学：検証，有限要素法と実験：妥当性確認）

や使っている要素タイプ，境界条件などをチェックする．この程度の差は無視できると考えるかもしれないが，有限要素法は変位の精度は高いので（**ノウハウ 3**（p.62）），無視してはいけない．この差が生まれる理由は，材料力学の近似方法に原因があり，梁の曲げに加えてせん断変形の影響を考慮してたわみを計算すると，たわみは 0.398 mm となり，有限要素法と一致する．この作業は解析のミスを見つけるために非常に大切であるため，理論と有限要素法の不一致は妥協してはいけないポイントである．

つぎに，実験との比較（妥当性確認）を行う．単純支持はほぼ一致するが，固定支持は 40% 程度の違いがみられる．この差を考察するためには，実際に実験がどのようにして行われているかの知識が必要となる．変位計の精度などに起因する測定誤差，物性値，拘束方法などをチェックすると，この問題は，ボルトで固定された拘束部分が変形するため，完全な固定状態になっていないことに起因すると推測される．いわゆる完全固定支持状態は実際には実現できないという有名な問題である．拘束部が変形することにより，実際には，単純支持（たわみ 1.498 mm）と固定支持（たわみ 0.395 mm）の間の状態になっていると考えられる．

妥当性確認の結果，有限要素法は実験を定量的には再現できていないことがわかった．つまり，固定端部のボルトなどのモデリングが追加で必要である．ボルトのモデリングは難しいため，実際には適当なばね要素を用いたり，モデルの範囲を大きくしたりして，実験結果を再現する必要がある．

しかし，たとえば梁の設計だけに注目するのであれば，梁の形状変化や荷重条件の変化などの影響の予測は，現モデルでも定性的に行うことができる．

このような境界条件の問題は，いくら精密な 3DCAD モデルから詳細なメッシュを作成しても生じる．メッシュや形状は計算の検証（Verification）であって，妥当性確認（Validation）とは無関係であることを認識する必要がある．

初級問題 5 梁の曲げの幾何学的非線形解析

図 5.17 のような，長さ $L = 1200$ mm で，断面が 10 mm × 10 mm の単純支持梁と両端固定梁の中央に 100 N の集中荷重が作用している．この二つの梁の線形弾性（微小変形）解析と幾何学的非線形解析を行い，結果の違いを考察しなさい．

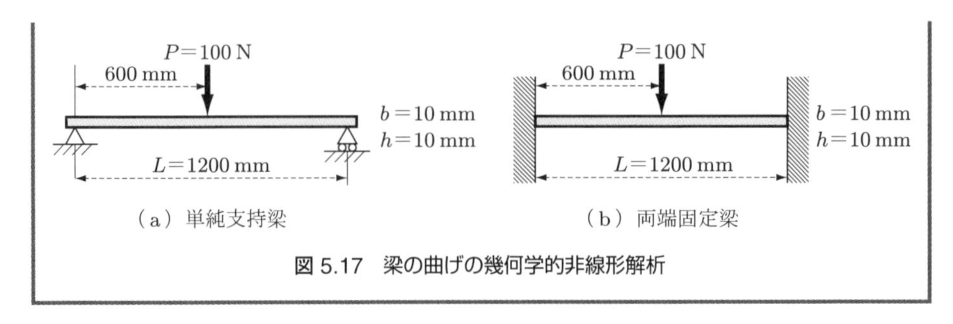

（a）単純支持梁　（b）両端固定梁

図 5.17　梁の曲げの幾何学的非線形解析

解答

表 5.6 に示すように，単純支持梁は，微小変形も幾何学的非線形（大変形）もほとんど差がみられないが，固定支持の場合，たわみ（最大変位）に大きな差が生じている．これは，4.6 節(2)の図 4.9 でも述べた変形による梁の吊り上げ効果とよばれるものである．たわんで全長が長くなろうとする変形が固定支持により引き戻されるため，自由にたわめない現象であり，梁の変形後の状態の釣り合いを求める幾何学的非線形解析でないと考慮されない．

表 5.6　微小変形と大変形の解析結果の比較

支持条件	理論解		解析条件	四辺形二次要素	
	最大応力 [MPa]	最大変位 [mm]		最大応力 [MPa]	最大変位 [mm]
単純支持	180	−21.1	静的微小変形	180.0	−21.1
			静的大変形	179.9	−21.1
固定支持	90	−5.27	静的微小変形	90.0	−5.27
			静的大変形	87.3	−4.58

また，図 5.18 のように片持ち梁の場合は，一見問題のないようにも思えるが，荷重点の状況が変化することによる問題点が発生する場合もある．つまり，荷重点近くはたわみ角が大きくなるので，変形前は想定しなかった荷重点の移動や軸方向の力が生じる．

しかし，実際にこのような現象が起こるかどうかを考える必要がある．つまり，荷重点は移動できるのか，接触点でのすべりは発生しないかなどを検討し，モデルの修正を検討する．

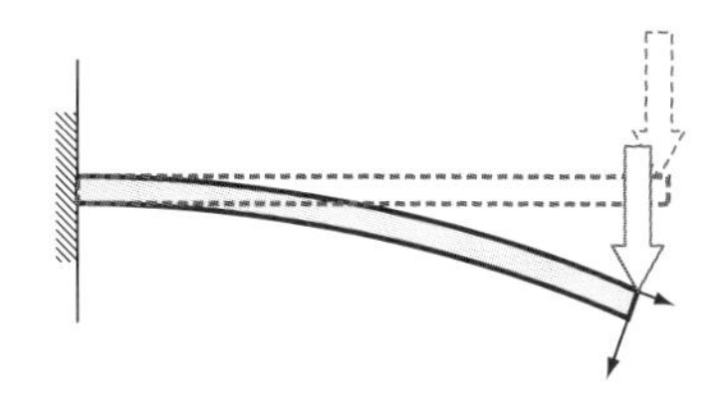

図 5.18　大変形による接触点のすべり効果

5.3　有限要素法演習問題（中級）

中級問題 1　円孔付き切り欠き帯板の曲げ

図 5.19 にあるように，円孔付きの切り欠き帯板に引張方向の力（総計で $2F$）と 4 点曲げ荷重 F が負荷されている．ただし，材料は炭素鋼 S45C，厚さは 1 mm，$F = 500$ N とする．4 点曲げの荷重点直下は応力が非常に高くなるが，これは現実には分布する荷重を点で置き換えているためであり，ここでは無視してよい．

(1) 解析メッシュサイズの評価，および解析結果（変位と応力）のオーダーエスティメーションを行いなさい．ただし，オーダーエスティメーションは，材料力学の梁理論との比較によって行うこと．

(2) 円孔をあけたことにより，応力集中がどの程度生じたかを求めなさい．

(3) 本機械部品は，静的強度（降伏応力）に対してどの程度，安全裕度があるかを求めなさい．

(4) 引張荷重と曲げ荷重の負荷と除荷が同時に周期的に繰り返されるとき，荷重 F をどの程度にすれば，疲労強度を疲労限度以下に設計できるかを求めなさい．

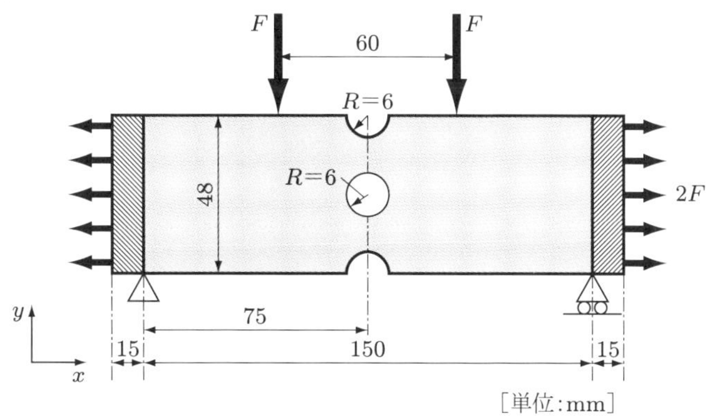

図 5.19　円孔付きの切り欠き帯板

解答

本問題は，曲げと引張の両方の荷重を受ける円孔付き帯板の応力集中の問題である．梁上部には，曲げ応力と引張応力が重複してかかり（曲げ変形が支配的），かつ，半円の切り欠きがあるため，応力集中が生じる．その集中の度合いを求める．円孔は中立面上にあるため，そのまわりの応力は小さい．

表 5.7 に解析条件表，図 5.20 にメッシュ図，変形図を示す．

表 5.7　解析条件表

項目	内容
要素	四辺形二次平面応力要素
変位境界	左下部 1 点で xy 方向点拘束，右下部 1 点で y 方向点拘束(1/2 モデルでもかまわない)
荷重境界	四点曲げに対応する集中荷重 F と左右両端引張分布荷重 $2F$（面積で割る）
材料物性	$E = 205\,\mathrm{GPa}$，$\nu = 0.28$
単位系	[N] [mm] [MPa]

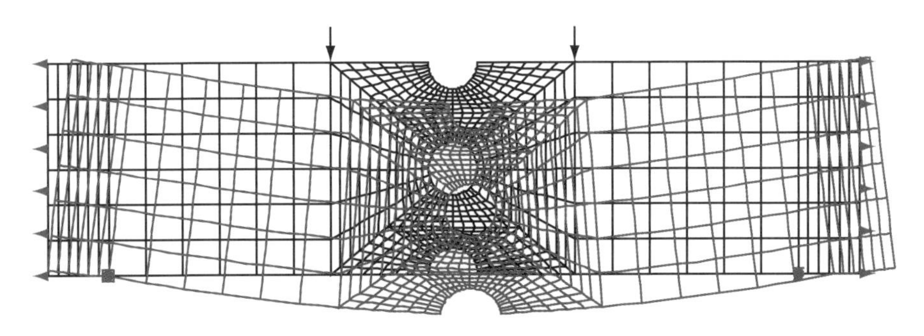

図 5.20　メッシュ図と変形図

図 5.21(a) に σ_x（支配的な応力成分），図 (b) に σ_1（第一主応力），図 (c) に σ_{Mises}（ミーゼス相当応力）のそれぞれの分布を示す．図 (a) の σ_x は，上部の圧縮応力場と下部の引張応力場がピーク位置となり，中立面でゼロとなる．図 (b) の σ_1 は，上部は圧縮なのでほぼゼロとなり，引張応力場である下部のみピークが現れる．図 (c) の σ_{Mises}（ミーゼス相当応力）は，必ず正（絶対値なので）となるので，上部の圧縮応力場と下部の引張応力場の両方がピーク位置となる．付録 A.3 節，図 A.6 も参照してほしい．

(1)　オーダーエスティメーションとメッシュサイズの評価

メッシュサイズの評価は，トライアンドエラーなので，とくに解答を以降も示さない．解答のメッシュを参考に，各自の判断でメッシュの細かさを決定してほしい．解

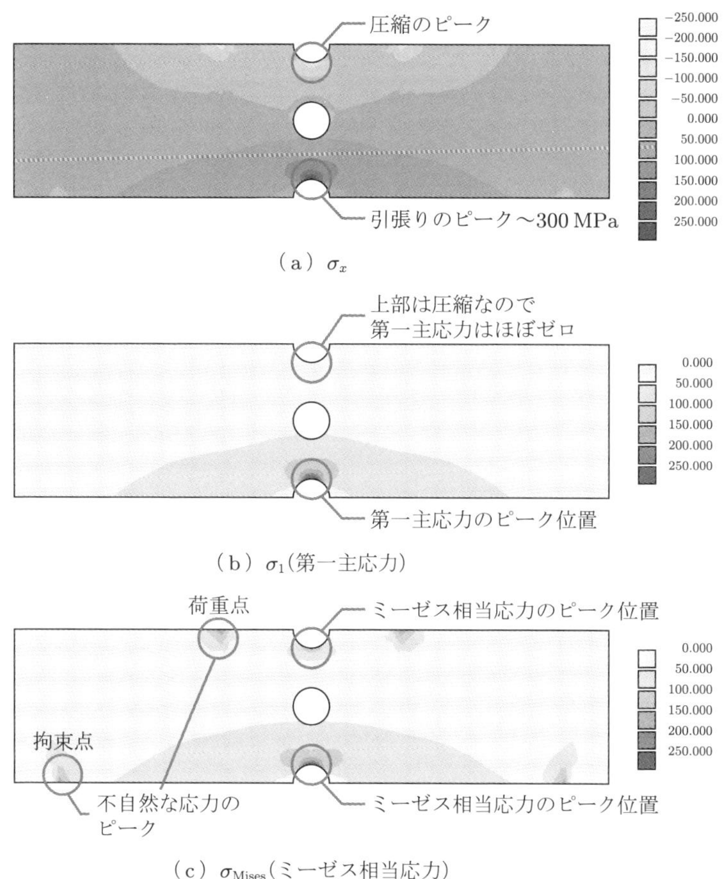

図 5.21 応力分布

答で与えられているメッシュサイズは，著者が適当と考える程度である．

オーダーエスティメーションのため，モデルを単純化して円孔と切り欠きがないモデルを考える．引張荷重 $2F$ のみの応力は $1000/48 \fallingdotseq 20$ MPa，ひずみは 1.0×10^{-4}，変位は 1.5×10^{-2} mm となる．計算結果も曲げ応力がかからない左右端で応力は 20 MPa 程度になっている．

材料力学の曲げ理論により，曲げ応力は約 60 MPa（荷重点間均一），たわみ量は 2.95×10^{-2} mm となる．したがって，引張応力の最大値は 80 MPa 程度となる．計算結果は，最大応力 300 MPa，たわみ量 7.4×10^{-2} mm（中央下部）で，オーダーは合っている．応力の差は応力集中分と考えられる．たわみの差は，中央部の剛性が円孔なしのモデルより低いためと考えられる．

(2) 応力集中係数

オーダーエスティメーションを行った円孔と切り欠きがない場合の最大応力を基準応力にとると，解析の σ_x の最大値は下部の切り欠き（応力分布図の○の部分）で 300 MPa なので，応力集中係数は $\alpha = 300/80 = 3.8$ 答 となる．断面積減少を考えて，基準応力を見積もってもよい．

ここで，荷重点直下と支持点の応力の評価には注意が必要である．なぜなら，応力特異点となり，メッシュが細かければ細かいほど応力が大きくなるからである（4.7節(4)，**ノウハウ 12**（p.78）参照）．

(3) 降伏の評価

ミーゼス相当応力の最大値は，下部の切り欠きで 300 MPa となる．降伏応力は 600 MPa なので，安全裕度は，$600/300 = 2$ 答 となる．

(4) 疲労の評価

5.1節の例題の解答より，疲労限度に対応する片振りの最大応力は 391 MPa となる．いま，最大引張応力は，下部切り欠き近くで 300 MPa であるから，$F = 500 \times 391/300 = 651$ N 以下に荷重を設定する必要がある 答．

中級問題 2　円孔を有する構造物の曲げ

図 5.22 にあるような，円孔を有する厚さ 1 mm の構造物の曲げについて解析しなさい．ただし，左右端に現れる集中荷重点と変位拘束点の特異な高応力場は評価の対象外とし，円孔まわりの応力の評価を行うこと．また，斜線部に生じる局所的な高応力場は，評価の際は考慮しなくてよい．

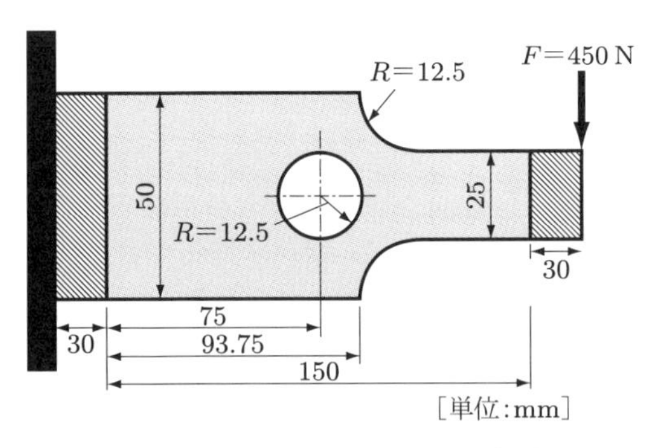

図 5.22　円孔を有する構造物の曲げ

(1) 解析メッシュサイズの評価，解析結果のオーダーエスティメーションを行いなさい．
(2) 円孔を設けることによって，どの程度応力集中が生じたかを求めなさい．
(3) 本機械部品は静的強度（降伏応力）に対して，どの程度安全裕度があるかを求めなさい．
(4) 荷重の除荷と負荷が周期的に繰り返されるとき，F をどの程度にすれば，疲労強度を疲労限度以下に設計できるかを求めなさい．ただし，材料は炭素鋼S45Cとする．

解答

曲げのかかる段付き梁に円孔が設けられている．モーメントが大きい左側の固定端付近は高さがあるため，応力はあまり大きくはならない．ただし，固定端，集中荷重点は，局所的に大きな応力が生じる．これはモデリングの問題なので，ここでは無視してかまわない（**ノウハウ 12**（p.78），4.7 節(4)参照）．

一方，円孔は応力の小さい曲げの中立面上にあるが，円孔付近はほかの部分と比較してとても薄くなるため，剛性の低下に起因してほかの部分より変形しやすくなり，応力が高くなる（memo**「剛性の概念に関する補足」**参照）．

memo　剛性の概念に関する補足 ⇔ ポイント 8（p.15）

変形を解釈する際には，剛性の考え方が重要である．**剛性**とは，剛性マトリックスのように，大きさと厚さをもつ部材の変形のしにくさの指標である．式 (3.11) の $[k] = [B]^T[E][B]At$（三角形定ひずみ要素，$[E]$：弾性マトリックス，$[B]$：B マトリックス，A：面積，t：板厚）より，板厚や面積（体積）が大きいほど剛性は高い．もちろん，ヤング率が大きくても剛性は大きい．

図 5.23 のような，高さが異なる段付棒の曲げ変形においては，高さが低い部分（細い部分）に高い応力が生じる．これは，応力集中とも解釈できるが，剛性が違うものが接合されているために生じる応力発生（変形しにくいものの代わりに変形しやすい部分が大きく変形する）と考えるのが材料力学的である．

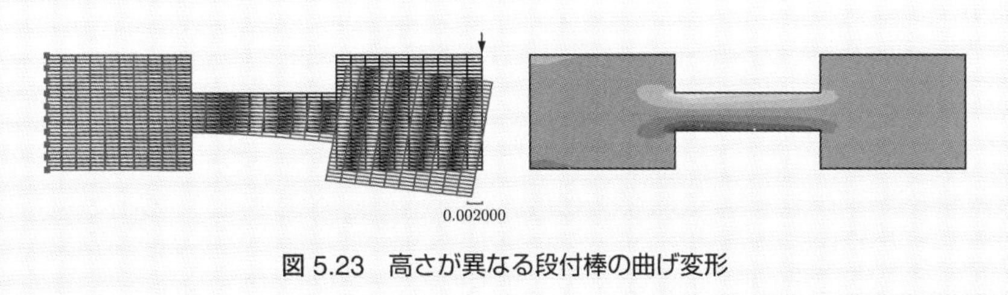

図 5.23　高さが異なる段付棒の曲げ変形

表 5.8 に解析条件表，図 5.24 にメッシュ図，変形図を示す．形状は上下対称だが，荷重に対称性がないため 1/2 モデルにはできない．図 5.25 に応力分布図を示す．

表 5.8 解析条件表

要素	四辺形二次平面応力要素
変位境界	左端 x, y 完全固定
荷重境界	右端 y 方向 -450 N の集中荷重
材料物性	$E = 205$ GPa，$\nu = 0.28$
単位系	[N] [mm] [MPa]

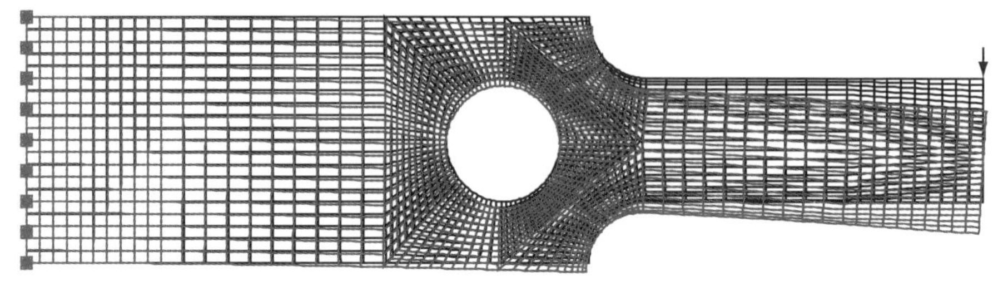

図 5.24 メッシュ図と変形図

(1) オーダーエスティメーション

オーダーエスティメーションのため，本構造を高さ 50 mm，長さ 210 mm の片持ち梁とみなすと，材料力学の曲げの式より，曲げ応力 $\sigma = 226.8$ MPa，たわみ $v = 0.65$ mm が得られる．解析結果では，固定端付近の曲げ応力は 280 MPa 程度，たわみは 1.03 mm となった．したがって，オーダーは合っているといえる．実際の主応力の最大値は，図 5.25(b) 中の○の部分で，420 MPa であった．

(2) 応力集中係数

応力場は複雑になるため，特定の成分 σ_x で比較せず，主応力値で比較することとする．主応力値は，円孔上部で 185 MPa 程度となる．別途の解析より，円孔がなかった場合の応力値は 65 MPa 程度だったので，円孔による応力集中係数は $\underline{\alpha = 185/65 = 2.84}$ 答 と見積もられる．

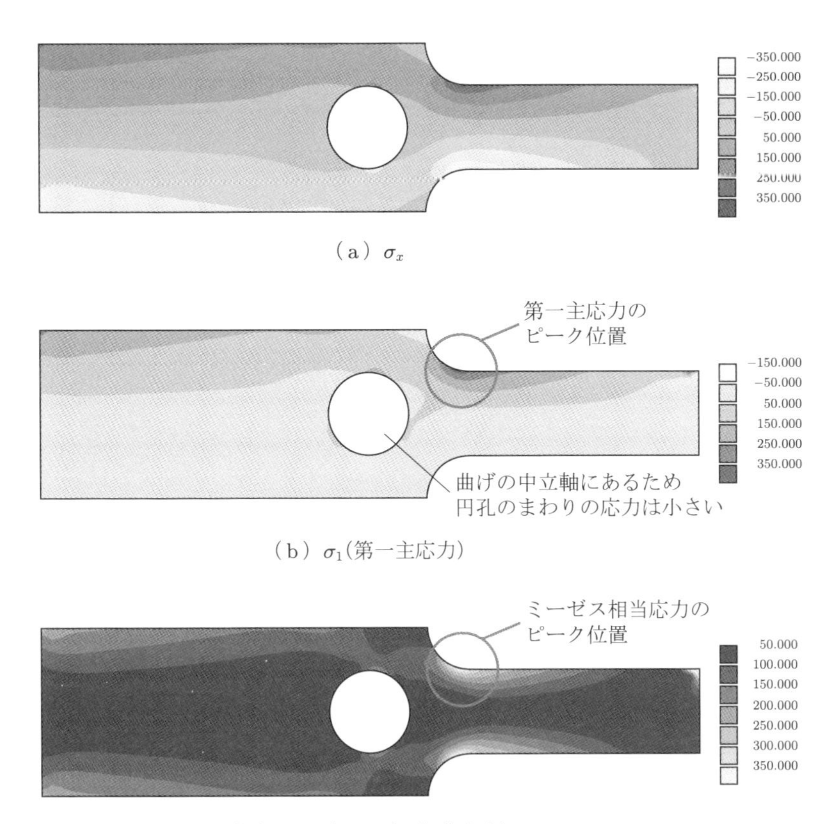

（a） σ_x

（b） σ_1(第一主応力)

（c） σ_{Mises}(ミーゼス相当応力)

図 5.25　応力分布図

(3) 降伏の評価

ミーゼス相当応力の最大値は 420 MPa 程度より，安全裕度は 600/420＝1.45 程度 答 となる.

(4) 疲労の評価

例題および中級問題 1 と同様に，疲労限度に対応する片振りの最大応力は 391 MPa となる. $450 \times 391.3/420 = 419.25$ N に荷重を落とす必要がある 答.

中級問題 3　段付き棒の曲げ

図 5.26 にあるような，機械部品の端部に荷重が負荷されている．単純な梁の方程式によって，この部材の曲げ応力はおおよそ求まるが，応力集中の効果を説明することはできない.

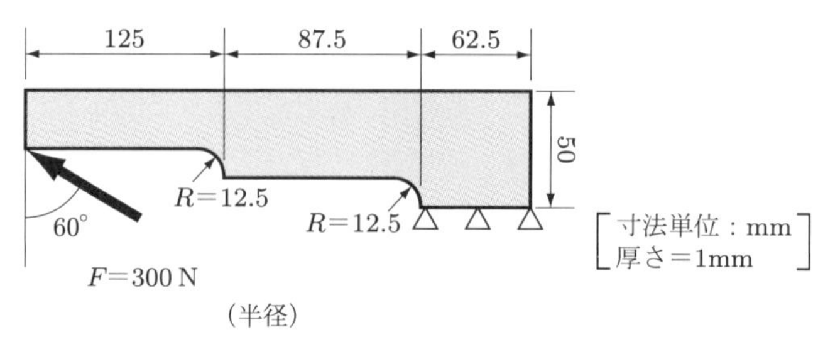

図 5.26　段付き棒の解析

(1) 解析メッシュサイズの評価，解析結果（たわみと応力）のオーダーエスティメーションを，材料力学の梁理論との比較によって行いなさい．

(2) 2 箇所の R 部分の応力集中係数を求めなさい．ただし，基準応力は各自設定すること．

(3) 本機械部品は，静的強度（降伏応力）に対して，どの程度安全裕度があるかを求めなさい．

(4) 荷重の除荷と負荷が周期的に繰り返されるとき，F をどの程度にすれば，疲労強度を疲労限度以下に設計できるかを求めなさい．ただし，材料は炭素鋼 S45C とする．

解答

表 5.9 に解析条件表，図 5.27 にメッシュ図，変形図を示す．

表 5.9　解析条件表

要素	四辺形二次平面応力要素
変位境界	右端下 x, y 完全固定
荷重境界	左端 x 方向 259.8 N，y 方向 150 N の集中荷重
材料物性	$E = 205$ GPa，$\nu = 0.28$
単位系	[N] [mm] [MPa]

二段梁の問題であり，曲げモーメントの大きい部分（右側）が厚く，小さい部分（左側）が薄い．二つのトレードオフの効果で，右と左のどちらの R 部が，応力が大きいかが決まる．結果，応力分布図（図 5.28）の○印の部分，つまり，モーメントが小さく，高さが低い左側の R 部の応力が大きくなる．また，荷重が斜めになっており，引張荷重も加わるが，計算してみると，その効果は小さいことがわかる．

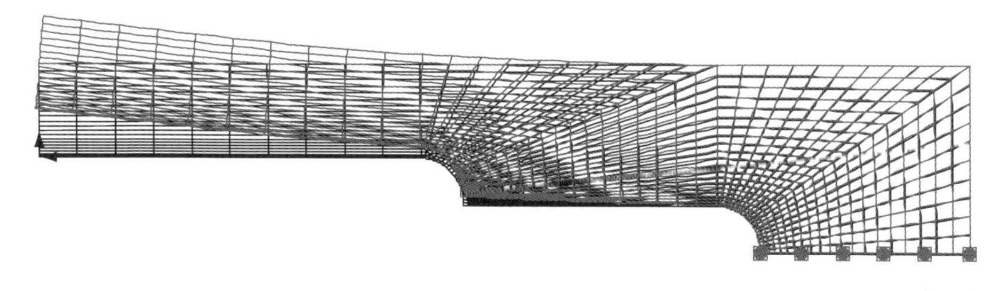

図 5.27　メッシュ図と変形図

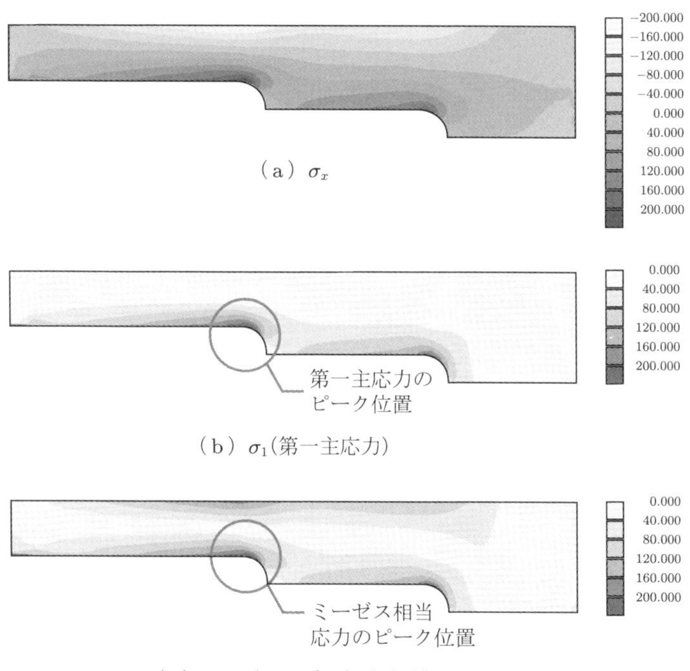

図 5.28　応力分布図

(1) オーダーエスティメーション

長さ L，高さ b の片持ち梁の曲げ応力 $\sigma_{\max}$ とたわみ $\delta_{\max}$ は，材料力学の見積もりによると，

$$L = 200,\ b = 37.5 \text{ で } \sigma_{\max} = 128\,\mathrm{MPa},\ \delta_{\max} = 0.53\,\mathrm{mm}$$

$$L = 200,\ b = 25.0 \text{ で } \sigma_{\max} = 288\,\mathrm{MPa},\ \delta_{\max} = 1.80\,\mathrm{mm}$$

となる．

計算結果は，左側のR部の主応力が $\sigma_{\max} = 270\,\mathrm{MPa}$，たわみが $\delta_{\max} = 1.07\,\mathrm{mm}$ でオーダーは合っている．

なお，引張の効果は断面積が一番小さい部分でも $\sigma_x = 260/25 = 10\,\mathrm{MPa}$ 程度で，影響は小さい．一般に，梁のような形状の場合，単純な圧縮・引張の応力場より，曲げモーメントに起因した曲げの応力のほうが大きくなる．そのため，設計者は曲げ変形に注意する必要がある．これが材料力学において，梁の曲げを重視して教える理由になっている．

(2) 応力集中係数

第一主応力の最大値で評価する．右側のR部は，オーダーエスティメーションで見積もった結果を使って，$L = 200$, $b = 37.5$ で基準応力を $\sigma_0 = 128 + 7\,\mathrm{MPa}$ とすると，応力集中係数は，$\alpha = 200/135 = 1.48$ 答 となる．ただし，基準応力の + は引張の効果である．左側のR部は $L = 125$, $b = 25$ として，基準応力を $\sigma_0 = 162 + 10\,\mathrm{MPa}$ とすると，$\alpha = 270/172 = 1.57$ 答 となる．

(3) 降伏の評価

$F = 300\,\mathrm{N}$ で，左側のR部のミーゼス相当応力が $\sigma_1 = 275\,\mathrm{MPa}$ なので，静的強度の安全裕度は $600/275 = 2.2$ 答 となる．

(4) 疲労の評価

例題および中級問題1と同様に，疲労限度に対応する片振りの最大応力は 391 MPa となる．ここで，引張の主応力は左側のR部で 270 MPa なので，$F = 300\,\mathrm{N} \times (391.3/270) = 434.8\,\mathrm{N}$ 以下に設定する必要がある 答．

中級問題4　支柱に固定された梁の曲げ

図5.29に示すように，なんらかの制御機構のための通過孔（円孔）を中央部にあけた梁に荷重が作用している．梁の両端は，支柱に溶接で固定されている．梁の厚さは 20 mm，支柱の厚さは 200 mm とする．ただし，材料は炭素鋼 S45C とする．

(1) 解析メッシュサイズの評価と解析結果のオーダーエスティメーションを行いなさい．

(2) 本機械部品は，静的強度（降伏応力）に対して，どの程度安全裕度があるかを求めなさい．

(3) 荷重の負荷と除荷が周期的に繰り返されるとき，荷重 F をどの程度にすれば，梁の疲労強度を疲労限度以下に設計できるかを求めなさい．

(4) 支柱の厚さが梁と同じ 20 mm であった場合は，変形と応力はどのように変化するか，また，支柱がもし剛体とみなせる場合はどうなるかを説明しなさい．

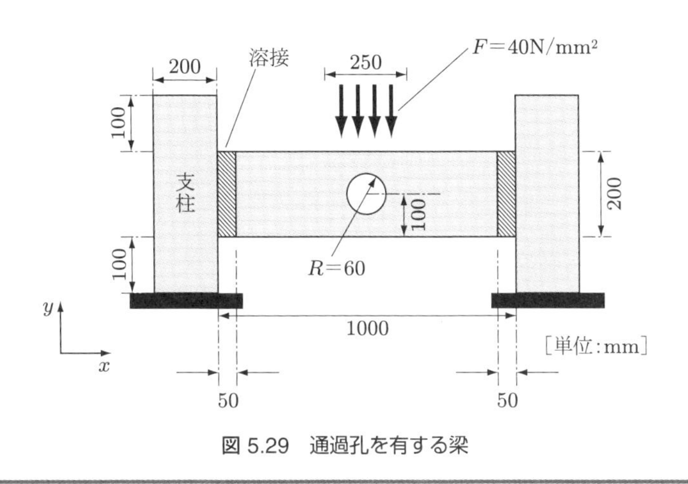

図 5.29　通過孔を有する梁

解答

本問題は，中級問題 1 と類似しており，固定端の梁の中心の円孔の応力集中の問題である．中級問題 1 と違うのは，円孔が梁の中立面上にあるため，円孔付近の応力が低い点である．溶接部の角点は，メッシュを細かく切れば切るほど応力が大きくなる特異点となる（**ノウハウ 12**（p.78），4.7 節(4)参照）．溶接部の評価を行うためには，ほかに複雑なモデリング（形状変化，残留応力）が必要となる．実際の溶接部は形状が異なり，加えて，残留応力の問題など，ほかに強度に関する重要な問題が生じる．そのため，評価から溶接部は外し，別途評価すべきである．

表 5.10 に解析条件表，図 5.30 にメッシュ図，変形図を示す．図 5.31 に応力分布図を示す．

表 5.10　解析条件表

要素	四辺形二次平面応力要素
変位境界	支持部下端完全拘束
荷重境界	梁中央に等分布荷重
材料物性	$E = 205$ GPa，$\nu = 0.28$
単位系	[N] [mm] [MPa]

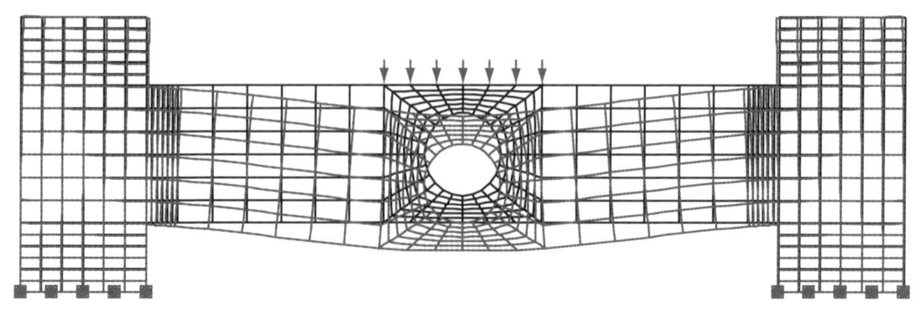

図 5.30　メッシュ図と変位図

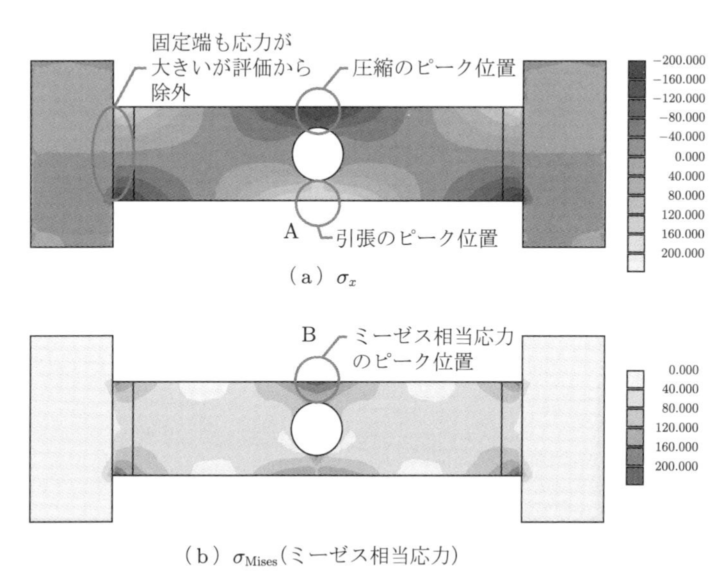

図 5.31　応力分布図

(1) オーダーエスティメーション

モデルを単純化して，固定端梁の中央集中荷重の材料力学の式より，曲げ応力 187.5 MPa，たわみ 0.38 mm が得られる．計算結果は，応力 (σ_x) は 170〜−240 MPa，たわみは 0.64 mm なので，ほぼオーダーは合っている．固定端の変形と円孔による剛性の低下の分だけ大きくたわんでいる．

(2) 降伏の評価

ミーゼス相当応力の最大値は，円孔の上側の圧縮の曲げ応力がかかっているところで生じる (応力分布図 5.31 の B 部)．値は積分点値で 220 MPa (外挿値では 240 MPa

程度）となり，安全裕度は $600/240 = 2.5$ 答となる．

(3) 疲労の評価

疲労に関わる引張応力（図 5.31 の A 部）は，円孔下側で生じ，積分点値で 160 MPa である．したがって，$F = 40 \times 391/160 = 98\,\mathrm{N/mm^2}$ 答とすればよい．降伏する場所は圧縮場で，疲労き裂が生じる場所は引張場と，場所が異なることに注意が必要である．

(4) 支柱の効果

支柱の厚さが 20 mm となり，剛性が下がると，固定支持から単純支持に近い応力場になる．図 5.32 に応力分布（σ_x）を示す．固定端部の上側の応力が少し小さくなり，下側の圧縮応力が大きくなる．また，円孔上側のミーゼス相当応力は 273 MPa，下側の第一主応力は 170 MPa と，どちらも大きくなる．たわみは 0.96 mm と大きくなる．これは，たわみも応力も大きい単純支持に近づくためである．

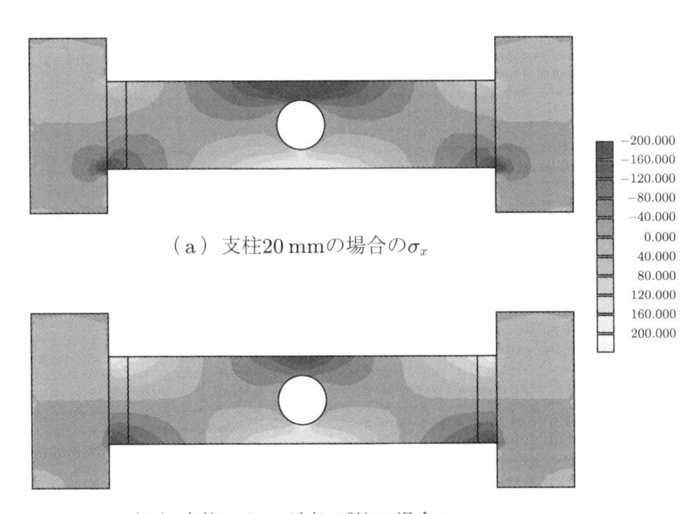

図 5.32　支柱の剛性の変化による応力分布の変化

ヤング率を 10^6 倍して，剛体に近くすると，円孔上部のミーゼス相当応力は 201 MPa，主応力は 183 MPa，たわみは 0.57 mm となり，応力が低下したわみも小さくなる．これは固定支持に近づくためである．

参考に，二次元の解析では，ヤング率を梁と同じにして支柱の厚さを 10^6 倍すると，ヤング率を 10^6 倍にした場合とまったく同じ結果が得られる．これは，剛性マトリックスが

式 (3.11) のように，ヤング率と厚さ t の積になっているからである（**memo「剛性の概念に関する補足」**（p.105）参照）．

中級問題 5　内圧を受ける配管

図 5.33 は，高温の油圧流体が通過するための配管の断面形状である．内圧は 4 MPa，材料はアルミニウムとする．材料物性値を表 5.11 に示す．

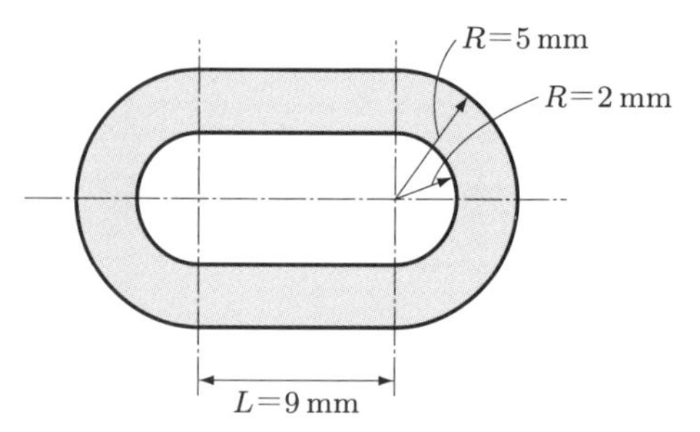

図 5.33　高温流体が通過する配管

(1) 解析メッシュサイズの評価，解析結果のオーダーエスティメーションを行いなさい．

(2) 降伏に対する安全裕度を求めなさい．

(3) 内圧を 0〜4 MPa の間で周期的に変化させる場合，このアルミ管の疲労強度を十分に確保するためには，管の厚み（現在 3 mm）を何 mm にすればよいかを求めなさい．

(4) $L = 9$ mm の部分が長くなっているのは，どのような効果を狙ったものか，L を 0〜9 mm まで変化させた解析を行い，設計の立場に立って推測しなさい．ただし，応力だけの問題ではなく，内部に高温流体が流れる伝熱の問題や，スペースの効率化などについても考察しなさい．

表 5.11　アルミニウムの材料物性値

材料	ヤング率 E	ポアソン比	0.2% 耐力 $\sigma_{0.2}$	疲労強度
アルミニウム	68.9 GPa	0.33	117 MPa	明確な疲労限度はなく，5×10^8 サイクルで疲労強度 48.3 MPa とする．

解答

本問題は，内圧を受ける厚肉配管の問題である．平らな部分では，曲げ変形が生じ，応力が上がっている．ただし，内圧は小さく破壊に至るレベルではない．表 5.12 に解析条件表，図 5.34 にメッシュ図，変形図を示す．図 5.35 には応力分布図を示す．奥行き方向に厚いので平面ひずみ要素を使う．そのため，奥行き方向の応力 σ_z が発生する．

表 5.12 解析条件表

要素	四辺形二次平面ひずみ要素
変位境界	1/4 モデル，左端面 x 方向固定，下端面 y 方向固定
荷重境界	内周に等分布荷重 4 MPa
材料物性	$E = 68.9$ GPa，$\nu = 0.33$
単位系	[N] [mm] [MPa]

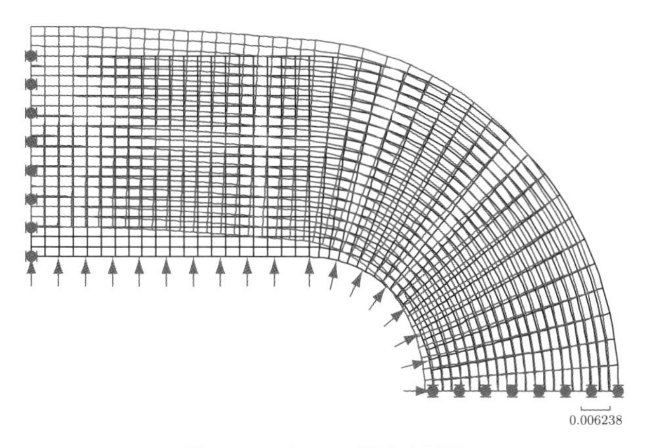

図 5.34 メッシュ図と変形図

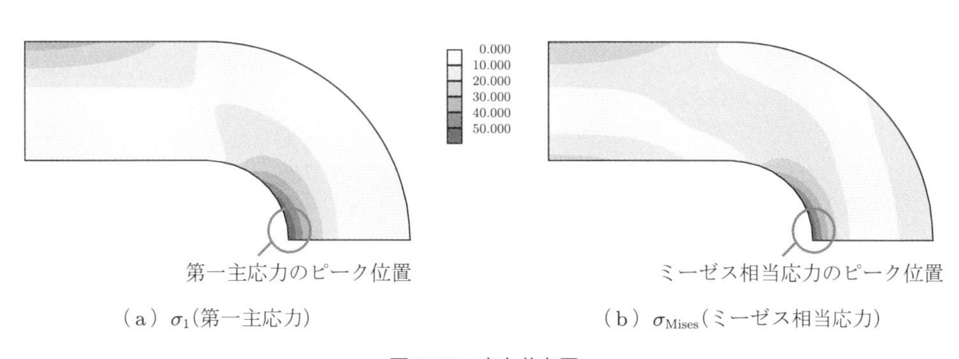

（a）σ_1(第一主応力)　（b）σ_{Mises}(ミーゼス相当応力)

図 5.35 応力分布図

(1) オーダーエスティメーション

内圧を受ける厚肉円筒殻の式より，$R = 2$ mm の位置で $\sigma_\theta = 5.5$ MPa，$R = 5$ mm の位置で $\sigma_\theta = 1.5$ MPa となる．配管を上に持ち上げる合力は，$4.5 \times 4 \times 1 = 18$ N 程度なので，$18/3/1 = 6$ MPa 程度が上乗せされる．したがって，10 MPa 程度となると見積もられる．

計算値は 20〜60 MPa なので，オーダーは合っている．違いは L の部分による曲げの効果・応力集中の効果と考えられる．

(2) 降伏の評価

内圧 4 MPa で $\sigma_{\max} = 61.2$ MPa であり，安全裕度は 117/61.225 = 1.9 答 となる．

(3) 疲労の評価

5×10^8 サイクルの疲労強度 $\sigma_a = 48.3$ MPa を強度とする．解析の主応力は 63.7 MPa（図 5.35 の○部，モデルの底部）であり，応力を少し下げる必要がある．厚みを 3 mm → 4 mm とすると，図 5.36 のように主応力 44 MPa となり，改善される 答．ここで，奥行き方向の応力 σ_z は 20 MPa 程度と小さく，疲労には関係してこない．

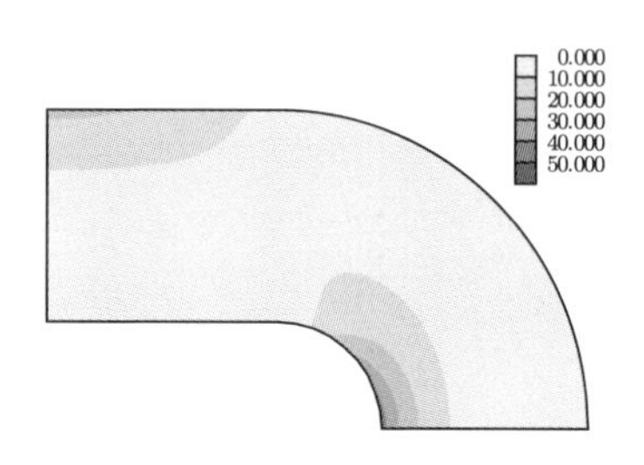

図 5.36　厚みを 4 mm とした場合の主応力分布図

(4) L の部分の効果

L を 0〜9 mm に変えた解析を行うと，L の部分が長いほど，応力は高くなることがわかる．したがって，$L = 9$ mm の部分は強度の面ではメリットがないことがわかる．

強度面では，円筒形状のほうがはるかに有利であるにもかかわらず，問題の形状を選択した理由として二つ考えられる．一つは油温の放熱のためであり，円筒形状に比べて問題の形状のほうが単位体積あたりの表面積の比率が高いことに加え，材質が熱伝熱率の高いアルミであり，伝熱特性が高いためである．もう一つは省スペース化の目的であり，円筒形状に比べて，$L = 9$ mm のモデルは空間占有率が高い，縦方向については明らかに円筒形より空間を有効に使えるためである．

中級問題 6　逃げ溝を有する軸

図 5.37(a) に示す鋼製軸の断面には，直径方向に逃げ溝が削られており，軸荷重に対する断面積が減じられている．図 (b) の断面では，逃げ溝をステップ面のなかに設けている．このような軸対称構造について解析する．ただし，材料は S45C とする．

(1) 解析メッシュサイズの評価と，オーダーエスティメーションを行いなさい．

(2) 基準応力を 50 mm 直径部分で計算するとして，それぞれの応力集中係数

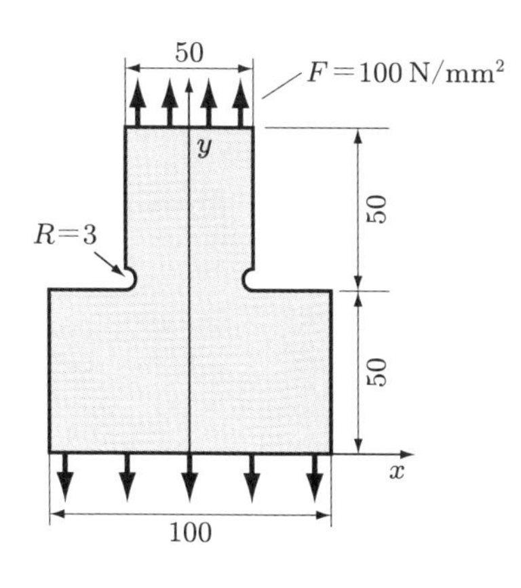

（a）モデル1　直径方向の逃げ溝

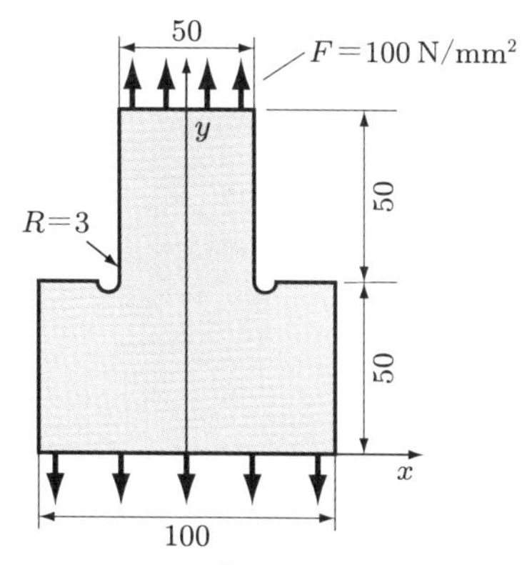

（b）モデル2　ステップ面内の逃げ溝

図 5.37　逃げ溝を有する鋼製の軸（断面図）

を求めて比較しなさい．

(3) 降伏に対する安全裕度をそれぞれ求めなさい．

(4) 荷重の負荷と除荷が繰り返されるとき，疲労限度以下に応力を抑える荷重 F の値を求めなさい．また，疲労き裂はどの場所から生じるかを答えなさい．

(5) 本構造物において，どのような逃げ溝を設ければよいと考えられるか．応力集中を低減させることは可能か．実際に加工できるかという視点も含めて提案しなさい．ただし，逃げ溝の面積は一定とする．

(6) 本構造を，図 5.37 のように平面応力構造とみなしたとき，ミーゼス相当応力は，軸対称の場合と比較してどのように変化するか，理由とともに答えなさい．

解答

軸の逃げ溝の設計方針を立てる問題である．表 5.13 に解析条件表，図 5.38 にメッシュ図，変形図を示す．本問題は軸対称構造なので，軸対称要素を使う．問題では両側から引っ張っているが，ここでは下面を拘束した．結果的に，下面では反力が作用するので，両側から引っ張るのとほぼ同じ状態になる．図 5.39 に示す応力分布図より，モデル 2 に比べて，モデル 1 の主応力とミーゼス相当応力は大きいことがわかる．これは，モデル 1 の断面積減少の効果と応力集中の効果と考えられる．

(1) オーダーエスティメーション

解析対象を単純化して，直径 50 mm と 100 mm の段付き丸棒として計算すると，応

表 5.13　解析条件表

要素	四辺形二次軸対称要素
変位境界	下端面 y 方向拘束
荷重境界	上端面に等分布荷重
材料物性	$E = 205\,\mathrm{GPa}$, $\nu = 0.28$
単位系	[N] [mm] [MPa]

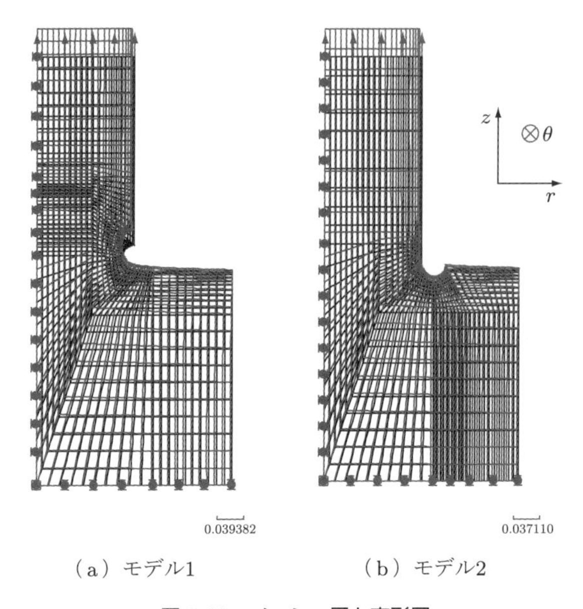

（a）モデル1　（b）モデル2

図 5.38　メッシュ図と変形図

力は，上下でそれぞれ 100，50 MPa となり，計算結果とほぼ一致する．最大変位は 0.0375 mm と見積もられ，解析では 0.039 mm となり，一致する．

(2) 応力集中係数

基準応力を直径 50 mm の丸棒の応力である 100 MPa とすると，応力集中係数は，モデル 1 で $366/100 = 3.66$，モデル 2 で $247/100 = 2.47$ 答 となる（図 5.39 (a)）．

(3) 降伏の評価

ミーゼス相当応力と降伏応力の比較から，モデル 1 とモデル 2 の安全裕度はそれぞれ $600/333 = 1.8$, $600/241 = 2.49$ 答 となる（図 5.39 (b)）．

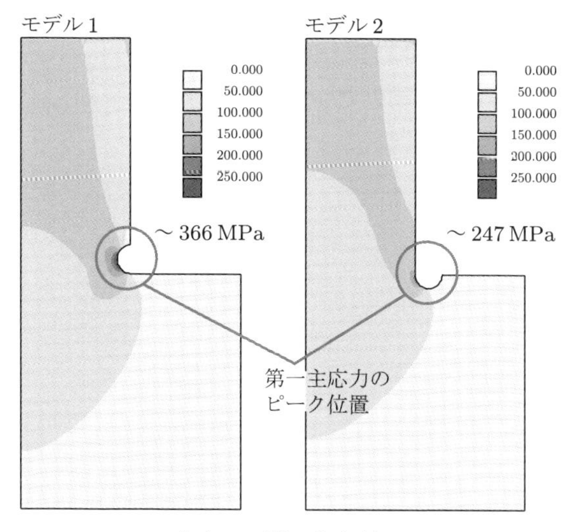

（a）σ_1（第一主応力）

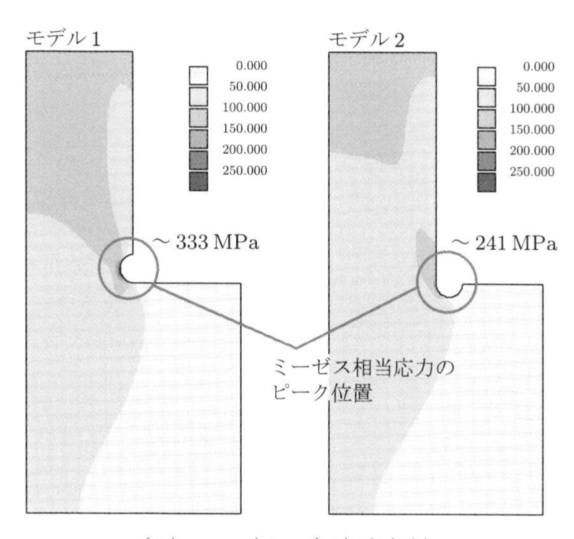

（b）σ_{Mises}（ミーゼス相当応力）

図 5.39　応力分布図

（4）疲労の評価

片振りの疲労の最大応力値は，例題と初級問題 1 と同様で 391 MPa となる．主応力（366，247 MPa）と疲労限度の比較より，モデル 1 は，$100 \times 391/366 = 106.8$ MPa となり，モデル 2 は $100 \times 391/247 = 142.9$ MPa となり，図 5.39（a）の第一主応力のピーク位置より疲労き裂が発生する 答．ここで，奥行き方向の応力 σ_θ の考慮も必要である（中級問題7参照）．σ_θ はそれぞれ，100，70 MPa 程度となり，疲労には関わってこない．

(5) 逃げ溝に関する考察

モデル2のほうが応力は低いため，さらに改良して，図 5.40 のように応力集中部の曲率半径を大きくしてやると，もっとも応力が低くなる．しかし，加工上の問題点がある．

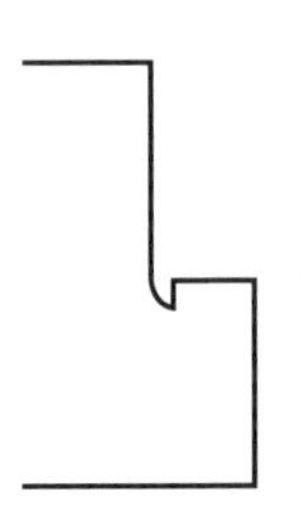

図 5.40　逃げ溝の最適設計の例

加工の観点からは，モデル2のように，軸方向に溝を掘るためには専用の工具などの工夫が必要であり，ツールが入りやすいモデル1のほうが簡単に加工できるメリットがある．

(6) 軸対称モデルと平面応力モデルの違いについての考察

軸対称モデルと平面応力モデルの場合の最大応力値を表 5.14，5.15 にそれぞれ示す．軸対称モデルの z, θ 方向は，平面応力モデルの y, z 方向に相当するので注意が必要である．平面応力の結果のほうが，ミーゼス相当応力は大きくなった．これは，奥行き方向の応力がゼロになることによって，応力成分間のかたよりが大きくなったためである（A.2 節(2)参照）．

表 5.14　軸対称モデルの応力値 [MPa]

	σ_z	σ_θ	ミーゼス相当応力
モデル 1	366	102	333
モデル 2	247	68.9	241

表 5.15　平面応力モデルの応力値 [MPa]

	σ_y	σ_z	ミーゼス相当応力
モデル 1	370	0	376
モデル 2	273	0	296

中級問題 7　圧力容器

図 5.41(a) のような円筒圧力容器（構造 A）と，図 5.41(b) のような平板のふたの付いた円筒圧力容器（構造 B）の設計を行う．材料は SB450 とし，内圧は

10 MPa とする．物性値は表 5.16 とする．

(1) 解析メッシュサイズの評価と構造 A について解析結果のオーダーエスティメーションを行いなさい．

(2) 降伏応力に達する臨界圧力をそれぞれ求めなさい．

(3) 内圧の負荷が繰り返されるとき，疲労破壊が生じる臨界圧力を求めなさい．

(4) 構造 A と B の応力の差が生じる原因を考察しなさい．

(5) 構造 A の板厚を薄くして，軽量化を行いたい．円筒部の形状は変えず，半球形部をどの程度薄くできるかを検討しなさい．

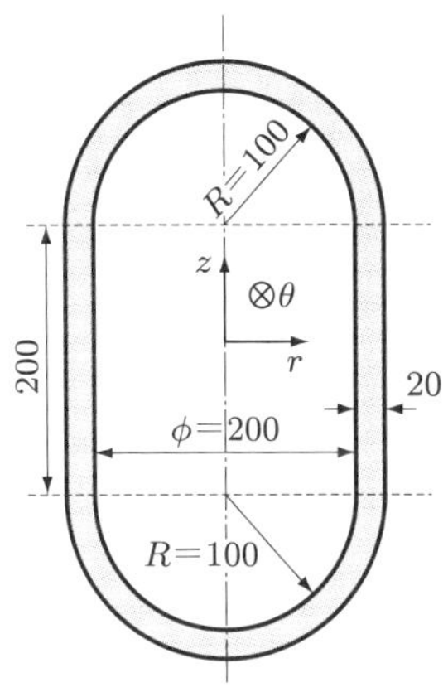

（a）構造Aの円筒圧力容器

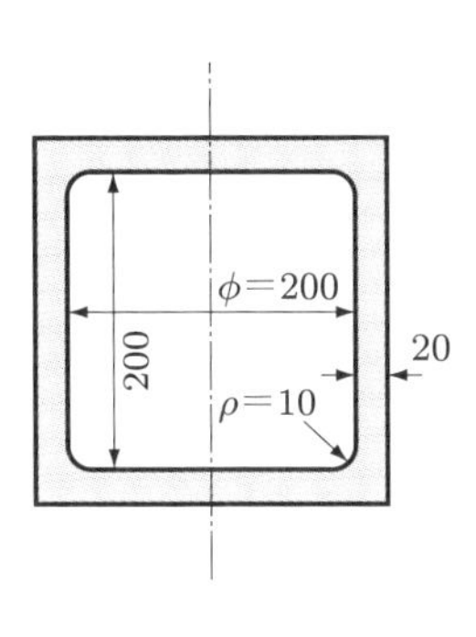

（b）構造Bの平板のふた付き円筒圧力容器

図 5.41 圧力容器の解析

表 5.16 SB450 の物性値

材料	ヤング率 E	ポアソン比	降伏応力 σ_Y	引張強さ σ_B	疲労強度
SB450	205 GPa	0.3	250 MPa	450 MPa	SN 線図（図 5.42）

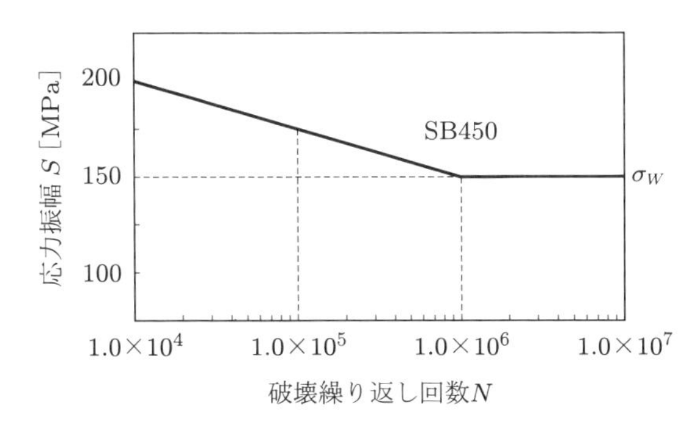

図 5.42 SB450 の両振り SN 線図

解答

構造Bは，平坦なふた部が存在するため，曲げ変形により大きく変形し，応力が高くなる．構造Aは，ふたの部分が球殻に置き換わっているため，応力が低くなる．球殻の応力は，円筒部と比較しても応力は半分になるのがポイントである．

表5.17に解析条件表を示す．

表5.17 解析条件表

要素	四辺形二次軸対称要素
変位境界	1/2モデル，下端 z 方向拘束
荷重境界	内周に等分布荷重 10 MPa
材料物性	$E = 205$ GPa，$\nu = 0.3$
単位系	[N] [mm] [MPa]

構造Aのメッシュ図，変形図と応力分布図を図5.43，5.44に示す．

構造Aにおいて，支配的な成分である周方向応力 σ_θ（奥行き方向）は，円筒部（点P）で50 MPa，球形部で25 MPa程度となる．ミーゼス相当応力は σ_θ と類似の分布（点Pで最大57.8 MPa）となる．第一主応力 σ_1 は30 MPa程度（最大34 MPa）と小さく，発生する場所は，球殻の根元あたりの点Qであるが，点Pの奥行き方向の σ_θ が，それより大きく，本当の最大の主応力は σ_θ となる．

ここで，軸対称応力場や平面ひずみ場は，奥行き方向の応力 σ_θ や σ_z が支配的になる場合もあるので，注意が必要である．点PとQのすべての応力成分を表5.18に示す．主応力は σ_1 と σ_2 と σ_θ の三つであるが，二次元解析の主応力は，σ_1, σ_2 は σ_θ 以

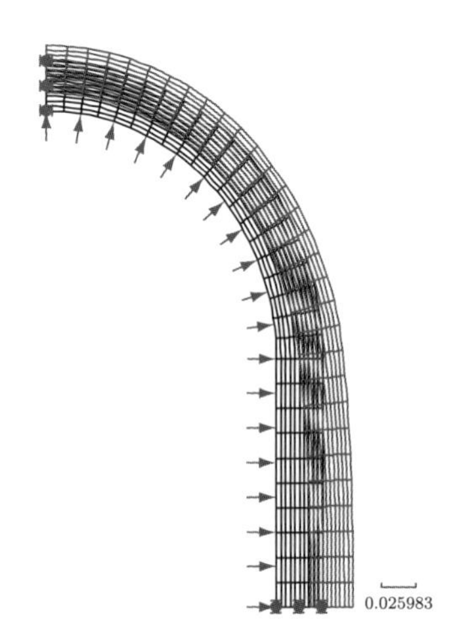

図5.43 構造Aのメッシュ図と変形図

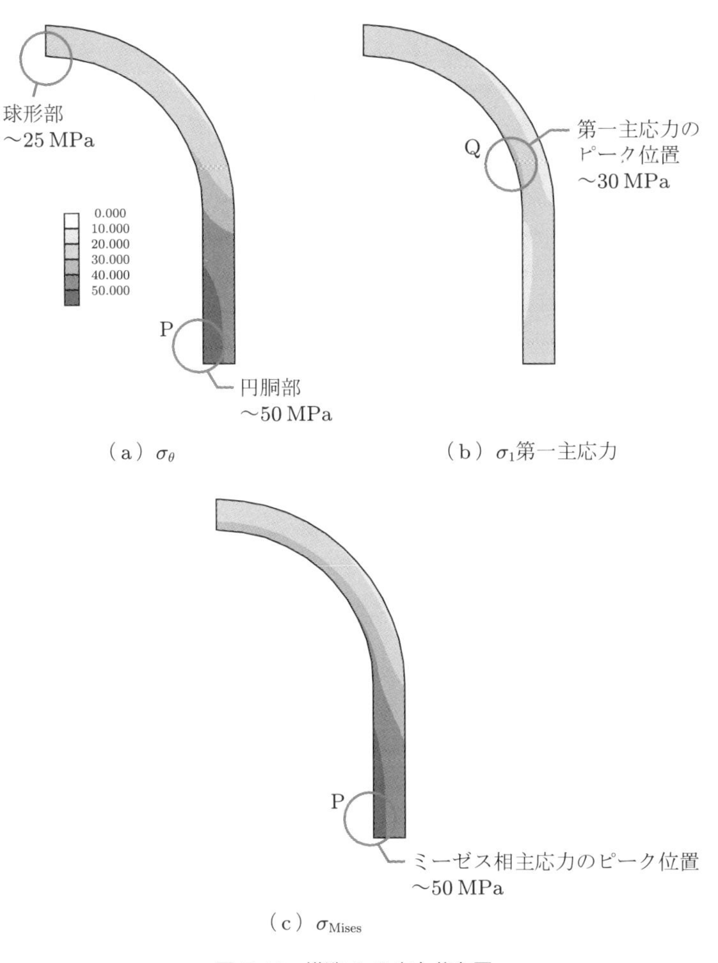

（a）σ_θ　（b）σ_1第一主応力
（c）σ_{Mises}

図 5.44　構造 A の応力分布図

表 5.18　図 5.44 の点 P, Q の応力の全成分の値 [MPa]

地点	σ_r	σ_z	σ_θ	τ_{rz}	σ_1	σ_2	σ_{Mises}
Q	−4.8	28.1	31.3	−13.5	33	−9.7	40.5
P	−9.7	21.3	56.4	0.0	21.3	−9.7	57.8

外の成分の座標変換から計算されている．したがって，σ_1, σ_2, σ_θ の三つの中から本当の第一主応力をユーザーが選ぶ必要がある．つまり，点 P においての真の第一主応力は σ_1 ではなく，σ_θ の 56.4 MPa となる．

構造 B のメッシュ図，変形図，主応力線図，応力分布図をそれぞれ図 5.45，5.46，5.47 に示す．

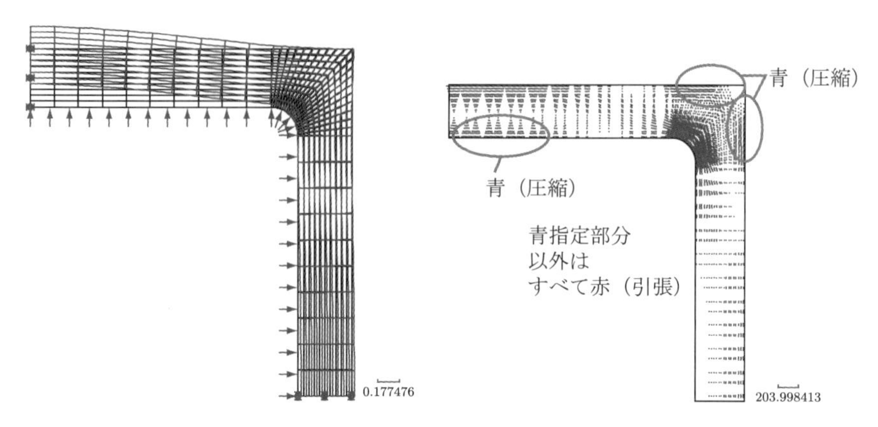

図 5.45　構造 B のメッシュ図と変形図

図 5.46　構造 B の主応力線図

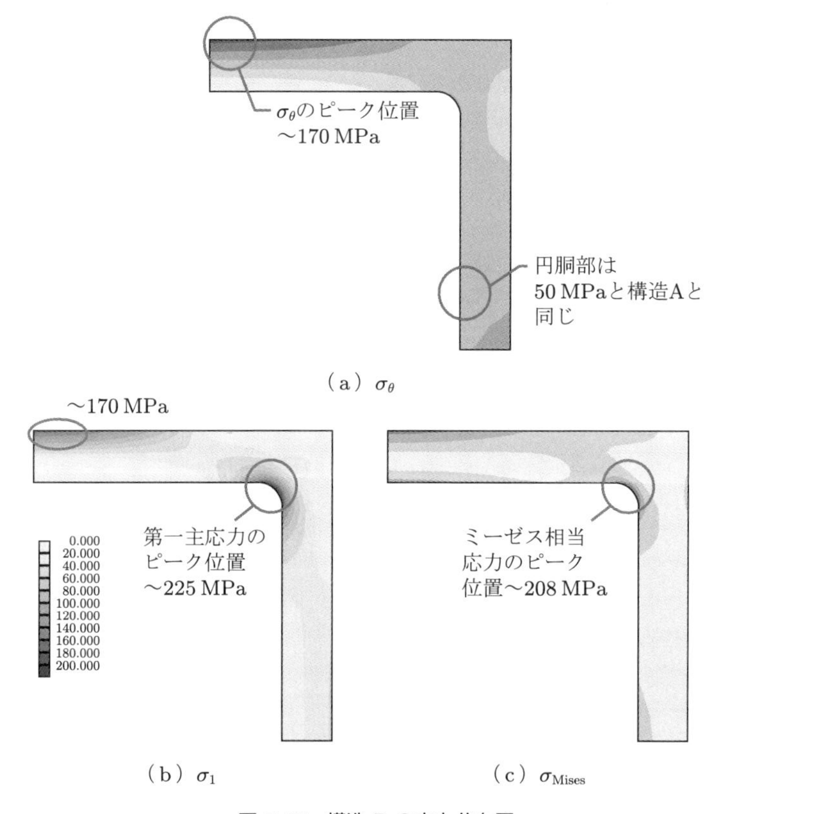

図 5.47　構造 B の応力分布図

周方向応力 σ_θ は，円筒部で 50 MPa，上部で 170 MPa 程度となる．ミーゼス相当応力も同じ傾向である．ただし，ミーゼス相当応力は，コーナー部のほうが高くなる（208 MPa が最大）．主応力は，コーナー部がもっとも高く 225 MPa 程度，上部で 170 MPa 程度，円筒部で 50 MPa となった．

本構造は，軸対称応力場なので，二次元平面応力場と異なりミーゼス相当応力と主応力の分布が大きく異なる．

（1）オーダーエスティメーション

オーダーエスティメーションには，材料力学の内圧を受ける薄肉円筒と薄肉球殻の式を使う．薄肉円筒の周方向応力は，圧力を P，半径を r，厚さを t として，$\sigma_\theta = -Pr/t$ となり，下部の円筒部では，50 MPa 程度となる．変位は，$(1-\nu/2)\times r^2P/Et = 0.021\,\mathrm{mm}$ となる．薄肉球殻の周方向応力は，$\sigma_\theta = Pr/2t$ で，円筒の半分（25 MPa 程度）になる．変位は，$\sigma \times r(1-\nu)/E = 8.5\times 10^{-3}\,\mathrm{mm}$ となる．

有限要素法の計算結果は，オーダーエスティメーションとほぼ一致する．

（2）降伏の評価

構造 A，B のミーゼス相当応力の最大値は，それぞれ 57.8，208 MPa である．これを SB450 の降伏応力 250 MPa と比較して，臨界圧力を計算する．したがって，
$P_\mathrm{A} = 10\times 250/57.8 = 43.3\,\mathrm{MPa}$, $P_B = 10\times 250/208 = 12\,\mathrm{MPa}$ 答 である．

（3）疲労の評価

構造 A, B の主応力の最大値は，それぞれ 56 MPa (σ_θ), 225 MPa (σ_1) である．一方，SB450 の片振りの疲労限度は，修正グッドマン線図より，最大応力が $2\sigma_a = 225\,\mathrm{MPa}$ と求まる．したがって，$P_\mathrm{A} = 10\times 225/56 = 40\,\mathrm{MPa}$, $P_\mathrm{B} = 10\times 225/225 = 10\,\mathrm{MPa}$ 答 である．

（4）応力の差

球殻部は，円筒部と比較して応力を低く抑えることができるが，ここが構造 B のように円板状に平坦になっていると，円板の曲げ変形が起こり，応力が高くなる．

（5）軽量化設計

球形部の応力は円筒部の半分になり，応力が厚さに反比例することにより，球形部の厚さは半分にできる．球形部と円筒部の接合部分は，応力が高い円筒部の厚さを変えないように，図 5.48 のような形状にするとよい．

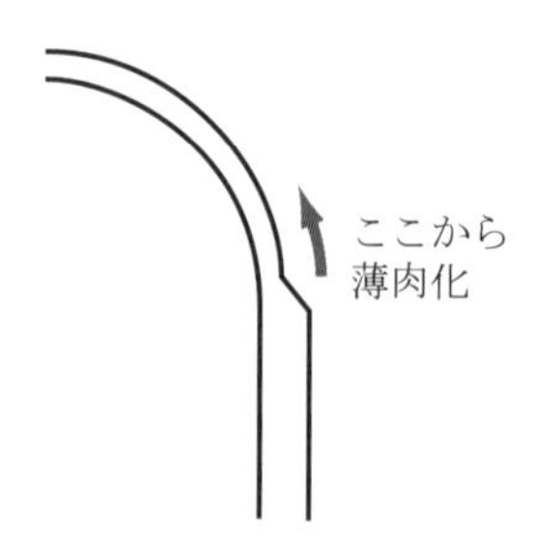

図 5.48　最適化形状の例

中級問題 8　はめあいピン

図 5.49 のような，鋼板と軽いはめあいのピンがある．ピンを通じて引張と圧縮の両方の荷重が加わる場合について解析しなさい．ただし，ピン部については表面に接する方向に傾斜境界条件を用いることとし，上側半分に沿う方向に引張荷重を，下側半分に沿う方向に圧縮荷重を作用させるものとする（図 5.50 参照）．また，材料は炭素鋼 S45C とする．

(1) 解析メッシュサイズの評価，解析結果のオーダーエスティメーションを行いなさい．

(2) 本材料において，降伏がはじまる荷重 F_{crit} を，引張と圧縮の両方の場合について求めなさい．

(3) 圧縮と引張が周期的に繰り返される場合，疲労限度以下に設計するための荷重 F_{crit} を求めなさい（圧縮と引張で，最大応力の場所が異なることに注意すること．通常の SN 線図のほかに，平均応力の考慮が必要である）．

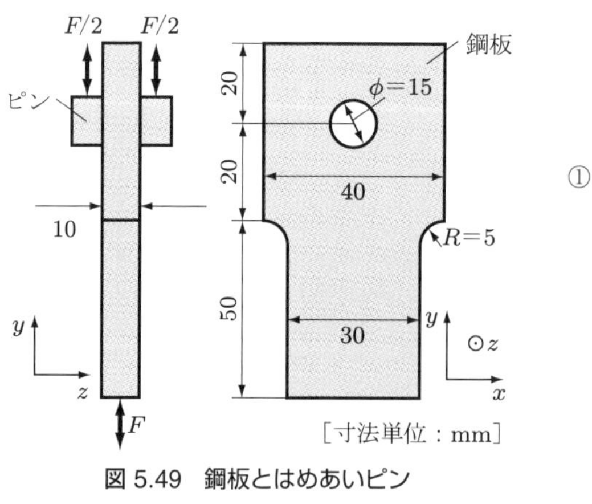

図 5.49　鋼板とはめあいピン

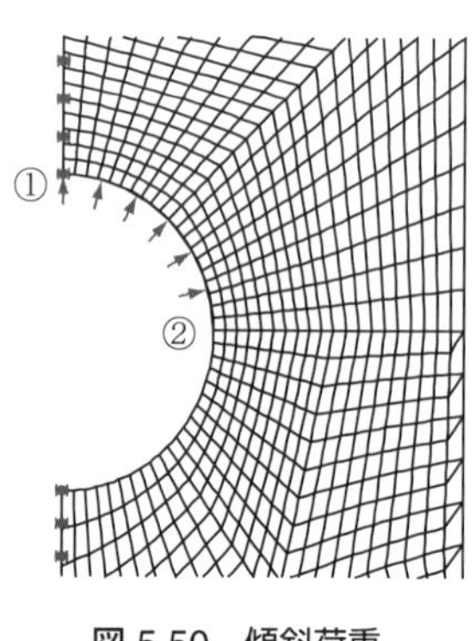

図 5.50　傾斜荷重

解答

本問題は，ピンを通じて圧縮と引張が作用する．ピンなので圧縮と引張で力が伝達される場所が異なるのが特徴である．応力分布と成分をよく見て，どこで何が起こるのかを判断する必要がある．

表 5.19 に解析条件表を示す．

表 5.19 解析条件表

要素	四辺形二次平面応力要素
変位境界	1/2 モデル，左端面 x 方向固定，下端面 y 方向固定
荷重境界	円孔部に傾斜境界条件（図 5.50 参照）
材料物性	$E = 205\,\mathrm{GPa}$，$\nu = 0.28$
単位系	[N] [mm] [MPa]

ピンによる荷重の与え方は，本来ならば，ピンと円孔の接触問題（**ノウハウ 15**（p.84），4.10 節(1)参照）を解く必要があるが，ここでは簡易的な与え方を採用する．

円孔の内周上半分に，図 5.50 の①で 1 MPa，②で 0 MPa になるように，線形に分布荷重を変化させた場合を考える．合計の垂直方向の荷重は，円周に沿っての垂直方向の分布荷重の線積分となり，以下のように求められる．

$$F = \frac{4rPt}{\pi} = 95.5\,\mathrm{N} \tag{5.7}$$

ここで，r は半径，P は最大分布荷重（ここでは 1 MPa），t は厚さである．本解析は線形解析であるため，本条件で計算した結果を用い，ほかの荷重の応力値を線形倍することにより容易に計算できる（**ノウハウ 7**（p.70）参照）．水平方向の力は対称性よりキャンセルされてゼロになる．下半分も同様な方法で分布荷重を与える．

図 5.51 に，上部に引張時，下部に圧縮時のメッシュ図，変形図と，主応力・ミーゼス相当応力分布図を示す．

上側に引っ張った場合は，円孔側面（図中 A 部）に y 方向の引張の応力が発生し，円孔上部（図中 B 部）の接触部で圧縮応力が発生する．ミーゼス相当応力は円孔側面のほうが高い．

下側に圧縮した場合は，円孔下部（図中 C 部）で圧縮応力が発生する．引張成分（x 方向）は小さい．ミーゼス相当応力は円孔下部で最大になる．円孔側面より上の部分は荷重をほとんど支えていないことがわかる．

このように，応力が高くなる場所が 3 箇所あり，応力の符号も含めて，疲労の評価に注意する必要がある．

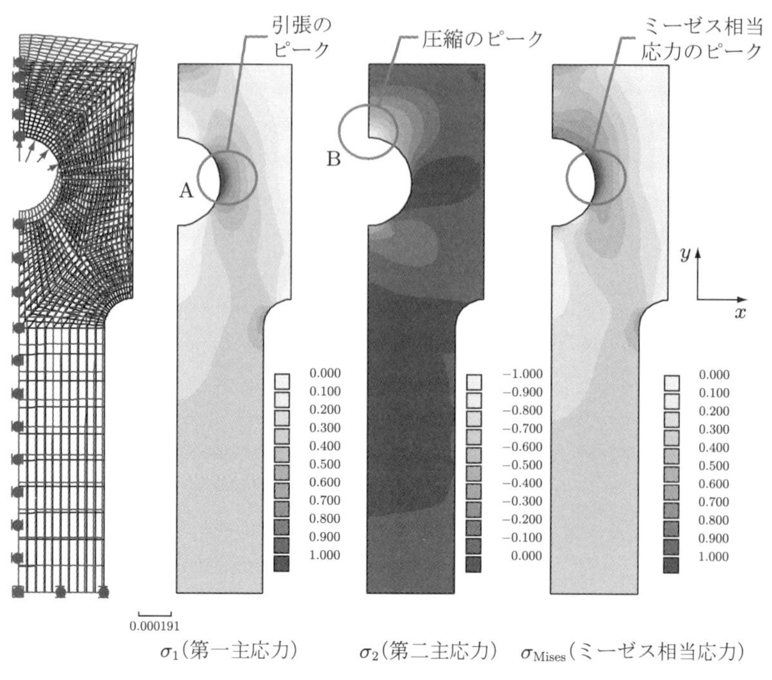

（a）引張時

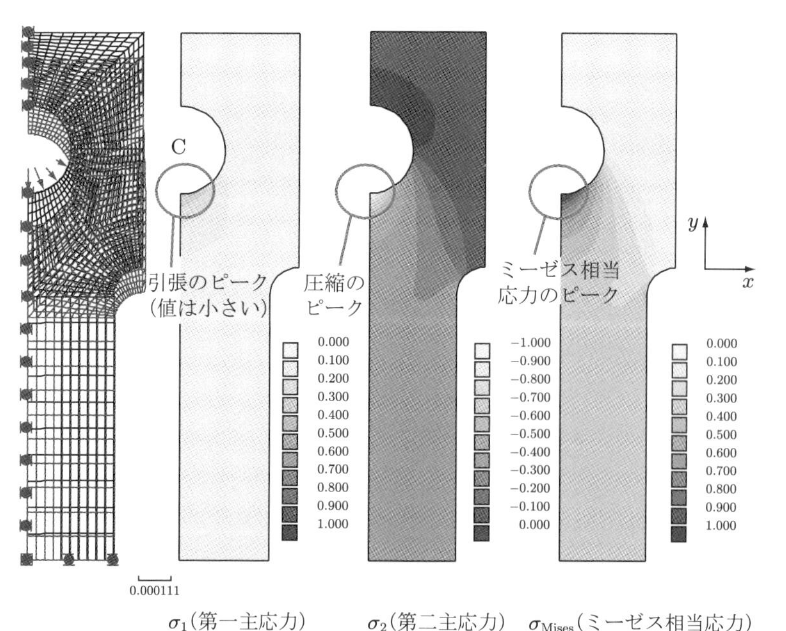

（b）圧縮時

図 5.51 メッシュ図，変形図，応力分布図

(1) オーダーエスティメーション

合計の垂直力 95.5 N を断面積で割ると，応力 0.318 MPa が得られる．計算値は円孔のない部分で 0.318 MPa となり，オーダーは一致する．変位は $\sigma_{\mathrm{Bottom}} \times 70/E = 1.09 \times 10^{-4}$ mm 程度になると考えられる．計算は，引張で 1.9×10^{-4} mm，圧縮で 1.1×10^{-4} mm で，オーダーは一致する．本問題は，応力場が複雑であるため，応力の高い部分でのオーダーエスティメーションを行わなかった．

(2) 降伏の評価

引張時と，圧縮時のそれぞれの評価を行う．引張時は，$\sigma_{\mathrm{Mises}} = 1.324$ MPa より（円孔の中腹部，応力分布図の A 部），$P = 600/1.324 = 453.1$ 倍の荷重で降伏すると考えられる．いま，$F = 95.5$ N なので，$F_{\mathrm{crit}} = 43268$ N で降伏する 答．

圧縮時は，$\sigma_{\mathrm{Mises}} = 1.235$ MPa となる（円孔下部，応力分布図の C 部）．引張より小さいので，評価不要である．

(3) 疲労の評価

引張と圧縮のプロセスによって，応力が高い場所が変わるため，各場所での評価が必要となってくる．

B 部を考えると，引張時には圧縮応力，圧縮時には応力はほぼゼロになる．そのため，B 部は疲労は生じない 答．

A 部は，引張時には引張応力，圧縮時には応力はほぼゼロになる．したがって，1.324 MPa → 0 MPa の片振りの疲労とみなせる．片振りの疲労限度は，例題および中級問題 1 と同様に，応力振幅 195.65 MPa であるから，$2 \times 195.65/1.324 = 295.5$ 倍の荷重に耐えられる．したがって，A 部は $F_{\mathrm{crit}} = 28224$ N 答 となる．

C 部は，引張時にはほぼゼロ，圧縮時には圧縮応力となる．そのため，C 部は疲労は生じない 答．

中級問題 9　応力集中係数と応力拡大係数

図 5.52 のような，A4 程度の用紙（横 200 mm，縦 300 mm，厚さ 100 μm）の中心にカッターナイフで長さ $2a$ の切り込み（き裂）が入っている．この紙を，σ_0 の等分布荷重で引っ張ることを考える．ただし，$2a = 30$ mm，紙のヤング率，ポアソン比，引張強さは，それぞれ 20 GPa，0.3，120 MPa とする．

いま，$\sigma_0 = 20$ MPa で引っ張ると，紙は切り込みを起点に破れてしまった．そこで，図 5.52(b) のように，切り込みの両端に円孔をあけて破壊を防止することを考える．

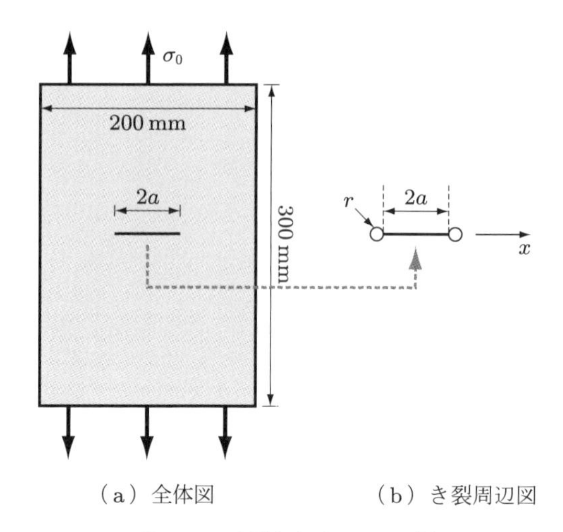

（a）全体図　　（b）き裂周辺図

図 5.52　き裂を有する A4 用紙

(1) 半径 r が何 mm 以上の円孔をあければよいかを検討しなさい．ただし，解析メッシュの評価とオーダーエスティメーションを必ず行うこと．有効数字を 1 桁とする．

(2) 円孔をあけない場合のき裂の応力拡大係数を求め，臨界応力拡大係数 $K_{\mathrm{IC}} = 3\,\mathrm{MPa{\cdot}m^{1/2}}$ と比較することによって，き裂が進展するかどうかを答えなさい．

(3) （1）で求めたサイズの円孔を，x 軸上に一列に複数並べて，$\sigma_0 = 12\,\mathrm{MPa}$ で円孔に沿って紙が破れるようにしたい．円孔の数を可能な限り少なくするには，どのように円孔を並べればよいか，最適な配置を求めなさい．

解答

本問題は，応力集中係数と応力拡大係数の違い（B.3 節参照）を求める問題である．紙は，脆性材料で破れやすいので，切り込みのまわりには円孔をあけて応力を低減する構造が，紙クラフトなどによく用いられている．

ここで，円孔の位置の定義は，図 5.53 の上図のように，き裂の外側とする．下図の

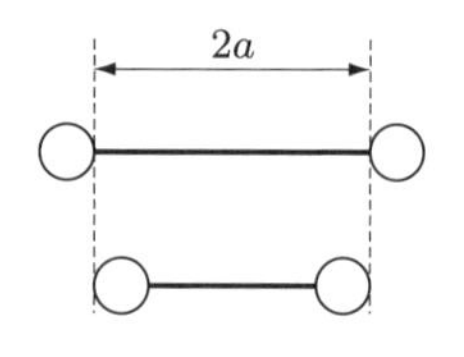

図 5.53　き裂のモデル化

表 5.20 解析条件表

要素	四辺形二次平面応力要素
変位境界	1/4 モデル，左端面 x 方向面拘束，下端面 y 方向面拘束．ただし，き裂面は拘束しない
荷重境界	上部に等分布荷重 $20\,\mathrm{N/mm^2}$
材料物性	$E = 20\,\mathrm{GPa}$，$\nu = 0.3$
単位系	[N] [mm] [MPa]

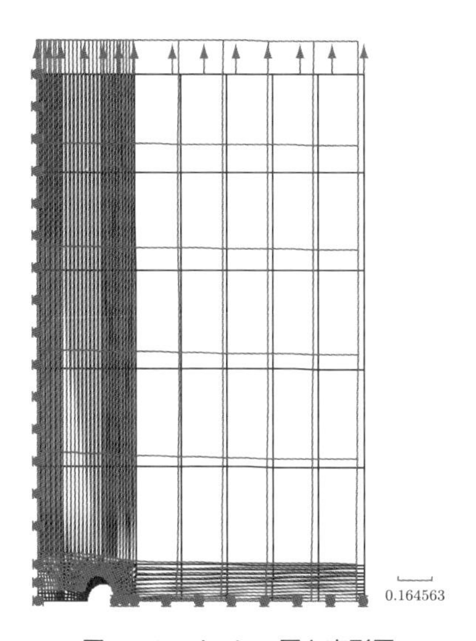

図 5.54 メッシュ図と変形図

ように内側にあけた場合は，答えが違ってくるので注意が必要である．

表 5.20 に解析条件表，図 5.54 にメッシュ図，変形図を示す．

(1) オーダーエスティメーションと円孔のサイズの検討

5 mm の円孔をあけたモデルの解析を行い，オーダーエスティメーションを行う．円孔をあけたモデルは，初級問題 2 のような，円孔まわりの応力集中問題と類似の結果になる．

応力は，荷重におおよその応力集中係数をかけて，20 MPa × 3 程度になると見積もられる．変位は $\delta = L\varepsilon = \sigma L/E \sim 0.15\,\mathrm{mm}$ である．解析の結果，それぞれ 120 MPa，0.15 mm となり，オーダーは一致する．主応力の最大値は 120 MPa なので，この 5 mm の円孔を設ければよい 答 ことになる．図 5.55 に円孔まわりの応力分布図を示す．

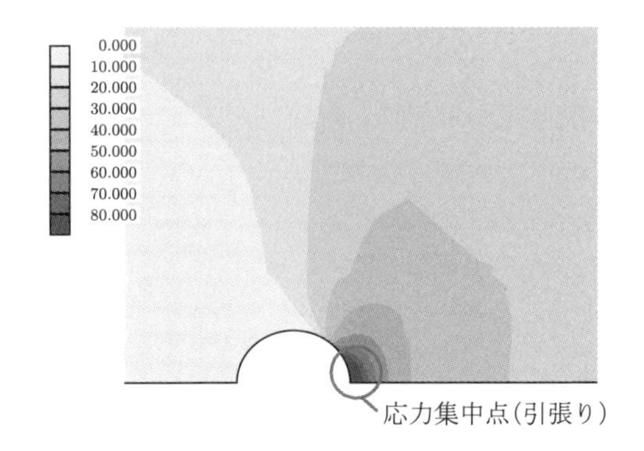

図 5.55　応力分布図（σ_y）

(2) 応力拡大係数の算出

き裂のモデルの場合のメッシュ図，変形図を図 5.56 に，応力分布図（σ_y）を図 5.57

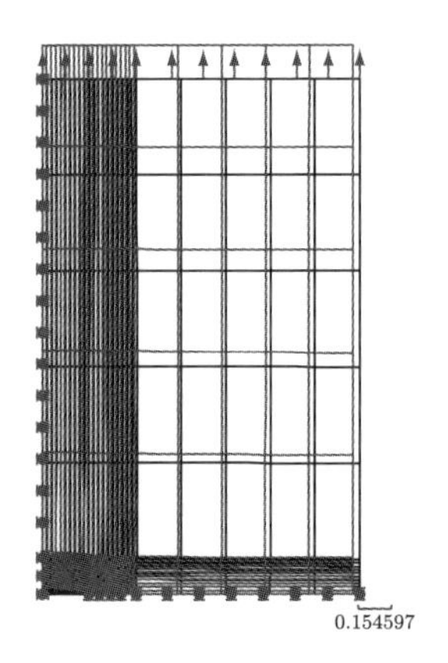

図 5.56　メッシュ図と変形図

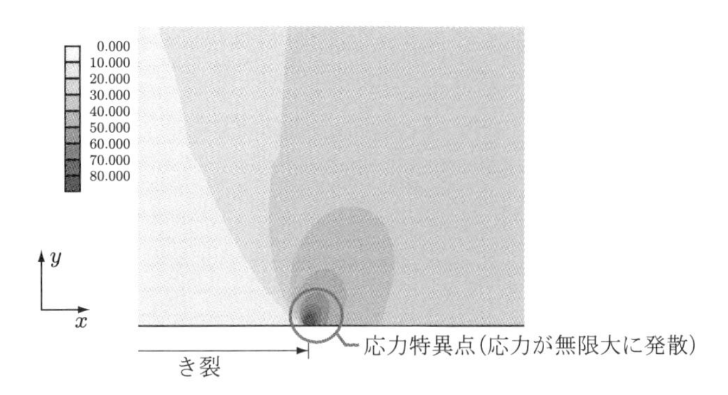

図 5.57　応力分布図（σ_y）

に示す．

き裂モデル（図 5.57）では，円孔モデル（図 5.55）に比べて，応力集中がきわめて局所的に起こっていることがわかる．き裂モデルは，メッシュを細かくすればするほど応力が大きくなる．これは，き裂先端が，応力特異場となり，応力が無限大に発散するためである．そのため，応力値による評価が不可能となり，応力拡大係数で評価する．

応力拡大係数に関する詳細は，付録 B.3 節を参照のこと．ここでは，き裂面上（図の $-x$ 方向）の変位分布の理論値を用いて算出を行う．モード I のき裂面上の変位・応力分布は，以下の式で表される．

$$\begin{Bmatrix} \sigma_x \\ \sigma_y \\ \tau_{xy} \end{Bmatrix} = \frac{K_{\mathrm{I}}}{\sqrt{2\pi r}} \begin{Bmatrix} 1 \\ 1 \\ 0 \end{Bmatrix} \tag{5.8}$$

$$\begin{Bmatrix} u \\ v \end{Bmatrix} = \frac{K_{\mathrm{I}}}{2G} \sqrt{\frac{r}{2\pi}} \begin{Bmatrix} \kappa - 1 \\ 0 \end{Bmatrix} \tag{5.9}$$

平面応力場近似の場合，$\kappa = (3 - \nu)/(1 + \nu)$ である（ここで，ν はポアソン比，G は横弾性係数）．変位もしくは応力を求めた後，この式から応力拡大係数を逆算し，き裂からの距離を横軸にとり，図 5.58 のようにプロットする．き裂先端の値が真の応力拡大係数である．ただし，き裂先端近傍は応力特異場となり，解析精度は低くなる．そのため，近傍付近から外挿して値を求める．図より，ここでは 4.35 MPa·m$^{1/2}$ 答 が得られる．

もっとも単純な無限円板のき裂の応力拡大係数の理論値は，以下のように求められる．

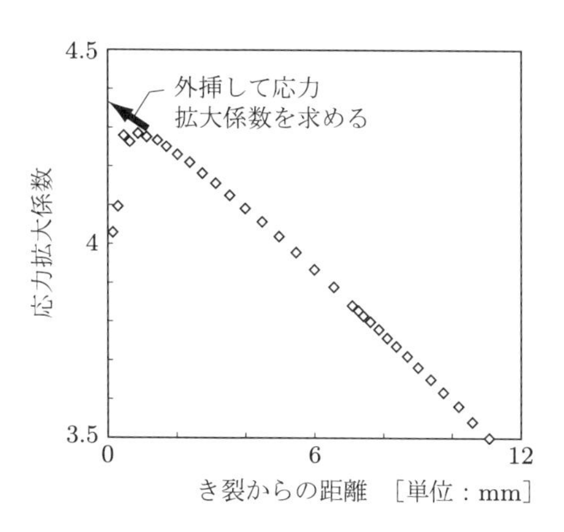

図 5.58 応力拡大係数のプロット

$$K = \sigma\sqrt{\pi a} = 20\,\text{MPa} \times \sqrt{3.14 \times \frac{15}{1000}} = 4.34\,\text{MPa·m}^{1/2} \tag{5.10}$$

理論と有限要素法の結果がよく一致していることがわかる．$K_{\mathrm{IC}} = 3\,\text{MPa·m}^{1/2}$ よりも少し高いため，き裂は進展することがわかる 答．

(3) 円孔の位置に関する考察

いくつかのステップに分けて検討する．

① 12 MPa で最初の円孔が壊れるためには，二つ目の円孔を最初の円孔の近くに配置しなければならない．応力集中の重複効果により，応力が高くなる．

② 最初の円孔が壊れたら，二つ目の円孔が壊れる条件を探す．二つ目の円孔が壊れるためには，三つめの円孔が近くにないといけない．ただし，断面積が減った分，①の位置ほど近くなくてもよい．

③ 三つ目の円孔が壊れるためには，四つめの円孔がないといけない．これは①，②に比べて遠くにあってもかまわない．

④ 四つ目の円孔は三つ目が壊れると，断面積の減少の効果で自動的に壊れる．

したがって，図 5.59 のような配置となる 答．

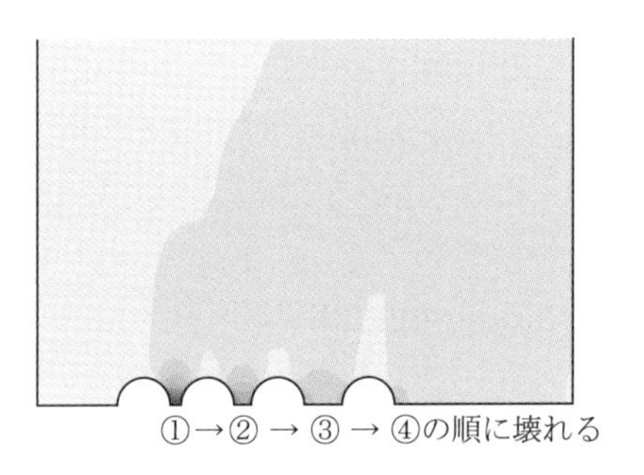

図 5.59　円孔の位置の最適化

中級問題 10　炭素繊維強化複合材料（CFRP）

炭素繊維強化複合材料（CFRP）は，図 5.60 のように強度の高い炭素繊維と樹脂が混じり合った構造をしている．いま，その構造を図 のような二次元平面応力場の単純な構造で近似できると考えて，複合材料のヤング率と強度について考察する．$L = 100\,\mu\text{m}$, $D = 20\,\mu\text{m}$, $h = 5\,\mu\text{m}$ とする．厚さは $10\,\mu\text{m}$ とする．炭素繊維の引張強さおよびヤング率は 3 GPa，230 GPa，樹脂（エポキシ樹脂）は，それぞれ 80 MPa，2.6 GPa とする．ポアソン比は両材料とも 0.3 とする．

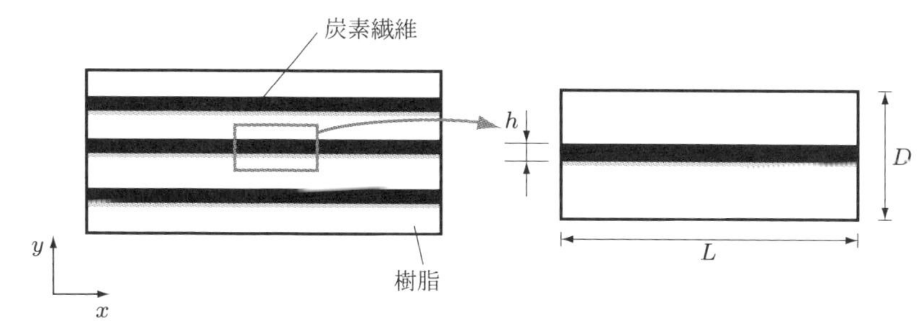

図 5.60　繊維強化複合材料の構造

(1) 本モデルに x および y 方向に引張を加える解析を行う．単位系に注意して，解析結果から複合材料のそれぞれの方向の見かけのヤング率を求めなさい．また，算出されたヤング率を材料力学的に考察しなさい（一次元の棒が直列および並列でつながれたモデルで計算を行う）．

(2) 炭素繊維と樹脂の引張強さより，複合材料のそれぞれの方向の引張強さを求めなさい．

(3) 炭素繊維と樹脂の界面は，図 5.61 のように剥離することがある．剥離長さを $d = 50\,\mu\mathrm{m}$，先端の曲率半径 $r = 1\,\mu\mathrm{m}$ とし，内部は空洞となったと考え，剥離が生じている場合の，ヤング率および引張強さの変化を求め，その原因について考察しなさい．

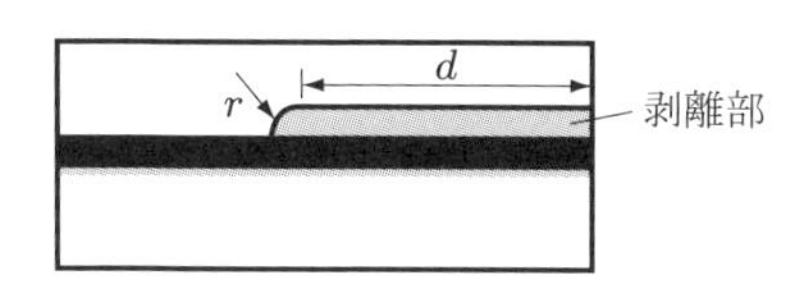

図 5.61　界面の剥離部の構造

解答

解析条件表を表 5.21 に示す．単位系が [μN]，[μm] になることが注意点である．

x 方向に引張を加える場合，単純に分布荷重を与えると，図 5.62 のようにヤング率が小さい樹脂が大きく変形してしまい，変形が均一にならない，よって，図 5.63(a) のように，左端にヤング率が十分大きく剛体とみなせる要素を加え，剛体要素の左端に x 方向に 1 MPa の分布荷重を与える．右端面は x 方向拘束，右端下点を x, y 点拘束，左端下点を y 方向点拘束とする．

y 方向に引張を加える場合も，図 (b) のように上部に剛体要素を付加して分布荷重を与える．右端面は x 方向拘束，下端面を y 方向面拘束とする．

表 5.21 解析条件表

要素	四辺形二次平面応力要素
境界条件	1/2 モデル，左端面等分布荷重 1 MPa，変位境界条件は文中参照
物性値	$E_{\mathrm{carbon}} = 230\,\mathrm{GPa}$，$\nu_{\mathrm{carbon}} = 0.3$，$E_{\mathrm{resin}} = 2.6\,\mathrm{GPa}$，$\nu_{\mathrm{resin}} = 0.3$
単位系	[μN] [μm] [MPa]

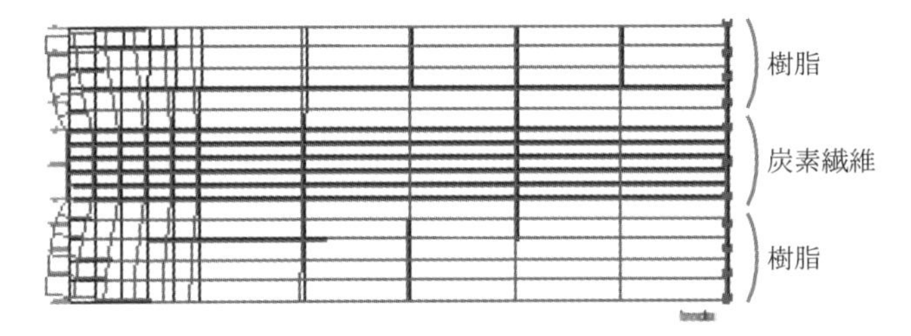

図 5.62 分布荷重による x 方向引張

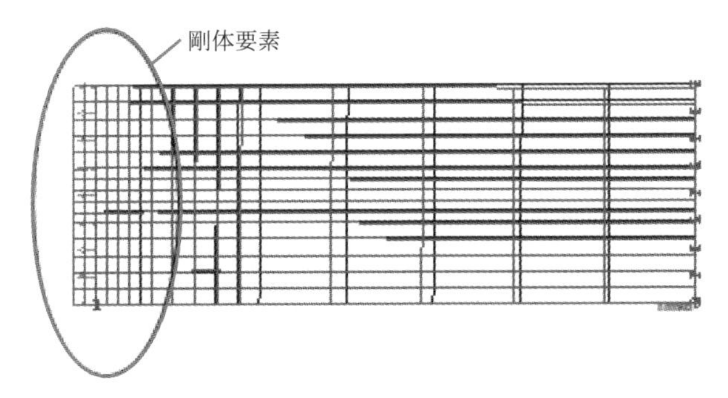

（a） x 方向引張

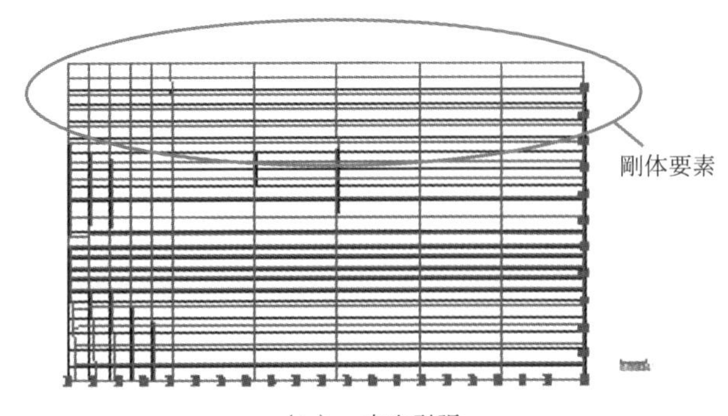

（b） y 方向引張

図 5.63 メッシュ図と変形図

ソフトウェアに機能があれば，拘束方程式（4.10 節(2)参照）を使って荷重を与える面の変位が等しくなるように拘束して引っ張るとよい．

（1）見かけのヤング率

2 本の直列および並列につながれた棒の見かけのヤング率は，それぞれ式 (5.11), (5.12) で表される．ここで，E_1, E_2 は棒 1 と 2 のヤング率，t_1, t_2 は棒の横幅である．

$$E_y = \frac{E_1 E_2 (t_1 + t_2)}{E_2 t_1 + E_1 t_2} \tag{5.11}$$

$$E_x = \frac{E_1 t_1 + E_2 t_2}{t_1 + t_2} \tag{5.12}$$

式 (5.12) に数値を代入すると，x 方向のヤング率は59.4 GPa 答となる．有限要素法では，応力が 1 MPa に対して，変位が 8.51×10^{-4} μm となった．よって，平均ひずみは $8.51 \times 10^{-4}/50 = 1.7 \times 10^{-5}$ なので，見かけのヤング率 $E_x = 1.0/1.7 \times 10^{-5} = 5.88 \times 10^4$ MPa = 58.8 GPa 答となり，両者は一致する．y 方向のヤング率は式 (5.11) より 3.45 GPa 答，有限要素法では，応力が 1 MPa に対して，変位が 5.34×10^{-3} μm となった．よって，平均ひずみは $5.34 \times 10^{-3}/20 = 2.67 \times 10^{-4}$ なので，見かけのヤング率 $E_y = 1.0/2.67 \times 10^{-4} = 3.7 \times 10^3$ MPa = 3.7 GPa 答となり，両者は一致する．

高ヤング率材料と低ヤング率材料を並列（x 方向引張）につなぐと，高ヤング率材料が荷重を支えるため，見かけのヤング率は，高ヤング率材料に近くなる．直列（y 方向引張）につなぐと，高ヤング率材料も低ヤング率材料も同じ荷重を支えているが，低ヤング率材料が大きく変形するため，見かけのヤング率は低ヤング率材料に近くなる．

（2）複合材料の引張強さ

x 方向の引張時の炭素繊維の応力は 3.86 MPa で，樹脂は 0.044 MPa であった．それぞれの引張強さから，破壊に達する臨界分布荷重は，炭素繊維は777 MPa 答，樹脂は 1818 MPa となる．よって，炭素繊維が先に壊れる 答と予想される．ただし，ここでは，剛体の近くや表面の応力は無視して，応力が均一になる部分で評価をしている．

y 方向の引張時の炭素繊維の応力は 1 MPa で，樹脂も 1 MPa であった．それぞれの引張強さから，破壊に達する臨界分布荷重は，炭素繊維は 3000 MPa，樹脂は80 MPa 答となる．よって，樹脂が先に壊れる 答と予想される．

（3）剥離による強度低下

剥離モデルのメッシュ図，変形図を図 5.64 に示す．また，R 部のメッシュは十分に細かくする必要がある．応力分布図を図 5.65 に示す．x 方向の引張では，剥離の R 部

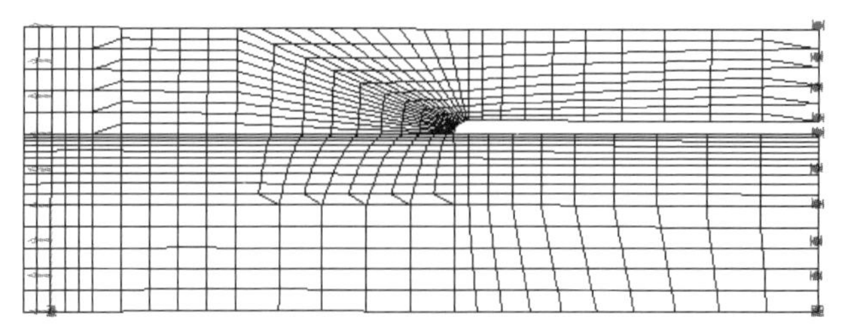

（a） x 方向引張

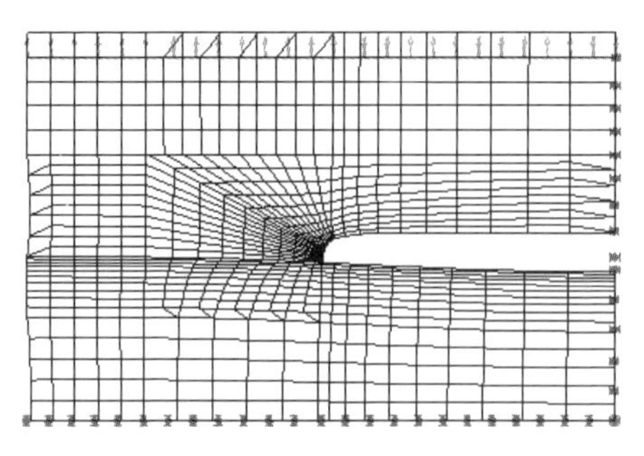

（b） y 方向引張

図 5.64　剥離モデルのメッシュ図と変形図

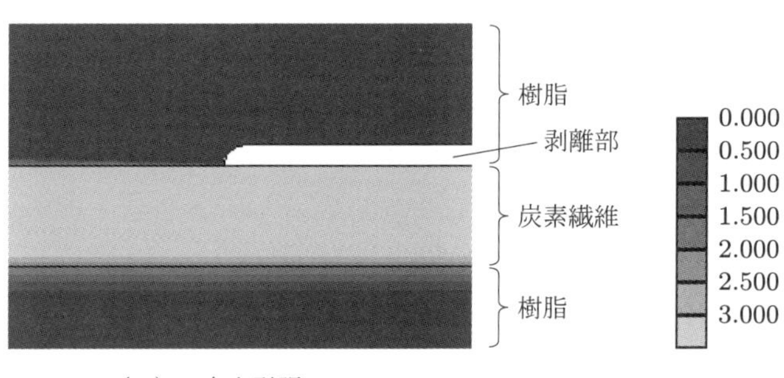

（a） x 方向引張の σ_x

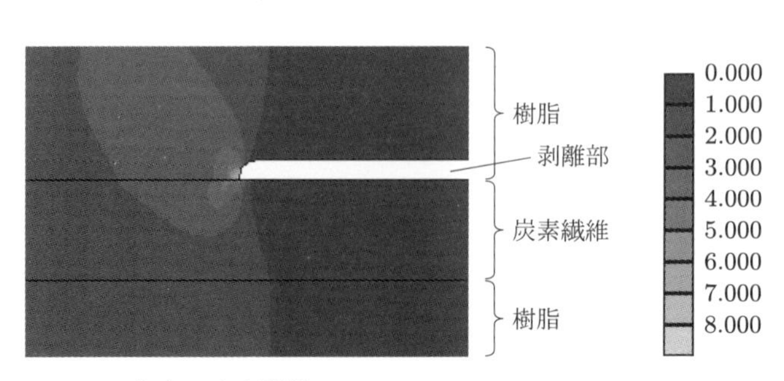

（b） y 方向引張の σ_y

図 5.65　剥離モデルの応力分布図

に応力集中は生じていないが，y 方向の引張では応力集中が生じている．

x 方向の引張時のヤング率は 58.7 GPa となり，剥離がない場合から変化はなかった．破壊に達する臨界分布荷重は，炭素繊維は 760 MPa，樹脂は 1090 MPa となり，剥離しないモデルと比較して大きく変化がなかった 答．

y 方向の引張時は，ヤング率は 2.06 GPa となり低下した．破壊に達する臨界分布荷重は，炭素繊維は 540 MPa，樹脂は 12 MPa となり，大きく低下することがわかった 答．これは，y 方向の引張により，剥離部分が大きく変形して応力集中が生じることによる．

このように，繊維強化複合材料は繊維方向には強いが，繊維と垂直方向には弱いことがわかる．よって，実際の複合材料は繊維の方向が直交するように複数の層が重ね合わせられている．

5.4 有限要素法演習問題（実践）

5.4 節の演習問題では，応力が塑性域に入る弾塑性設計（塑性崩壊，塑性疲労）を取り扱う．ここでは，圧力容器の強度設計に用いられてきた手法を扱う．具体的計算手法は B.1，B.2 節で述べる．

実践問題 1　配管伸縮継手（ベロー）の設計

配管伸縮継手（ベロー）は，配管系に負荷される熱膨張や収縮，地震時の機械的強制変位を吸収して配管・機器への外力を緩和するために設置される．図 5.66 に示す配管系について，構造物 I（起振端 C）の水平方向変位 δ_T が直配管を通じ

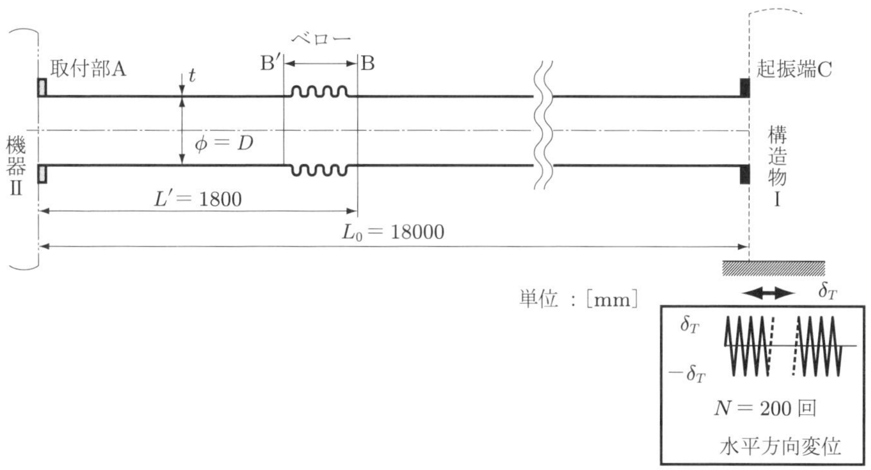

図 5.66　配管系

て機器IIの固定端の取付部Aに及ぼす影響を緩和するために，配管の中間にベロー（B′B）を設置する．水平方向変位の変動に対して機器IIが安全であるようにベローの山数を設計する．

起振端Cで水平方向強制変位は $\pm\delta_T = 40$ mm（$N = 200$ 回）とする．材料は，ステンレス鋼管で，ヤング率は195 GPa，ポアソン比は0.3，0.2% 耐力は205 MPa，引張強さは520 MPaである．配管系の寸法を表5.22にまとめる．

表5.22　配管系の寸法 [mm]

配管内径 D	厚さ t	ベロー高さ h	ベローピッチ q	ベロー波形部半径 r	直管部I長さ L_0	直管部II長さ L'	取付部厚さ b	取付部隅半径 r'	取付部幅 w
600	5	80	90	20	18000	1800	40	3	100

(1) 最初に，ベローがない配管系を考える．ただし，図5.66のモデルは $L_0 = 18000$ mmと非常に大きいため，$L' = 1800$ mmの部分を抜き出してきた図5.67のようなモデルの解析を行う．モデルが1/10であるため，右端の強制変位 $\delta'_{T0} = 4$ mmとすること．最大応力値（主応力とミーゼス相当応力を評価しなさい）とその場所を求めなさい．メッシュサイズの評価およびオーダーエスティメーションを必ず行うこと．

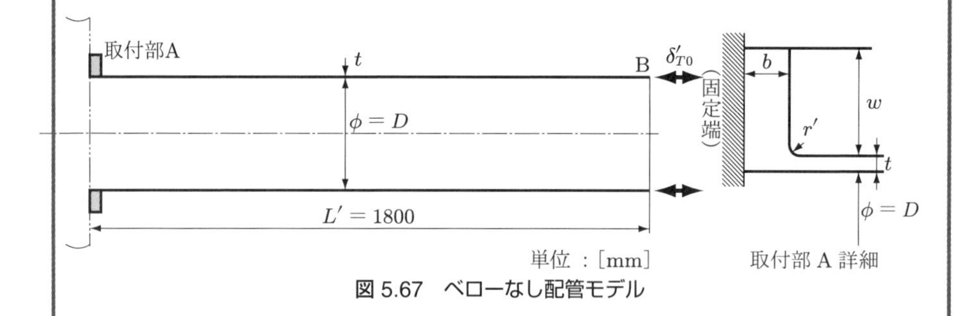

図5.67　ベローなし配管モデル

(2) ベローを1山のみ設けた図5.68のようなモデルを考える．本モデルの右端の強制変位 δ'_T は，配管とベローの剛性のバランスによって決まるため，簡単な手計算で求めることはできない．よって，ここではまずベローの剛性を求めることを考える．ベロー部のメッシュサイズの評価を必ず行うこと．

① いま，$\delta'_T = 1$ mmを与えた解析を行い，ベロー1山部分のばね定数 $k_b = F_0/\delta_b$ を計算しなさい．F_0 は $\delta'_T = 1$ mmによってベローに負荷される荷重であり，節点反力から求めなさい．また，δ_b はベロー1山の変形量

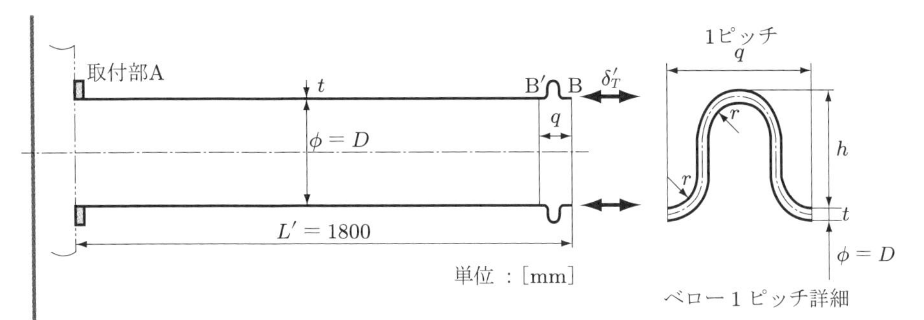

図 5.68　1 山ベロー配管モデル

で，点 B の変位と点 B′ の変位の差から求めなさい．

② ①で求めたばね定数を使って，正しい δ'_T を求めなさい．

③ 上記ベロー 1 山モデルの最大応力とその発生位置を求めなさい．ベローがない（1）のモデルに，$\delta'_T = 1\,\mathrm{mm}$ を与えた解析との比較を行い，取付部，円筒部，ベロー部の応力について，ベローの効果を論じなさい．

（3） ベローの必要山数 N_B の設計を行う．

① 図 5.69 の設計疲労線図（SN 線図）から $N = 200$ 回に対する応力振幅 S_a を求め，（2）で求めたベローの最大応力を用いて応力振幅 S_a が生じるベロー 1 山の許容変形量 δ_a を計算しなさい．

② 必要な山数 N_B を手計算により見積もりなさい．

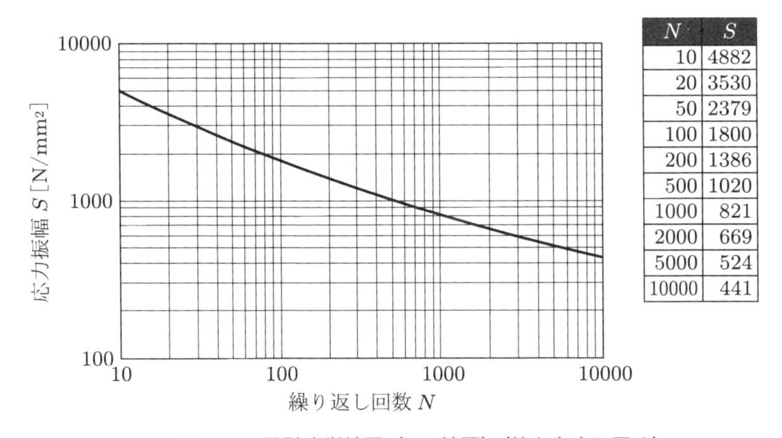

N	S
10	4882
20	3530
50	2379
100	1800
200	1386
500	1020
1000	821
2000	669
5000	524
10000	441

図 5.69　設計疲労線図（SN 線図）（値を右表に示す）

（4） ベローの山の数を 1～5 まで変えた解析を行い，（3）の見積もりを検証する．取付部，円筒部，ベロー部の応力が山数にどのように変化するのかを調べ，得られた傾向を力学的に解釈したうえで，円筒部の塑性崩壊強度の評価，取付部とベロー部の疲労強度評価を行いなさい．

解答

巨大な解析対象のすべてをモデル化してしまうと，モデルが巨大になってしまうため，単純な変形をする円筒部をばねに置き換えて，応力が高くなるベロー部と取付部の応力解析を効率よく行う．厄介な計算のようだが，このような手計算を通して，モデルの力学特性を深く理解できる．

(1) 取付部 A の応力

解析条件表を表 5.23 に示す．図 5.70 に全体と取付部 A を拡大したメッシュ図と変形図を示す．ソフトの都合上モデルを 90° 回転させ，取付部を上部に設定した．図 5.71 に取付部の第一主応力分布図を示す．

表 5.23　解析条件表

要素	四辺形二次軸対称要素
境界条件	1/10，上端を rz 方向拘束，下端に r 方向 0 mm，z 方向 4 mm の強制変形
物性値	$E = 195\,\mathrm{GPa}$，$\nu = 0.3$
単位系	[MPa] [N] [mm]

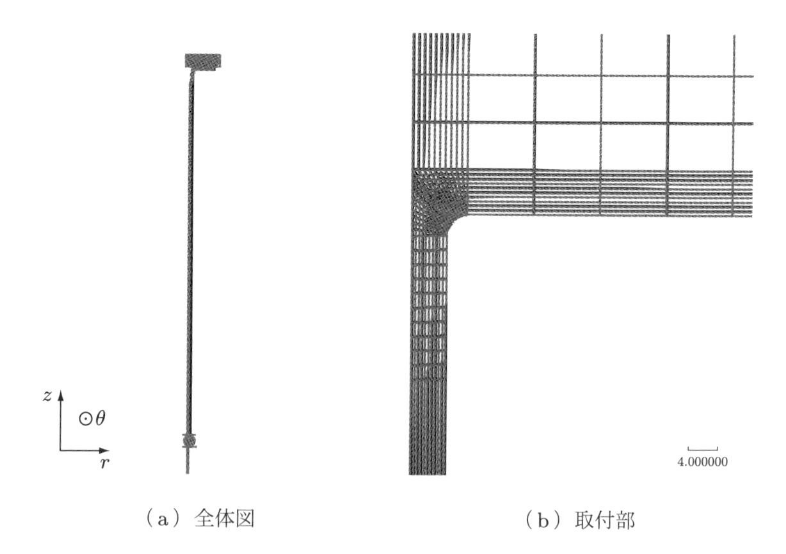

(a) 全体図　(b) 取付部

図 5.70　メッシュ図と変形図

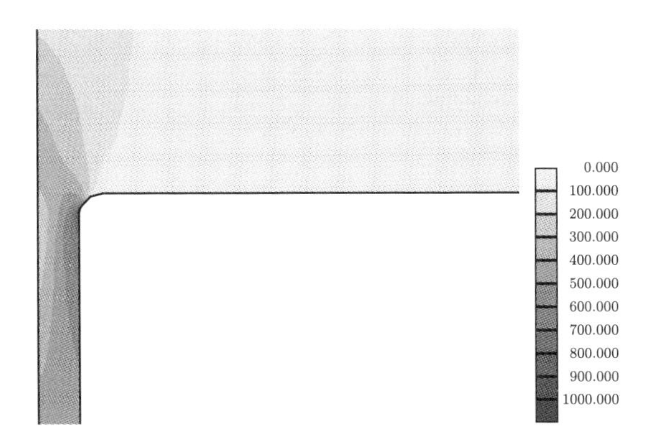

図 5.71 取付部の第一主応力分布

取付部の R 部で応力集中が生じ，最大の第一主応力は 960 MPa，ミーゼス相当応力は 850 MPa となった 答．取付部の R 部のメッシュサイズは十分に細かくする必要がある．円筒部の σ_z は解析では 440 MPa 程度になる（均一に分布）．材料力学計算では，強制変位 δ'_{T0} を L' で割ってひずみを求め，ヤング率をかけると $\sigma_z = E\delta'_{T0}/L' = 433.3$ MPa となり，解析と一致することがわかる．

(2) ベローの剛性と応力

① 解析より，反力は，$F_0 = 39564$ N と求まる．一山の変形量は点 B′ の変位がおおよそ 0.0345 mm となったため，$\delta_b = 1 - 0.0345 = 0.9655$ mm となる．

よって，ばね定数は，$k_b = F_0/\delta_b = 39564/0.9655 = 4.1 \times 10^4$ N/mm 答 となる．

② 図 5.72 のように，1 山ベロー付き配管全体を直列の 3 ばね構造としてモデル化する．起振端 C に $\delta_T = 40$ mm が負荷される場合のベロー端 B に負荷される強制変位量 δ'_T を計算する．

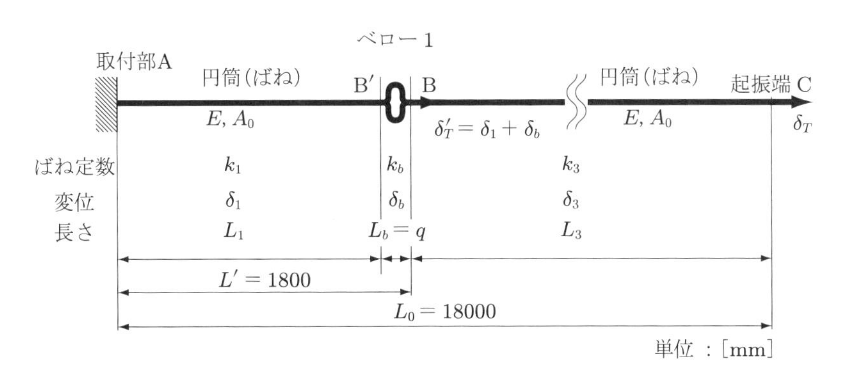

図 5.72 配管系のばね構造モデル

$E = 195000\,\mathrm{MPa}$，円筒の断面積 $A_0 = 9420\,\mathrm{mm}^2$，$L_b = q = 90\,\mathrm{mm}$，$L_1 = 1710\,\mathrm{mm}$，$L_3 = 16200\,\mathrm{mm}$ より，左側の円筒のばね定数は，$k_1 = EA_0/L_1 = 1.07 \times 10^6\,\mathrm{N/mm}$，右側の円筒のばね定数は，$k_3 = EA_0/L_3 = 1.13 \times 10^5\,\mathrm{N/mm}$ となる．

$k_b = 4.1 \times 10^4\,\mathrm{N/mm}$ より，全体のばね定数は $k_{\mathrm{eq}} = 1/(1/k_1 + 1/k_b + 1/k_3) = 29280\,\mathrm{N/mm}$，左側の円筒の変位は $\delta_1 = (k_{\mathrm{eq}}/k_1)\delta_T = 1.09\,\mathrm{mm}$，ベロー部の変位は $\delta_b = (k_{\mathrm{eq}}/k_b)\delta_T = 28.58\,\mathrm{mm}$ となる．よって，$\delta'_T = \delta_1 + \delta_b = 29.67\,\mathrm{mm}$ 答 となる．つまり，ベロー部が変形のほとんどを担うことになる．

③ $\delta'_T = 1\,\mathrm{mm}$ の解析の際のベロー部のメッシュ図・変形図を図 5.73 に示す．ベロー部は形状が複雑であり，かつ，曲げ変形を受けるため，メッシュが粗いと正確な応力値が求まらない．ここでは，厚さ方向に 10 分割，ベロー部の長手方向を 60 分割程度している．

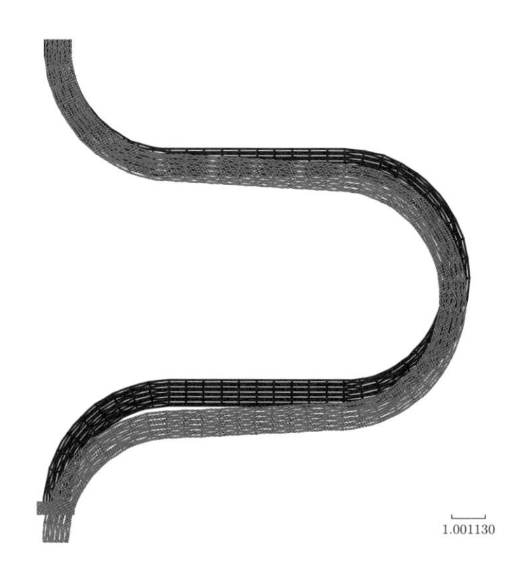

図 5.73　ベロー部のメッシュ図と変形図

第一主応力の分布図を図 5.74 に示す．○で囲まれた場所で応力が最大となった．また，取付部，円筒部，ベロー部の第一主応力の比較したものを表 5.24 に示す．ベローがないモデルに $\delta'_T = 1\,\mathrm{mm}$ を与えた解析は，(1) の解析の値を 1/4 にした．

ベローがないモデルと 1 山のモデルの比較から，ベロー 1 山のモデルは，取付部と円筒部の応力が 3% 程度までに下がる．これは，ベロー部の剛性が低く，ほとんどの変位(変形)がベロー部で吸収されるためである．一方，ベロー部の応力が取付部より大きくなることがわかる 答．

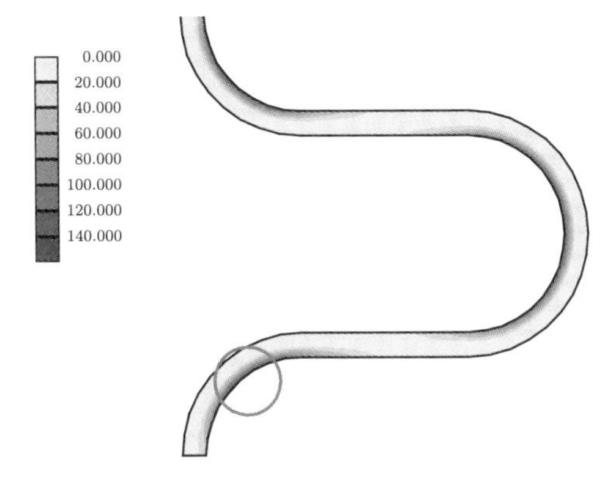

図 5.74 ベロー部の第一主応力分布

表 5.24 第一主応力の最大値の比較

	取付部 σ_{maxA}	円筒部 σ_{01}	ベロー部 σ_{max}
ベローなし（$\delta'_T = 1\,\mathrm{mm}$）	240	110	–
1 山モデル（$\delta'_T = 1\,\mathrm{mm}$）	8.3	4.2	140

(3) ベローの必要山数 N_B の設計

① まず，応力振幅の求め方について解説する．本問題設定では，δ_T を両振りで与えている．ここまでの解析は，変位が図 5.71 の下向きで，配管が引張となる解析を行っているが，変位を上向きにして配管が圧縮される場合を考える必要がある．ただし，このための解析をわざわざ行う必要はない．

引張の解析を行ったときの第一主応力 σ_1 が最大となる場所の値を求める．圧縮の解析では，引張の解析の応力の符号が反転することより，同じ場所では第一主応力の符号が逆になった第二（もしくは第三）主応力 σ_2（$= -\sigma_1$）が生じる．よって，引張時に σ_1 の最大となる場所は，両振りの σ_1 の応力振幅を受けることになる．

設計疲労線図（SN 線図），$N = 200$ 回に対する許容応力振幅 S_a を求めると $S_a = 1386\,\mathrm{MPa}$ が得られる．S_a に対する 1 山の許容変形量 $\delta_a = (\delta_b/\sigma_{\mathrm{max}})S_a$ を計算すると，$\underline{\delta_a = (\delta_b/\sigma_{\mathrm{max}})S_a = 9.56\,\mathrm{mm}}$ 答 となる．ここでは，$\delta'_T = 1\,\mathrm{mm}$ のモデルを基準に計算した．

② 起振端 C の地震変位 δ_T によってベロー部に負荷される強制変形量を δ'_b とするとき，それを山数 N_B で負担するとして，必要山数は $N_B = \delta'_b/\delta_a$ により計算できる．ただし，ここでは，ほとんどの変形がベロー部で起こり，他の円筒部を無視することにより，安全側に，$\delta'_b = \delta_T$ として，$N_B = \delta_T/\delta_a$（整数）により見積もる．$N_B = \delta_T/\delta_a = (40/9.56) = 4.18 \to$ 5 山となる 答.

（4）強度評価

まず，δ'_T は山数に依存するため，1 山のモデルと同様にばねモデルにより計算すると，$\delta'_T = 34.31$（2 山），36.02（3 山），36.93（4 山），37.48 mm（5 山）となる．作業の単純化のため，解析を $\delta'_T = 1\,\mathrm{mm}$ で行って，真の δ'_T の値を結果にかけた値を解析結果とする．各部の第一主応力値を算出すると表 5.25 となる．グラフを図 5.75，5.76 に示す．ベローの効果により（2）の③の考察と同様に応力が低下する．ベローの応力もほかのベローの効果により低下することもわかる．

表 5.25　ベローの数と応力

	取付端 **A**	円筒部	ベロー
	σ_{maxA}	σ_{01}	σ_{max}
ベローなし	904	440	—
1 山	246	125	4154
2 山	137	69	2671
3 山	92	48	1974
4 山	71	37	1507
5 山	58	30	1231

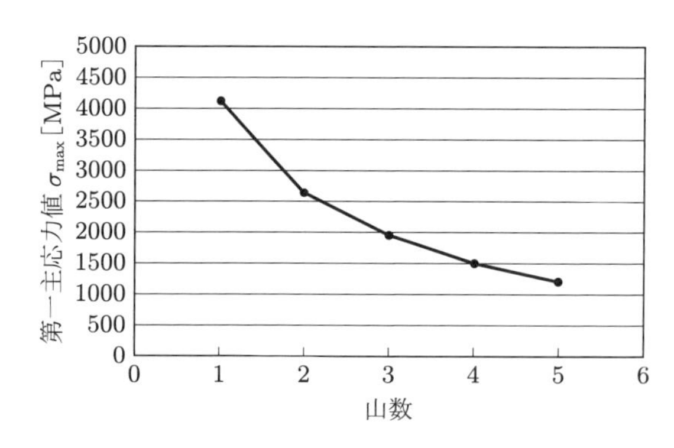

図 5.75　ベロー部の第一主応力の最大値（σ_{max}）の山数依存性

つぎに，5 山モデルの安全性を評価する．まず，ベロー部の疲労強度評価を行うと，5 山モデルは許容応力振幅 $S_a = 1385\,\mathrm{MPa}$ 以下になることがわかる 答．

つぎに，円筒部の応力は 30 MPa であり，膜応力が降伏応力（ここでは 0.2% 耐力 = 205 MPa）を超えないという条件より，塑性崩壊に対する強度は十分である 答 ことがわかる．

最後に，取付部の疲労強度評価を行うと，応力振幅 58 MPa であり，許容応力振

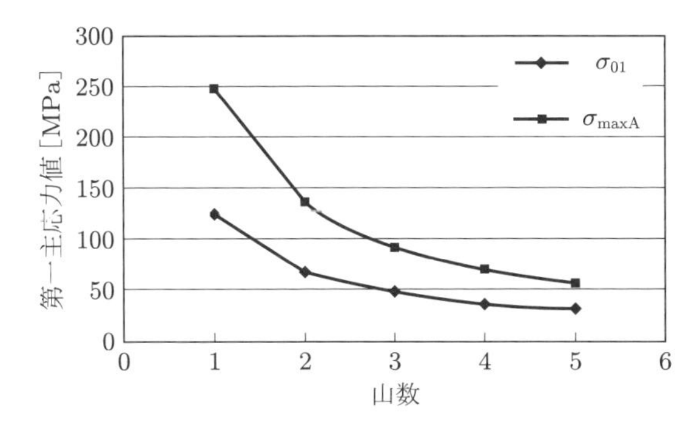

図 5.76　取付部（σ_{maxA}）と円筒部（σ_{01}）の第一主応力の最大値の山数依存性

幅 $S_a = 1385\,\mathrm{MPa}$ 以下になる 答 ことがわかる．

実践問題 2　圧力容器の構造強度設計

図 5.77 に示すような，円筒胴に平鏡板（円板状ふた板）を取り付けた圧力容器構造が内圧 $P = 10\,\mathrm{MPa}$ を受ける場合について，円筒と円板を接合する形として，図 5.78(a) の直接接合構造（構造 a）を基準構造として，図 (b) の内接 R 部付き接合構造（構造 b），図 (c) の内溝 R 部付き接合構造（構造 c）に対する応力・強度特性を比較する．

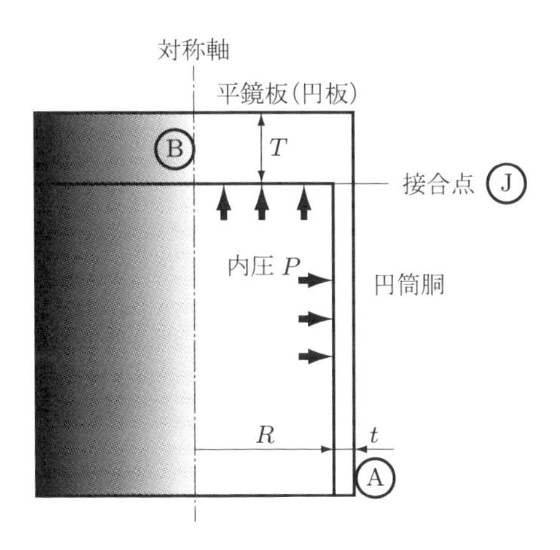

図 5.77　平鏡板付き圧力容器構造

材料は SB450 で，ヤング率は 205 GPa，ポアソン比は 0.3，降伏応力は 250 MPa，引張強さは 450 MPa である．寸法は，円筒胴の内半径 $R = 500\,\mathrm{mm}$，円筒胴の板厚 $t = 35\,\mathrm{mm}$，平鏡板の板厚 $T = 100\,\mathrm{mm}$，図 5.78(b) および (c) の R 部は

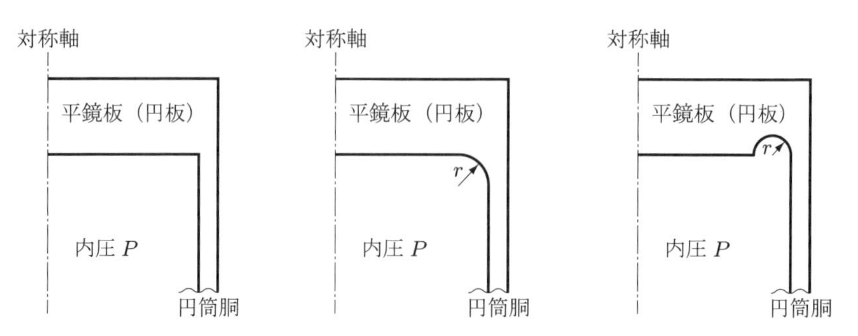

図 5.78　円筒胴と平鏡板を接合した圧力容器構造

$r = T/2$ である．円筒胴は接合点 J から下部 $L = 400\,\mathrm{mm}$ の範囲をモデル化しなさい．

（1）それぞれのモデルの円筒胴部，平鏡板（円板）部，接合部の応力値を材料力学的に見積もりなさい．

（2）（1）の予測結果を有限要素法の結果より検証し，それぞれのモデルの変形と応力特性について考察しなさい．

（3）円筒胴部 A と円板部 B の塑性崩壊限界に対する安全裕度を求めなさい．問題を単純にするため，円板部は膜応力を無視して曲げ応力のみを考慮しなさい．

（4）接合部 J の低サイクル疲労強度の評価を行いなさい．平均応力の影響は無視してよい．ただし，内圧 $P = 0〜10\,\mathrm{MPa}$ とし図 5.79 の SN（設計疲労）線図を使用すること．

（5）本構造 a〜c をどのように製作するかを考えなさい．製作にあたっては，

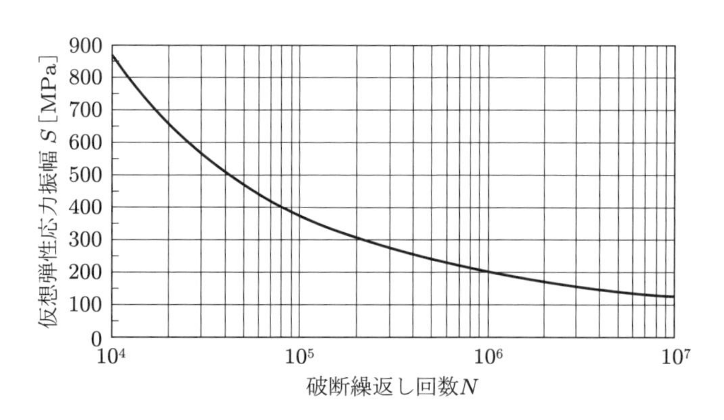

図 5.79　SB450 の SN 線図（両振り疲労線図）

構造物の信頼性が高められるよう配慮すること．

（6） 本構造の材料を鉄鋼から CFRP に変更する．CFRP のヤング率は 100 GPa，ポアソン比は 0.3，引張強さは 2 GPa として，構造 (b) の静的強度に関する安全裕度を見積もりなさい．

解答

（1） オーダーエスティメーション

内圧を受ける薄肉円筒の式および，等分布荷重を受ける円板の最大応力と最大たわみの式を使って，材料力学による見積もりを行う．

薄肉円筒の式より，$P = 10\,\mathrm{MPa}$，$R = 517.5\,\mathrm{mm}$，$t = 35\,\mathrm{mm}$ のとき，周方向，軸方向，径方向応力はつぎのようになる．

$$\sigma_\theta = \frac{PR}{t} = 148\,\mathrm{MPa}, \qquad \sigma_z = \frac{1}{2}\sigma_\theta = 74\,\mathrm{MPa},$$

$$\sigma_r = -P = -10\,\mathrm{MPa}\text{（円筒胴部内側）}$$ 答

円板の曲げの式より，$T = 100\,\mathrm{mm}$ のとき，単純支持の場合，

$$\sigma_r = \sigma_\theta = \frac{3(3+\nu)R^2 \times P}{8 \times T^2} = 331\,\mathrm{MPa}$$

となる．固定支持の場合は 58 MPa であることから，円板部 B の応力は 58〜331 MPa の間になると考えられる 答．

三つの構造の違いは接合部であり，円筒胴部 A および円板部 B の応力は構造 a〜c で大きく変わらないと考えられる．

一方，接合部は，構造 a は，90° の鋭いコーナーになっており，応力が集中すると考えられる．構造 b や c は R 部となっているため，構造 a より応力は集中しないと考えられる．

（2） 変形・応力特性の考察

解析条件表を表 5.26 に示す．構造 a の直接接合方法のメッシュ図，変形図と，ミーゼス

表 5.26 解析条件表

要素	四辺形二次軸対称要素
境界条件	内周に等分布荷重 10 MPa，右下部 z 方向面拘束
物性値	$E = 205\,\mathrm{GPa}$，$\nu = 0.3$
単位系	[mm] [N] [MPa]

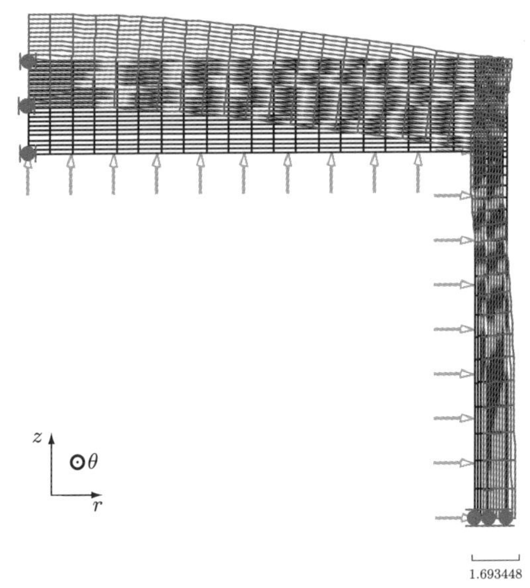

（a）メッシュ図と変形図

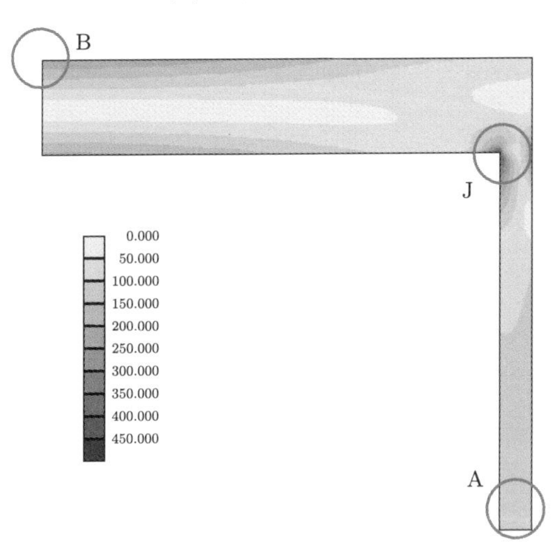

（b）ミーゼス相当応力分布図

図 5.80　構造 a の解析結果

相当応力分布図を図 5.80 に, σ_r, σ_θ, σ_z の分布を図 5.81 に示す. A 部の σ_θ と σ_z は板厚方向で応力がほぼ均一であり, 内圧を受ける薄肉円筒の変形となっていると考えられる 答. B 部の σ_r と σ_θ は板厚方向に線形に分布し, 上面は引張, 下面は圧縮になっており, 曲げ変形が生じていることがわかる 答. J 部は局所的な高い応力集中が生じている.

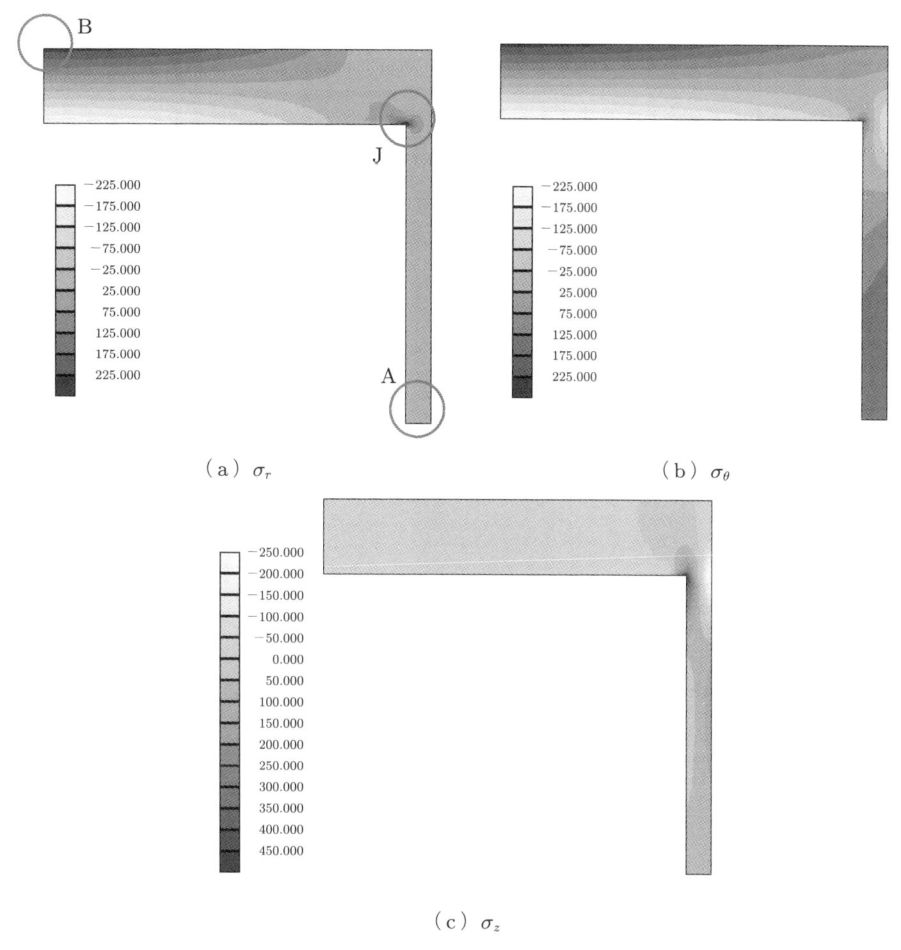

（a） σ_r （b） σ_θ

（c） σ_z

図 5.81 構造 a の $\sigma_r, \sigma_\theta, \sigma_z$ の分布図

構造 b と c のメッシュ図，変形図と，ミーゼス相当応力分布図を図 5.82，5.83 に示す．すべての応力成分の円筒胴部，円板部，接合部の値をまとめたものを表 5.27 に示す．変形・応力特性については以下のことがいえる 答．

- 円筒胴部 A について
  構造 a ＝ 構造 b ＝ 構造 c
  どのモデルもほぼ応力が同じになり，材料力学の薄肉円筒の値と一致する．これは，円筒胴部が接合部から十分離れているので影響がないことを示している．
- 円板部 B について
  構造 c ＞ 構造 a ＞ 構造 b
  構造 c の応力がほかより高くなる．これは，内溝 R の形状は接合部の剛性が低

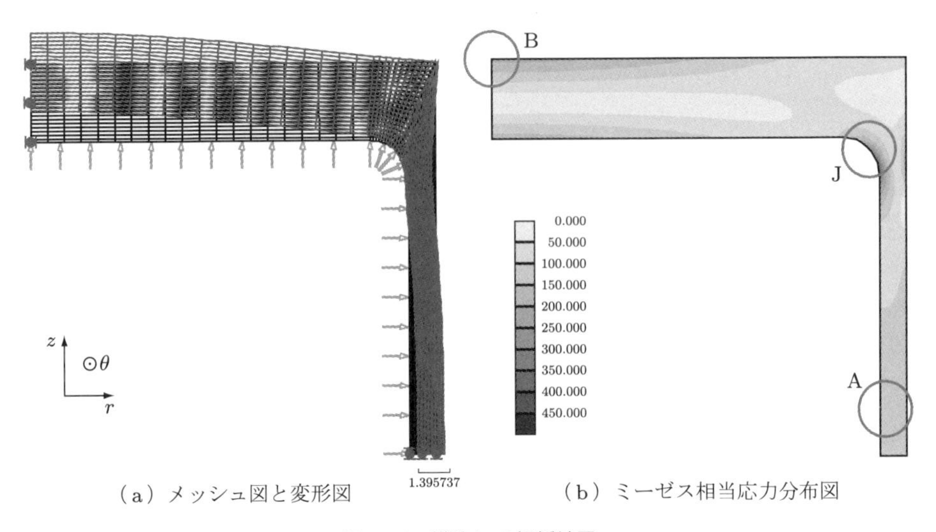

（a）メッシュ図と変形図　（b）ミーゼス相当応力分布図

図 5.82　構造 b の解析結果

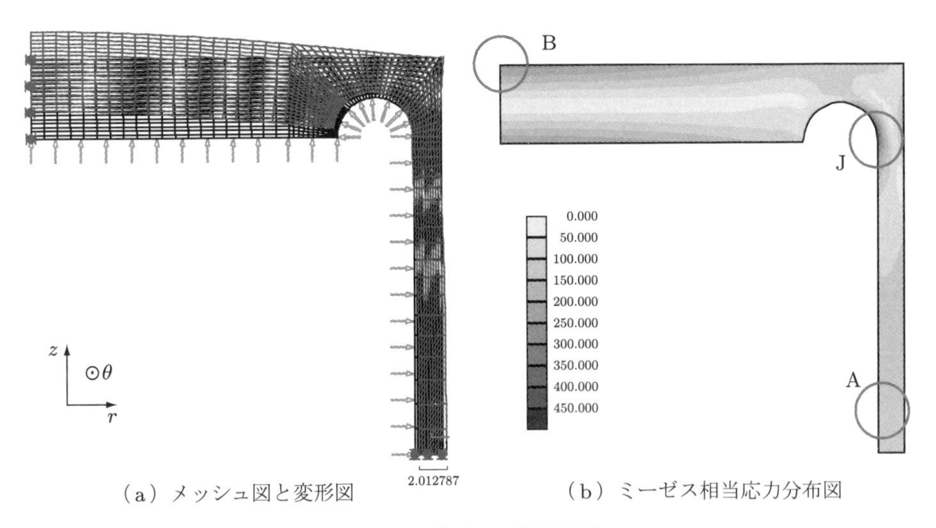

（a）メッシュ図と変形図　（b）ミーゼス相当応力分布図

図 5.83　構造 c の解析結果

く，単純支持に近くなるためと考えられる．構造 b は逆に接合部の剛性が増しているので，固定支持に近づき，応力が低くなる．

- 接合部 J について
  構造 a ＞ 構造 c ＞ 構造 b
  構造 a は応力特異点になり，応力値が大きくなる．構造 b は構造 c より剛性が高く，応力が低くなる．

表 5.27 円筒胴部，円板部，接合部の応力値のまとめ

円筒胴部 A	σ_r	σ_z	σ_θ	ミーゼス相当応力	第一主応力
構造 a（直接接合）	−10	63	158	146	158
構造 b（内接 R）	−10	56	158	146	158
構造 c（内溝 R）	−10	66	157	144	157

円板部 B	σ_r	σ_z	σ_θ	ミーゼス相当応力	第一主応力
構造 a（直接接合）	243	0	243	243	243
構造 b（内接 R）	215	0	215	215	215
構造 c（内溝 R）	268	0	268	**268**	**268**

接合部 J	σ_r	σ_z	σ_θ	ミーゼス相当応力	第一主応力
構造 a（直接接合）	249	800	253	**700**	**900**
構造 b（内接 R）	25	403	67	408	433
構造 c（内溝 R）	21	451	109	431	474

(3) 塑性崩壊強度

円筒胴部は膜応力となるため，塑性崩壊の限界応力は 250 MPa である．ミーゼス相当応力 144〜146 MPa より，安全裕度はどのモデルも 1.7 程度となる 答．

円板部の膜応力を無視し，曲げ応力だけを考えると，塑性崩壊の限界応力は $250 \times 1.5 = 375$ MPa となる．円板部のミーゼス相当応力より，安全裕度は，構造 a で 1.54，構造 b で 1.74，構造 c で 1.40 となる 答．

(4) 疲労評価

J 部の第一主応力の最大値の 1/2 が応力振幅となるので，設計疲労曲線より，破断回数は，構造 a で 58000，構造 b で 730000，構造 c で 510000 となる 答．

ここで，強度評価をまとめる．

- 円筒胴部の塑性崩壊（膜降伏）強度について

  円筒胴部においては，不連続部の構造によらず一様な応力分布になることから，塑性崩壊強度も構造 a，b，c で差はない．

- 円板中心部の塑性崩壊強度について

  上面の第一主応力の大きさが，円筒胴との接続部の形状による拘束度合いの差により，塑性崩壊強度は，構造 c < 構造 a < 構造 b となる．

- 接合部の疲労強度について

  局所的な第一主応力より，破断繰り返し回数（寿命）でみた疲労強度は，構

造 a < 構造 c < 構造 b となっている．

とくに構造 a は，構造 b，構造 c と比べて数倍小さい疲労寿命となる．

(5) 製作方法

圧力容器の製作方法は，まず，平鏡板と円筒胴の加工し，その後，平鏡板と円筒胴を溶接する．とくに，溶接の方式が重要である．溶接においては，溶接継手に対する健全性の担保する必要がある．すなわち，作業性や，継手の形状，非破壊検査の可否，残留応力などである．

図 5.84 に製作の流れを示す．一般に，平鏡板は鍛造加工と機械加工により作られ，円筒胴は板材料を成型加工して，溶接して作られる．

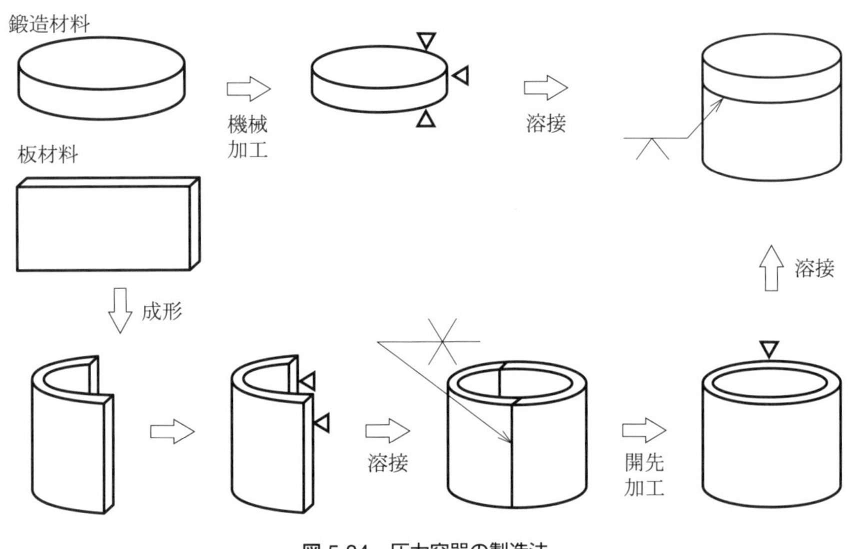

図 5.84　圧力容器の製造法

図 5.85 に予想される構造 a の平鏡板と円筒胴の溶接方法を示す．円筒胴のみ開先加工すれば，溶接可能であるが，応力集中部と溶接継手が重なり，溶接部は残留応力を有することからこのような形状は避けるべきである．また，実際には接合部を 90° のコーナーに製作できない．図 5.85 の溶接部は放射線透過試験による非破壊検査も難しく，避けるべき理由の一つになる．

図 5.86(a) と (b) に構造 b と構造 c の溶接方法を示す．円筒胴と平鏡板両方に開先加工を行う必要があるが，応力集中部と溶接継手を分離できる．また，非破壊検査も実施可能であり，構造 a より優れている．

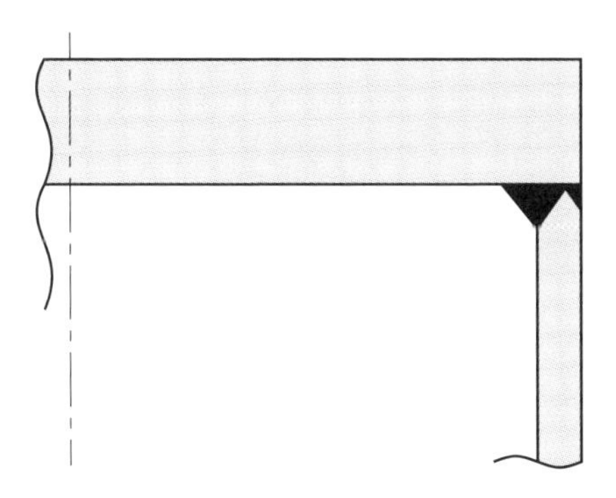

図 5.85　構造 a の溶接方法

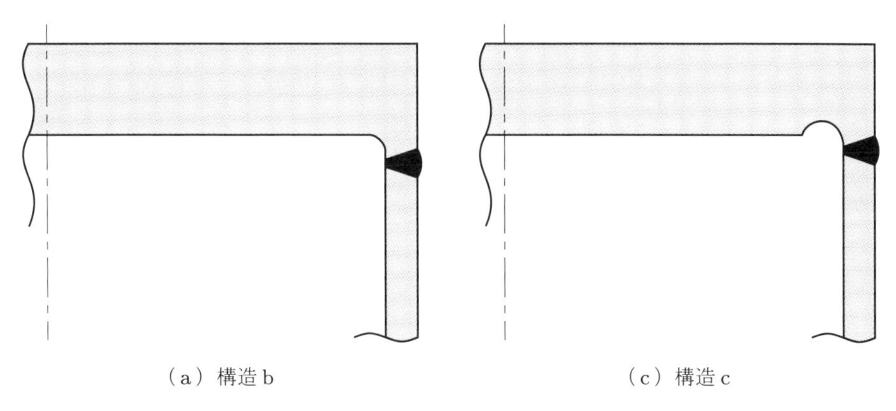

（a）構造 b　　（c）構造 c

図 5.86　構造 b と構造 c の溶接方法

(6) 材料（ヤング率）変更の効果

式 (2.29) よりヤング率の変化により全体剛性マトリックスがおおよそ線形に変化する．たとえばヤング率が 2 倍になれば，全体剛性マトリックスはおおよそ 2 倍になる．よって，同じ節点外力ベクトルに対して，節点変位ベクトルは 1/2 になる．式 (3.28) より，応力値は $2 \times 1/2 = 1$ 倍となり，変化しないことがわかる．したがって，ヤング率が変化しても，荷重（圧力）を与える解析では，応力値はほとんど変わらないことに注意してほしい．よって，CFRP のケースでも表 5.27 の A，B，J 部の第一主応力の最大値により評価可能である．CFRP は引張強さ 2000 MPa に達すると，脆性的に壊れるため，安全裕度は，A 部で $2000/158 = 12.7$，B 部で 9.3，J 部で 4.6 となる 答．

付録 A
有限要素法のための応力の基礎

有限要素法の解析の際に必要となる**応力テンソル**の基礎知識を，応力場の解釈の仕方の側面から紹介する．A.1 節では，応力テンソルの定義，A.2 節では，応力テンソルの解釈に必須である応力の座標変換の概念，A.3 節では，有限要素法の結果の実例をふまえて応力場の解釈の仕方を解説する．A.4 節では，応力と並んで重要なひずみの概念と，応力とひずみとの関係を，A.5 節では，有限要素法で用いる 2.2 節(1)で使った仮想仕事の原理の導出方法について述べる．

A.1 応力テンソルの定義

応力テンソルの定義は数学的に難解で，とくに，材料力学を学習していない読者には，解釈は難しいかもしれない．ここでは，数学的な側面を完全に理解しなくとも，本質的なことが理解できるよう正確性には欠けるが簡単に説明する．

まずは，引張応力を考える．図 A.1 のように，物体に一方向に引張力 $\mathbf{F}_t = (0, F_t)$ を作用させて，物体を伸長させることを考える．

この物体のなかには内力 $\mathbf{F}_t$ が伝わっている．どこでもかまわないが，物体内の断面 A（断面積 A，法線方向 $\mathbf{n} = \mathbf{e}_2$）を考えたとき，その面の単位面積あたりの内力のことを**応力ベクトル**とよび，$\mathbf{t}(\mathbf{n} = \mathbf{e}_2) = \mathbf{F}_t/A$ で定義される．応力ベクトルは断面法線

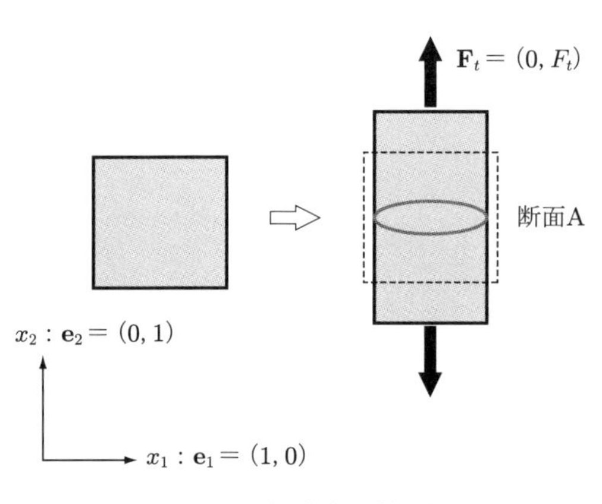

図 A.1　引張応力の考え方

方向（ここでは，$\mathbf{n} = \mathbf{e}_2$）によって決まる量であるため，ベクトル関数と解釈できる．この応力ベクトルを断面 A に水平方向成分と垂直方向成分に分解すると，式 (A.1) が得られる．ここでは，水平方向成分は存在しないので $\sigma_{21} = 0$ で，$\sigma_{22} = F_t/A$ である．σ の二つの添え字は，面の法線方向と力の方向を示す．すなわち，σ_{21} とは，断面 A に平行な x 方向の内力がかかっていること，σ_{22} とは，断面 A に垂直な y 方向の内力がかかっていること意味している．

$$\mathbf{t}(\mathbf{e}_2) = \sigma_{21}\mathbf{e}_1 + \sigma_{22}\mathbf{e}_2 \quad (\sigma_{21} = 0,\ \sigma_{22} = F_t/A) \tag{A.1}$$

同様に $\mathbf{n} = \mathbf{e}_1$ の面を考えると，次式が得られる．x 方向は何も力が生じていないので，σ_{11}, σ_{12} はゼロとなるはずである．

$$\mathbf{t}(\mathbf{e}_1) = \sigma_{11}\mathbf{e}_1 + \sigma_{12}\mathbf{e}_2 \quad (\sigma_{11} = 0,\ \sigma_{12} = 0) \tag{A.2}$$

ここで，式 (A.1) および (A.2) をつぎのようにマトリックス表記する．

$$\underbrace{\begin{Bmatrix} t_1(\mathbf{e}_1) \\ t_2(\mathbf{e}_1) \end{Bmatrix}}_{\mathbf{t}(\mathbf{e}_1)} = \underbrace{\begin{bmatrix} \sigma_{11} & \sigma_{21} \\ \sigma_{12} & \sigma_{22} \end{bmatrix}}_{\boldsymbol{\sigma}^T} \underbrace{\begin{Bmatrix} 1 \\ 0 \end{Bmatrix}}_{\mathbf{e}_1} = \begin{Bmatrix} \sigma_{11} \\ \sigma_{12} \end{Bmatrix} \tag{A.3}$$

$$\underbrace{\begin{Bmatrix} t_1(\mathbf{e}_2) \\ t_2(\mathbf{e}_2) \end{Bmatrix}}_{\mathbf{t}(\mathbf{e}_2)} = \underbrace{\begin{bmatrix} \sigma_{11} & \sigma_{21} \\ \sigma_{12} & \sigma_{22} \end{bmatrix}}_{\boldsymbol{\sigma}^T} \underbrace{\begin{Bmatrix} 0 \\ 1 \end{Bmatrix}}_{\mathbf{e}_2} = \begin{Bmatrix} \sigma_{21} \\ \sigma_{22} \end{Bmatrix} \tag{A.4}$$

式 (A.3), (A.4) のように，面の法線方向ベクトル（$\mathbf{e}_1$）に線形に作用して（$\boldsymbol{\sigma}^T \cdot \mathbf{e}_1$），応力ベクトル $\mathbf{t}(\mathbf{e}_1)$ を生じるものを応力テンソル $\boldsymbol{\sigma}$ とよぶ．一般にマトリックスで表記され，ここでは，

$$\begin{bmatrix} 0 & 0 \\ 0 & F_t/A \end{bmatrix}$$

となる．式 (A.3), (A.4) は，任意の法線ベクトル $\mathbf{n}$ についても成立し，次式が成立する．

$$\mathbf{t}(\mathbf{n}) = \boldsymbol{\sigma}^T \cdot \mathbf{n} \tag{A.5}$$

式 (A.5) をコーシーの公式とよぶ．

つぎに，せん断応力が生じる場合を説明する．せん断とは，図 A.2 のように物体を斜めに変形させせることを指す．具体的には，図 A.2 のように，面（$\mathbf{n} = \mathbf{e}_2$）に平行に

力 $\mathbf{F}_s = (F_s, 0)$ を加える．このときの断面 A の応力ベクトルは，

$$\mathbf{t}(\mathbf{e}_2) = \sigma_{21}\mathbf{e}_1 + \sigma_{22}\mathbf{e}_2 \quad (\sigma_{21} = F_{\mathrm{s}}/A,\ \sigma_{22} = 0) \tag{A.6}$$

となる．σ_{21} とは，法線方向が y 方向の面に x 方向の内力が生じている状態を指す．ここで，証明は省くが，剛体回転を起こさないためには，$\sigma_{12} = \sigma_{21}$ となる必要がある．よって，応力テンソルは以下のように表される．

$$\begin{bmatrix} 0 & F_s/A \\ F_s/A & 0 \end{bmatrix}$$

応力テンソルは，採用する座標系によって成分の値が変わってしまう．そのため，ある座標系ではせん断応力が大きくても，別の座標系ではゼロになるようなことが起こる．つぎに，応力の解釈に重要な応力の座標変換について述べる．

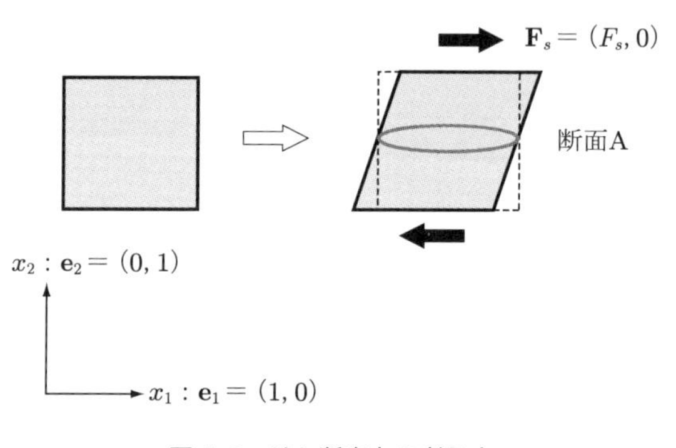

図 A.2　せん断応力の考え方

A.2　応力テンソルの座標変換

応力テンソルの座標変換を理解するために，ベクトルの座標変換について，まず解説する．

(1) ベクトルの座標変換

ベクトルの座標変換を考えるために，図 A.3 のように，同じベクトル $\mathbf{x}$ を，異なる座標系で見ることを考える．これは，$\mathbf{x}$ を式 (A.7), (A.8) のように，基底 $\mathbf{e}_i : (\mathbf{e}_1, \mathbf{e}_2, \mathbf{e}_3)$†

† $(\mathbf{e}_1, \mathbf{e}_2, \mathbf{e}_3)$ の三つのベクトルは，x, y, z 軸に対応すると考えてよい．図 A.3 は $\mathbf{e}_3$ 方向には回転させないという設定である．

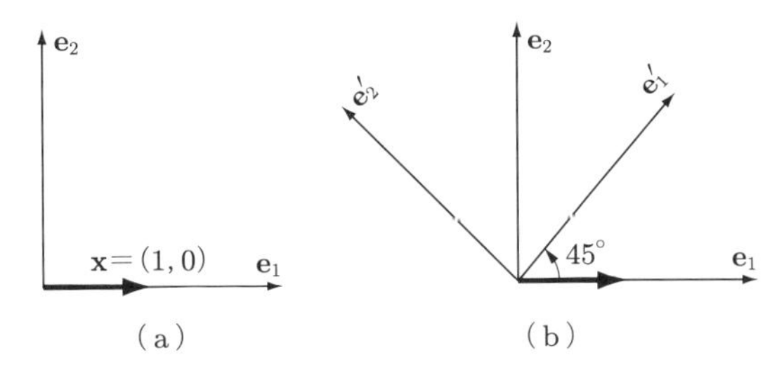

図 A.3　ベクトルの座標変換

および $\mathbf{e}_i' : (\mathbf{e}_1', \mathbf{e}_2', \mathbf{e}_3')$ で表現することに相当する．ベクトル $\mathbf{x}$ 自体は変化しないが，座標系が変わると，図 A.3 から明らかなように表現が変わる．

$$\mathbf{x} = x_1\mathbf{e}_1 + x_2\mathbf{e}_2 + x_3\mathbf{e}_3 \tag{A.7}$$

$$\mathbf{x} = x_1'\mathbf{e}_1' + x_2'\mathbf{e}_2' + x_3'\mathbf{e}_3' \tag{A.8}$$

導出方法は省略するが，成分 x_1, x_2, x_3 と成分 x_1', x_2', x_3' との間には式 (A.9) が成立する．マトリックス $[P]$ のことを**座標変換マトリックス**とよぶ．

$$\begin{Bmatrix} x_1' \\ x_2' \\ x_3' \end{Bmatrix} = \underbrace{\begin{bmatrix} \mathbf{e}_1' \cdot \mathbf{e}_1 & \mathbf{e}_1' \cdot \mathbf{e}_2 & \mathbf{e}_1' \cdot \mathbf{e}_3 \\ \mathbf{e}_2' \cdot \mathbf{e}_1 & \mathbf{e}_2' \cdot \mathbf{e}_2 & \mathbf{e}_2' \cdot \mathbf{e}_3 \\ \mathbf{e}_3' \cdot \mathbf{e}_1 & \mathbf{e}_3' \cdot \mathbf{e}_2 & \mathbf{e}_3' \cdot \mathbf{e}_3 \end{bmatrix}}_{[P]} \begin{Bmatrix} x_1 \\ x_2 \\ x_3 \end{Bmatrix} \tag{A.9}$$

例題 1

図 A.3(a) の座標系では，$\mathbf{x} = (1, 0)$ で表現されるベクトルが，図 (b) のように，座標系が反時計回りに 45° 回転したときにどのような表現になるかを求めなさい．

解

$$\mathbf{e}_1 = (1, 0), \quad \mathbf{e}_2 = (0,\ 1)$$
$$\mathbf{e}_1' = (\cos\theta,\ \sin\theta), \quad \mathbf{e}_2' = (-\sin\theta,\ \cos\theta)$$

よって，次式となる．

$$\begin{Bmatrix} x_1' \\ x_2' \end{Bmatrix} = \begin{bmatrix} \cos\theta & \sin\theta \\ -\sin\theta & \cos\theta \end{bmatrix} \begin{Bmatrix} 1 \\ 0 \end{Bmatrix} = \frac{\sqrt{2}}{2} \begin{Bmatrix} 1 \\ -1 \end{Bmatrix}$$

ここで，x_1', x_2' は，ベクトル $\mathbf{x}$ を図 A.3(b) の座標系で表現した成分を意味する．

(2) テンソルの座標変換

導出は省略するが，応力テンソルの座標変換は，式 (A.10) のように座標変換マトリックスが前後から 2 回かかった式となる．これは，応力テンソルが面の法線方向と力の方向の二つの方向をもち，基底を二つもつことに起因している．

$$
\underbrace{\begin{bmatrix} \sigma'_{11} & \sigma'_{12} & \sigma'_{13} \\ \sigma'_{12} & \sigma'_{22} & \sigma'_{23} \\ \sigma'_{13} & \sigma'_{23} & \sigma'_{33} \end{bmatrix}}_{[\sigma']}
= \underbrace{\begin{bmatrix} \mathbf{e}'_1 \cdot \mathbf{e}_1 & \mathbf{e}'_1 \cdot \mathbf{e}_2 & \mathbf{e}'_1 \cdot \mathbf{e}_3 \\ \mathbf{e}'_2 \cdot \mathbf{e}_1 & \mathbf{e}'_2 \cdot \mathbf{e}_2 & \mathbf{e}'_2 \cdot \mathbf{e}_3 \\ \mathbf{e}'_3 \cdot \mathbf{e}_1 & \mathbf{e}'_3 \cdot \mathbf{e}_2 & \mathbf{e}'_3 \cdot \mathbf{e}_3 \end{bmatrix}}_{[P]}
\underbrace{\begin{bmatrix} \sigma_{11} & \sigma_{12} & \sigma_{13} \\ \sigma_{12} & \sigma_{22} & \sigma_{23} \\ \sigma_{13} & \sigma_{23} & \sigma_{33} \end{bmatrix}}_{[\sigma]}
\underbrace{\begin{bmatrix} \mathbf{e}'_1 \cdot \mathbf{e}_1 & \mathbf{e}'_2 \cdot \mathbf{e}_1 & \mathbf{e}'_3 \cdot \mathbf{e}_1 \\ \mathbf{e}'_1 \cdot \mathbf{e}_2 & \mathbf{e}'_2 \cdot \mathbf{e}_2 & \mathbf{e}'_3 \cdot \mathbf{e}_2 \\ \mathbf{e}'_1 \cdot \mathbf{e}_3 & \mathbf{e}'_2 \cdot \mathbf{e}_3 & \mathbf{e}'_3 \cdot \mathbf{e}_3 \end{bmatrix}}_{[P]^T}
\tag{A.10}
$$

例題 2

図 A.3(a) の $\boldsymbol{e}_i$ 座標系で，

$$
\begin{bmatrix} 0 & 0 \\ 0 & \sigma \end{bmatrix}
$$

であった応力テンソルが，図 (b) のように反時計回りに 45° 回転した座標系では，どのように表現されるかを求めなさい．

解

$$
\begin{bmatrix} \sigma'_{11} & \sigma'_{12} \\ \sigma'_{12} & \sigma'_{22} \end{bmatrix}
= \begin{bmatrix} \cos\theta & \sin\theta \\ -\sin\theta & \cos\theta \end{bmatrix}
\begin{bmatrix} 0 & 0 \\ 0 & \sigma \end{bmatrix}
\begin{bmatrix} \cos\theta & -\sin\theta \\ \sin\theta & \cos\theta \end{bmatrix}
$$

$$
= \begin{bmatrix} \sigma\sin\theta^2 & \sigma\sin\theta\cos\theta \\ \sigma\sin\theta\cos\theta & \sigma\cos\theta^2 \end{bmatrix} = \frac{1}{2}\begin{bmatrix} \sigma & \sigma \\ \sigma & \sigma \end{bmatrix}
$$

単軸引張の応力場でも，座標系が変わればせん断応力が生じる．この場合，$\theta = 45^\circ$ の際にせん断応力は最大になることがわかる．

例題 3

ある座標系で表現される応力が,

$$\underbrace{\begin{bmatrix} \sigma_{11} & \sigma_{12} \\ \sigma_{12} & \sigma_{22} \end{bmatrix}}_{[\sigma]} = \begin{bmatrix} 0 & \tau \\ \tau & 0 \end{bmatrix}$$

のような単純せん断応力となるとき,図 A.3(b) のように座標系を反時計回りに 45° 傾けるとこの応力の表現はどうなるかを答えなさい.

解

$$\underbrace{\begin{bmatrix} \sigma'_{11} & \sigma'_{12} \\ \sigma'_{12} & \sigma'_{22} \end{bmatrix}}_{[\sigma']} = \begin{bmatrix} \cos 45^\circ & \sin 45^\circ \\ -\sin 45^\circ & \cos 45^\circ \end{bmatrix} \underbrace{\begin{bmatrix} 0 & \tau \\ \tau & 0 \end{bmatrix}}_{[\sigma]} \begin{bmatrix} \cos 45^\circ & -\sin 45^\circ \\ \sin 45^\circ & \cos 45^\circ \end{bmatrix}$$

$$= \begin{bmatrix} \tau & 0 \\ 0 & -\tau \end{bmatrix}$$

純粋なせん断応力場を 45° 傾けてみると,圧縮と引張の組み合わせとなる.これは例図 A.1 の変形図から理解できる.せん断変形してひし形になった構造は,45° 傾けた座標系で見ると,圧縮と引張を加えた構造と等しい.

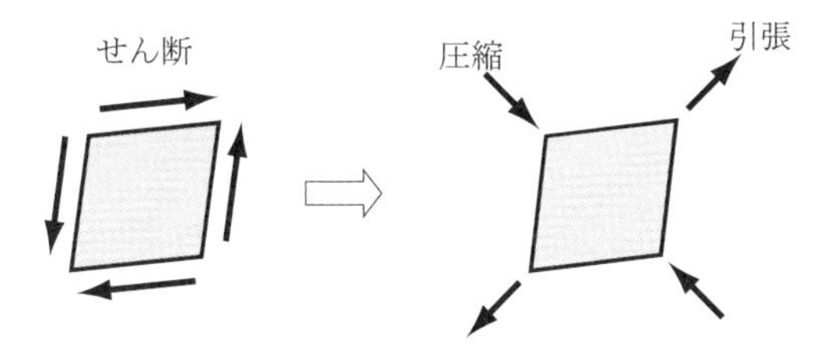

例図 A.1 せん断応力の座標変換

$[\sigma']$ のように,せん断応力がゼロになる座標系の方向を**主応力方向**とよぶ.その成分は引張を正とし,一番大きな成分を**第一主応力**(ここでは τ),二番目を**第二主応力**(ここでは $-\tau$)とよぶ.応力テンソルには,必ず主応力値と主応力方向が存在する.これは,数学的には,応力テンソルの主値(固有値)と主軸(固有ベクトル)に対応する.

例題 4

ある座標系で表現される応力が,

$$\begin{bmatrix} \sigma_{11} & \sigma_{12} \\ \sigma_{12} & \sigma_{22} \end{bmatrix} = \begin{bmatrix} \sigma & 0 \\ 0 & \sigma \end{bmatrix}$$

のような第二軸応力となる.座標系を任意の θ だけ傾けると,この応力の表現はどうなるかを答えなさい.

$$\sigma'_{ij} = \begin{bmatrix} \cos\theta & \sin\theta \\ -\sin\theta & \cos\theta \end{bmatrix} \begin{bmatrix} \sigma & 0 \\ 0 & \sigma \end{bmatrix} \begin{bmatrix} \cos\theta & -\sin\theta \\ \sin\theta & \cos\theta \end{bmatrix} = \begin{bmatrix} \sigma & 0 \\ 0 & \sigma \end{bmatrix}$$

第二軸応力の場合は,どのような座標系を選ぼうと不変で,せん断応力は現れない.

有限要素法により出力された応力成分の値は,座標系に依存するため,特定の座標系の個々の成分の値を論じることに意味はない(**ノウハウ 9** (p.72) 参照).主応力などの座標系に依存しない成分を議論することが大切である.主応力と同様に,座標系に依存せず,強度評価に用いられる応力の指標として**ミーゼス相当応力**が挙げられる.ミーゼス相当応力は,式 (A.11) で表されるように,応力の偏差成分を表す値である.単軸応力 $\sigma_x = \sigma$ の場合は $\sigma_{\mathrm{Mises}} = \sigma$ となり,せん断応力が存在しない静水圧状態($\sigma_x = \sigma_y = \sigma_z = P$)の場合は $\sigma_{\mathrm{Mises}} = 0$ となる.$\sigma_{\mathrm{Mises}} > \sigma_Y$ となった場合に材料が降伏したとみなす.

$$\begin{aligned} \sigma_{\mathrm{Mises}} &= \sqrt{\frac{1}{2}\left\{(\sigma_1 - \sigma_2)^2 + (\sigma_2 - \sigma_3)^2 + (\sigma_1 - \sigma_3)^2\right\}} \\ &= \sqrt{\frac{1}{2}\left\{(\sigma_x - \sigma_y)^2 + (\sigma_y - \sigma_z)^2 + (\sigma_x - \sigma_z)^2\right\} + 3\left(\tau_{xy}^2 + \tau_{yz}^2 + \tau_{xz}^2\right)} \end{aligned}$$

$$(\sigma_1, \sigma_2, \sigma_3:\text{主応力}) \qquad \text{(A.11)}$$

降伏という現象は,転位の集団運動と関連するといわれている.転位はせん断応力を駆動力に運動するため,このような指標が降伏現象と対応すると考えられている.同様な指標として,**トレスカ(Tresca)の降伏応力**も提案され,使われている.

主応力とミーゼス相当応力は一軸応力状態などの単純な応力場では値が一致し,混合することもあるが,前者は垂直応力の指標で,後者はせん断応力の指標であり,力学的意味はまったく異なる.

A.3 応力場の解釈の実例

有限要素法解析結果の実例を挙げながら解説する．

図 A.4 は，円孔付きの板の応力集中の問題である．x, y の両方向に引張が作用している．有限要素法では 1/4 平面応力モデルで解析を行う．

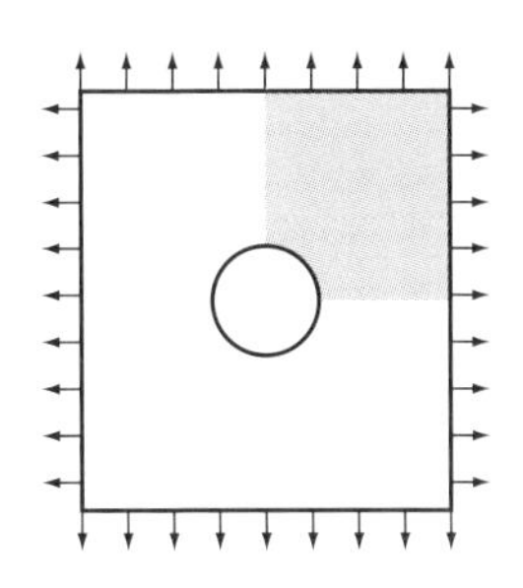

図 A.4 円孔付きの板の応力集中問題

応力の各成分のコンター図を図 A.5 に示す．図中に丸で示したとおり，σ_x のピークは円孔上部であり，σ_y は円孔右部，τ_{xy} は右上となる．しかし，これだけの情報ではほとんど意味をもたない．

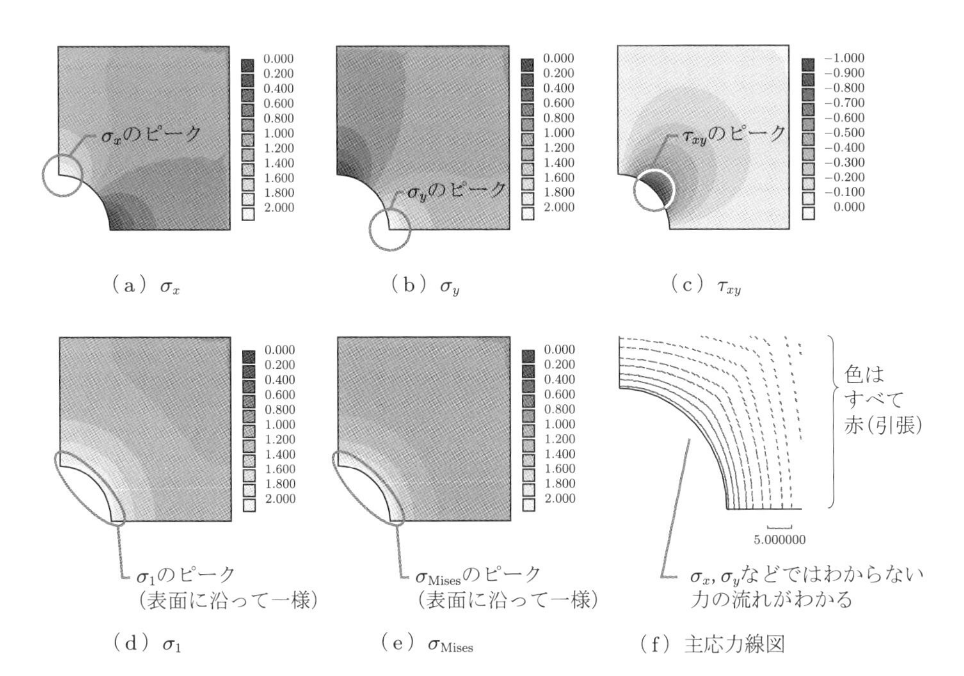

図 A.5 各種応力分布図

一方，図 A.5(f) の主応力線図より，主応力のピークは円孔表面にわたってほぼ均一であり，円孔が表面に沿って引っ張られていることがわかる．この事実は，応力の各成分（$\sigma_x, \sigma_y, \tau_{xy}$）だけを見ていても想像ができない．主応力線図や主応力は，そのまま力の向き（力線）に対応するので，力学的な解釈が容易になるという利点がある．

ミーゼス相当応力も，主応力同様，円孔表面でピークとなり，もし，降伏や疲労破壊が起こるなら，円孔表面から起こることが予想される．ミーゼス相当応力も，座標系に依存しない定義となっている．二次元平面応力場の場合は，主応力とミーゼス相当応力は類似の分布となることが多いが，もともとまったく定義が異なる量であるため，同一視してはいけない．とくに，軸対称応力場や平面ひずみ場では傾向が異なることが多い（5.3 節の中級問題 7）．

つぎに，5.2 節の初級問題 1 でも扱った，梁の曲げの問題を再び取り上げる．荷重を上部からの等分布荷重に変更する．変形図，応力分布図（$\sigma_x, \sigma_1, \sigma_2, \sigma_{\mathrm{Mises}}$）を図 A.6 に示す．

このような，梁の曲げの問題の場合，σ_x のみが支配的で単純であるが，各種応力成

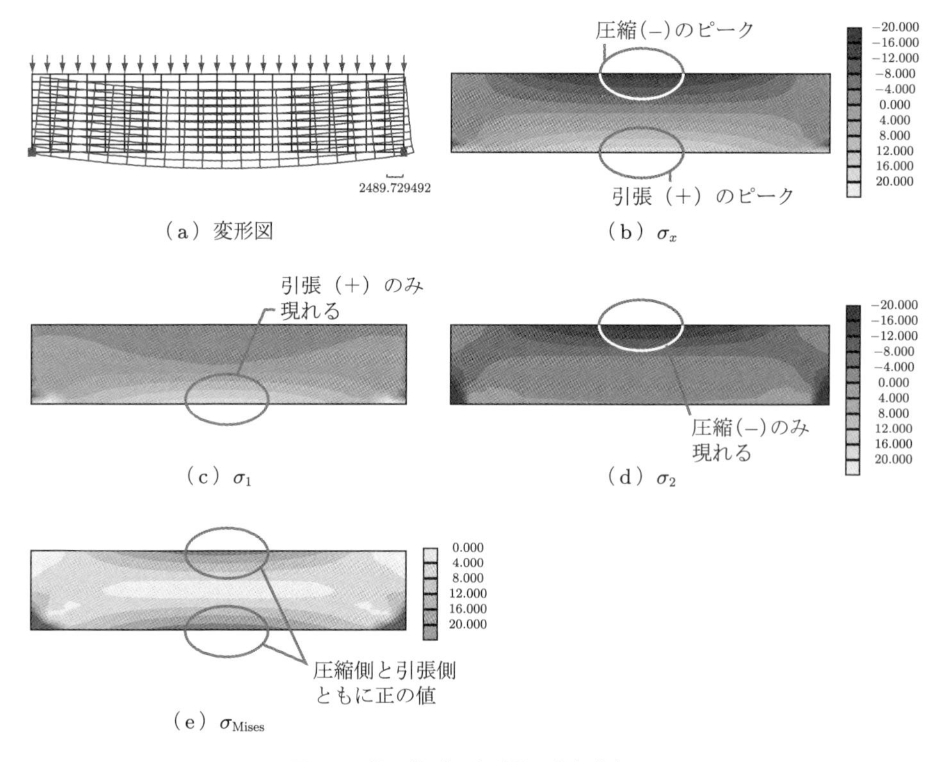

図 A.6 梁の曲げの変形図，応力分布図

分は，いずれも σ_x と異なる分布になっており，それぞれの成分の意味を考えるよい題材となる．

σ_x の分布より，梁の上側は圧縮，下側は引張で，中立面は応力がほぼゼロになっている，いわゆる，梁の曲げの特徴的な分布になっていることがわかる．第一主応力（σ_1）の分布は，引張（プラス）側の大きな成分のみが出力されるので，下側の引張の成分が現れる．逆に，第二主応力（σ_2）の分布は，圧縮（マイナス）側の大きな成分のみが出力されるので，上側の圧縮の成分が現れる．ミーゼス相当応力（σ_{Mises}）の分布は，符号に関係なく絶対値となるので，上下ともに大きくなり，中立面で応力がゼロになる分布となる．このように，それぞれの応力分布の意味を解釈することが大切である．

A.4 ひずみテンソルの定義と構成則（応力 - ひずみ関係）

ひずみテンソルは，応力とはまったく別に，物体の幾何学的な変形により定義される．

図 A.7 のような単純な引張の場合を考える．上下端を x_2 方向に ΔL だけ変位させると，変位 u_2 の分布は線形になり，$x_2 = 0$ でゼロ，$x_2 = L$ で ΔL になるため，つぎのようになる．

$$u_2 = \frac{\Delta L}{L} x_2 \tag{A.12}$$

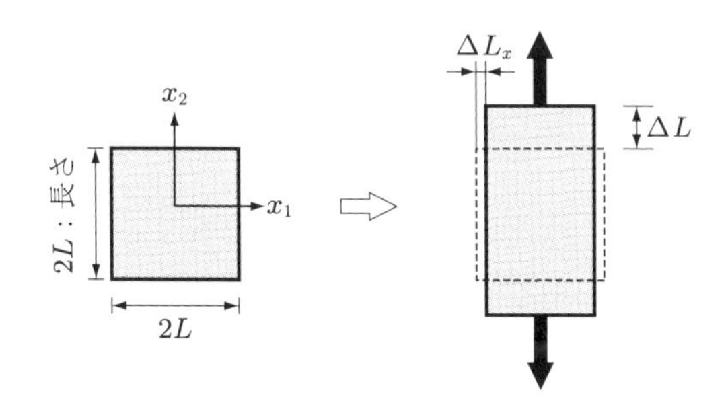

図 A.7　ひずみと変位の考え方

ひずみは，物体の単位長さあたりの変位として定義されるので，伸び ΔL を長さ L で割って，$\varepsilon_{22} = \Delta L/L$ となるが，正確な定義は，ひずみは変位の勾配であり，次式で表す．

$$\varepsilon_{22} = \frac{\partial u_2}{\partial x_2} = \frac{\Delta L}{L} \tag{A.13}$$

また，ここで，垂直応力がゼロの x_1 方向にも変位と変形が生じる．x_1 方向の垂直

ひずみは $\varepsilon_{11} = -\Delta L_x/L$ となる．ε_{11} と ε_{22} の比は材料固有の物性値であり，ポアソン比とよばれる（$\nu = -\varepsilon_{11}/\varepsilon_{22}$）．

一般的には，図 A.8 に示すうすい色の線の微小体積（物質点とよばれる）が，変形後に実線のような形状に変形する場合，ひずみは，式 (A.14) のように変位の空間勾配で定義される．ここで，γ_{xy} は工学ひずみによるせん断ひずみの定義である．せん断応力の表記に τ を使う場合は $\tau_{12} = \sigma_{12}$ であるが，せん断ひずみの表記に γ を使う場合は，工学ひずみと解釈され，$\gamma_{12} = 2\varepsilon_{12}$ となることに注意する必要がある．

$$\varepsilon_{11} \equiv \varepsilon_x = \frac{\partial u_1}{\partial x_1}, \quad \varepsilon_{22} \equiv \varepsilon_y = \frac{\partial u_2}{\partial x_2}, \quad \varepsilon_{12} \equiv \frac{\gamma_{12}}{2} \equiv \varepsilon_{xy} = \frac{1}{2}\left(\frac{\partial u_2}{\partial x_1} + \frac{\partial u_1}{\partial x_2}\right) \tag{A.14}$$

ひずみも応力と同じくテンソルであり，座標系が変わったら，ひずみテンソルに応力テンソルと同じ座標変換を行う．

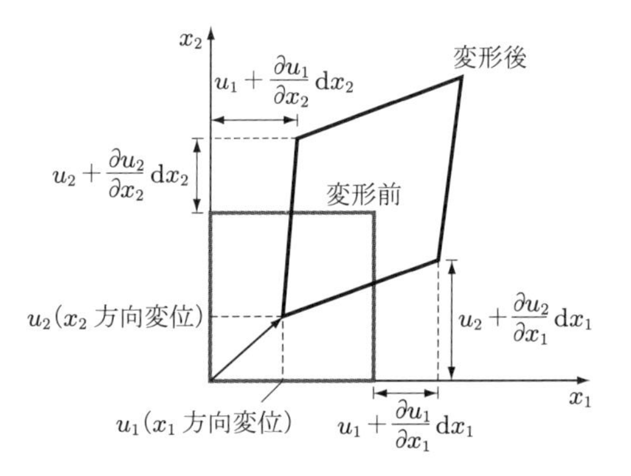

図 A.8　ひずみテンソルの定義

応力とひずみの関係を，**構成則**とよぶ．材料が等方性ならば，フックの法則を三次元に拡張した式 (A.15) のような**一般化フック則**が成立する．

$$\begin{aligned}
\varepsilon_{11} &= \frac{\sigma_{11}}{E} - \frac{\nu}{E}(\sigma_{22} + \sigma_{33}) \\
\varepsilon_{22} &= \frac{\sigma_{22}}{E} - \frac{\nu}{E}(\sigma_{11} + \sigma_{33}) \\
\varepsilon_{33} &= \frac{\sigma_{33}}{E} - \frac{\nu}{E}(\sigma_{11} + \sigma_{22}) \\
\gamma_{12} &= 2\varepsilon_{12} = \frac{\sigma_{12}}{G}, \quad \gamma_{23} = 2\varepsilon_{23} = \frac{\sigma_{23}}{G}, \quad \gamma_{13} = 2\varepsilon_{13} = \frac{\sigma_{13}}{G}
\end{aligned} \tag{A.15}$$

E はヤング率（縦弾性定数），G は横弾性定数，ν はポアソン比である．E と G の間には，等方性材料ならば，$G = E/2(1+\nu)$ の関係が成り立つ．

ここで，応力成分とひずみ成分は 1 対 1 に対応するわけではないことに注意が必要である．つまり，ある応力の成分がゼロであっても，対応するひずみの成分がゼロとは限らない．逆も同様で，たとえば，垂直ひずみがゼロの方向の垂直応力はゼロになるとは限らない．

平面応力場近似の場合は，$\sigma_{33} = \tau_{13} = \tau_{23} = 0$ が仮定され，応力とひずみの関係式は以下のようになる．

$$\begin{Bmatrix} \sigma_{11} \\ \sigma_{22} \\ \sigma_{12} \end{Bmatrix} = \frac{E}{1-\nu^2} \begin{bmatrix} 1 & \nu & 0 \\ \nu & 1 & 0 \\ 0 & 0 & \dfrac{1-\nu}{2} \end{bmatrix} \begin{Bmatrix} \varepsilon_{11} \\ \varepsilon_{22} \\ \gamma_{12} \end{Bmatrix} \tag{A.16}$$

平面ひずみ場近似の場合は，$\varepsilon_{33} = \gamma_{13} = \gamma_{23} = 0$ となり，以下のようになる．

$$\begin{Bmatrix} \sigma_{11} \\ \sigma_{22} \\ \sigma_{12} \end{Bmatrix} = \frac{E(1-\nu)}{(1+\nu)(1-2\nu)} \begin{bmatrix} 1 & \dfrac{\nu}{1-\nu} & 0 \\ \dfrac{\nu}{1-\nu} & 1 & 0 \\ 0 & 0 & \dfrac{E}{2(1+\nu)} \end{bmatrix} \begin{Bmatrix} \varepsilon_{11} \\ \varepsilon_{22} \\ \gamma_{12} \end{Bmatrix} \tag{A.17}$$

A.5　平衡方程式と仮想仕事の原理

2.2 節 (1) で仮想仕事の原理について説明したが，ここでは導出について簡単に説明する．

仮想仕事の前に，力の釣り合い条件から，応力に関する平衡方程式を導く．

(1) 平衡方程式

図 A.9 のように，物体内の微小な面積（物質点）を考える．応力が不均一であり，空間分布すると考えて，x_1 方向の力の釣り合いを考えると，式 (A.18) が得られる．ここで，物質に直接作用する重力や遠心力のような物体力ははたらいていないとする．

$$\begin{aligned} T_1 &= \left(\sigma_{11} + \frac{\partial \sigma_{11}}{\partial x_1} \mathrm{d}x_1\right) \mathrm{d}x_2 - \sigma_{11} \mathrm{d}x_2 + \left(\sigma_{21} + \frac{\partial \sigma_{21}}{\partial x_2} \mathrm{d}x_2\right) \mathrm{d}x_1 - \sigma_{21} \mathrm{d}x_1 \\ &= \left(\frac{\partial \sigma_{11}}{\partial x_1} + \frac{\partial \sigma_{21}}{\partial x_2}\right) \mathrm{d}x_1 \mathrm{d}x_2 = 0 \end{aligned} \tag{A.18}$$

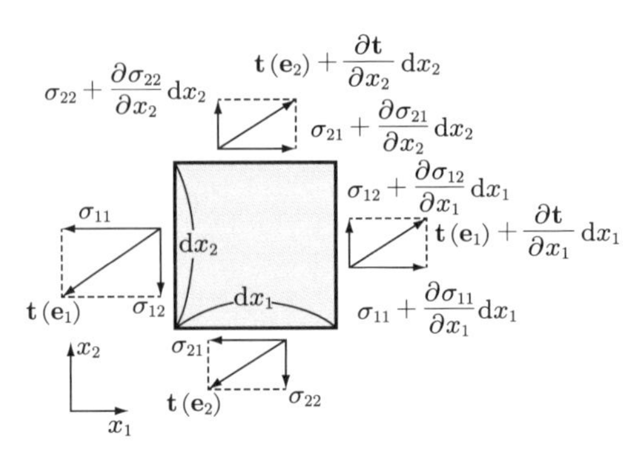

図 A.9　応力の釣り合い

これより，次式が得られる．

$$t_1=\frac{T_1}{\mathrm{d}x_1\mathrm{d}x_2}=\frac{\partial\sigma_{11}}{\partial x_1}+\frac{\partial\sigma_{21}}{\partial x_2}=0 \tag{A.19}$$

同様に，x_2 方向の力の釣り合いを考えると，次式が得られる．

$$t_2=\frac{\partial\sigma_{12}}{\partial x_1}+\frac{\partial\sigma_{22}}{\partial x_2}=0 \tag{A.20}$$

ここで，式 (A.19), (A.20) を**平衡方程式**とよぶ．また，剛体回転しない条件より，$\sigma_{12}=\sigma_{21}$ も成り立つ．

(2) 仮想仕事の原理

いま，$\mathbf{w}=(w_1,w_2)$ を任意の（空間の）ベクトル関数とする．物体が釣り合い状態にあるとき，平衡方程式が成立し，全領域にわたって $\mathbf{t}=(t_1,t_2)=(0,0)$ が成立する．$\mathbf{t}$ と $\mathbf{w}$ の内積はゼロになるので，物体内のすべての位置で積分した次式もゼロになる．これを**弱形式**とよぶ．

$$\int_V\left\{\left(\frac{\partial\sigma_{11}}{\partial x_1}+\frac{\partial\sigma_{21}}{\partial x_2}\right)w_1+\left(\frac{\partial\sigma_{12}}{\partial x_1}+\frac{\partial\sigma_{22}}{\partial x_2}\right)w_2\right\}\mathrm{d}V=0 \tag{A.21}$$

式 (A.21) を変形して，次式を得る．

$$\int_V\left\{\underbrace{\left(\frac{\partial\left(\sigma_{11}w_1+\sigma_{12}w_2\right)}{\partial x_1}+\frac{\partial\left(\sigma_{21}w_1+\sigma_{22}w_2\right)}{\partial x_2}\right)}_{\text{(a)}}\right.$$
$$\left.-\underbrace{\left(\sigma_{11}\frac{\partial w_1}{\partial x_1}+\sigma_{12}\frac{\partial w_2}{\partial x_1}+\sigma_{21}\frac{\partial w_1}{\partial x_2}+\sigma_{22}\frac{\partial w_2}{\partial x_2}\right)}_{\text{(b)}}\right\}\mathrm{d}V=0 \tag{A.22}$$

一方，任意のベクトル $\mathbf{a}$ のガウスの発散定理は次式で表される．

$$\int_V \left(\frac{\partial a_1}{\partial x_1} + \frac{\partial a_2}{\partial x_2} \right) \mathrm{d}V = \int_S (a_1 n_1 + a_2 n_2)\,\mathrm{d}S \tag{A.23}$$

ここで，S は表面積，$\mathbf{n} = (n_1, n_2)$ は表面法線方向単位ベクトルである．ガウスの発散定理を使うと，式 (A.22) の (a) は，

$$\begin{aligned}
&\int_V \left\{ \frac{\partial(\sigma_{11} w_1 + \sigma_{12} w_2)}{\partial x_1} + \frac{\partial(\sigma_{21} w_1 + \sigma_{22} w_2)}{\partial x_2} \right\} \mathrm{d}V \\
&= \int_S \{(\sigma_{11} w_1 + \sigma_{12} w_2) n_1 + (\sigma_{21} w_1 + \sigma_{22} w_2) n_2\}\,\mathrm{d}S \\
&= \int_S \{(\sigma_{11} n_1 + \sigma_{21} n_2) w_1 + (\sigma_{12} n_1 + \sigma_{22} n_2) w_2\}\,\mathrm{d}S \\
&= \int_{S_t} (\underline{t}_1^n w_1 + \underline{t}_2^n w_2)\,\mathrm{d}S + \int_{S_u} (t_1^n w_1 + t_2^n w_2)\,\mathrm{d}S
\end{aligned} \tag{A.24}$$

となる．コーシーの公式 $\mathbf{t}^n = \mathbf{t}(\mathbf{n}) = \boldsymbol{\sigma}^T \cdot \mathbf{n}$ ($t_1^n = \sigma_{11} n_1 + \sigma_{21} n_2$，$t_2^n = \sigma_{12} n_1 + \sigma_{22} n_2$) を用いた．

ここで，S_t は力学的境界条件を課している表面部に相当し，単位面積あたりの表面力（応力ベクトル）$\underline{\mathbf{t}}^n$ がはたらいている．自由表面（$\underline{\mathbf{t}}^n = 0$）も含まれる．ここで，記号の下線は境界条件を課していることを指す．S_u は，幾何学的境界条件（変位 $\underline{\mathbf{u}}$ で拘束されている）を課している表面部に相当する．固定表面（$\underline{\mathbf{u}} = 0$）も含まれる．全表面は S_t もしくは S_u で埋め尽くされる．両方未知あるいは両方が設定されている部分があってはならない．

式 (A.22) の (b) と $\sigma_{12} = \sigma_{21}$ を使って整理すると，

$$\sigma_{11} \frac{\partial w_1}{\partial x_1} + \sigma_{12} \frac{\partial w_2}{\partial x_1} + \sigma_{21} \frac{\partial w_1}{\partial x_2} + \sigma_{22} \frac{\partial w_2}{\partial x_2} = \sigma_{11} \underbrace{\frac{\partial w_1}{\partial x_1}}_{\varepsilon_{11}^*} + \sigma_{22} \underbrace{\frac{\partial w_2}{\partial x_2}}_{\varepsilon_{22}^*} + \sigma_{12} \underbrace{\left(\frac{\partial w_2}{\partial x_1} + \frac{\partial w_1}{\partial x_2} \right)}_{\gamma_{12}^*} \tag{A.25}$$

となる．ここで，

$$\varepsilon_{ij}^* = \left(\frac{\partial w_j}{\partial x_i} + \frac{\partial w_i}{\partial x_j} \right)$$

と定義した．式 (A.24) と式 (A.25) を使って式 (A.22) を整理すると，

$$\int_V (\sigma_{11} \varepsilon_{11}^* + \sigma_{22} \varepsilon_{22}^* + \sigma_{12} \gamma_{12}^*)\,\mathrm{d}V$$

$$= \int_{S_t} (\underline{t}_1^n w_1 + \underline{t}_2^n w_2)\, \mathrm{d}S + \int_{S_u} (t_1^n w_1 + t_2^n w_2)\, \mathrm{d}S \tag{A.26}$$

となる．ここで，$\mathbf{w}$ は任意の関数であると設定したので，$\mathbf{w} = \mathbf{u}$ という正解の変位場と，$\mathbf{w} = \mathbf{u} + \delta\mathbf{u}$ を，式 (A.26) に代入して二式の差をとると，つぎの仮想仕事の原理が得られる†．

$$\int_V (\sigma_{11}\delta\varepsilon_{11} + \sigma_{22}\delta\varepsilon_{22} + \sigma_{12}\delta\gamma_{12})\, \mathrm{d}V = \int_{S_t} \left(\underline{t}_1^n \delta u_1 + \underline{t}_2^n \delta u_2\right) \mathrm{d}S \tag{A.27}$$

$\delta\mathbf{u}$ は S_u 上で $\delta\mathbf{u} = 0$ となる仮想変位変分（変位分布関数の微小量）であり，$\delta\boldsymbol{\varepsilon}$ は $\delta\mathbf{u}$ に対応する仮想ひずみである．ここで，式 (A.27) の左辺は仮想変位が加わることによるひずみエネルギーの変化（内力のなす仮想仕事），右辺は仮想仕事が加わることによる外力のなす仕事である．すなわち，「平衡状態にある系では，任意の仮想変位変分 $\delta\mathbf{u}$（ただし，S_u 上で $\delta\mathbf{u} = \mathbf{0}$）を加えたとき，内力のなす仮想仕事と外力のなす仮想仕事は等しい」ということを意味する．

† ただし，この式が積分可能なためには，変位の一次微分が要素間で連続である必要がある．これを C^0 連続性という．

付録 B
有限要素法解析のための構造強度設計の基礎

ここでは，演習問題で必要となる構造強度設計の基礎を解説する．B.1 節では塑性崩壊強度設計，B.2 節では疲労強度設計，B.3 節では応力集中係数と応力拡大係数の考え方と，応力拡大係数を使った強度設計について述べる．演習問題で扱う範囲に限定するため，一般的な勉強には別書を参照してほしい．

B.1 塑性崩壊強度設計

塑性崩壊強度設計法について述べる前に，構造強度設計のための材料強度の基礎データとなる応力 - ひずみ曲線について述べる．

(1) 静的材料強度（応力 - ひずみ曲線）

金属材料の応力とひずみの関係や強度は，図 B.1 のような，標準試験片を引っ張ることによって得られる．図 B.2 に，軟鋼の典型的な応力 - ひずみ曲線を示す．ここで，横軸は公称ひずみ，縦軸は公称応力である．**公称ひずみ**とは，初期に断面積 A_0 で長さ l_0 であった試験片に荷重 P を加えた結果，断面積が A，長さ l になったとき

$$\varepsilon_n = \frac{l - l_0}{l_0} \tag{B.1}$$

で定義されるひずみである．**公称応力**とは，

$$\sigma_n = \frac{P}{A_0} \tag{B.2}$$

で定義される応力である．これとは別に，真ひずみ，真応力（$\varepsilon = \ln(l/l_0)$, $\sigma = P/A$）という定義があり，弾塑性解析で用いられる．

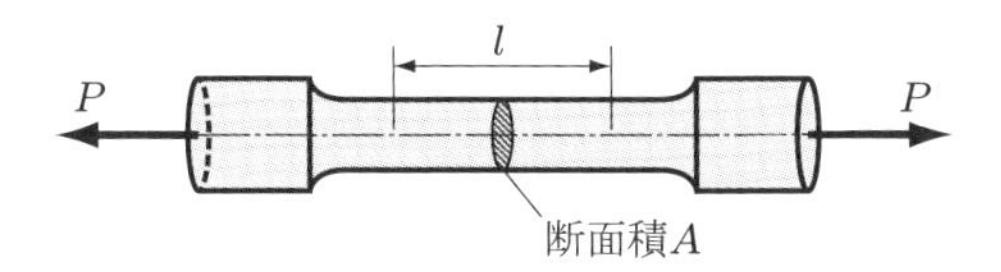

図 B.1　標準引張試験片

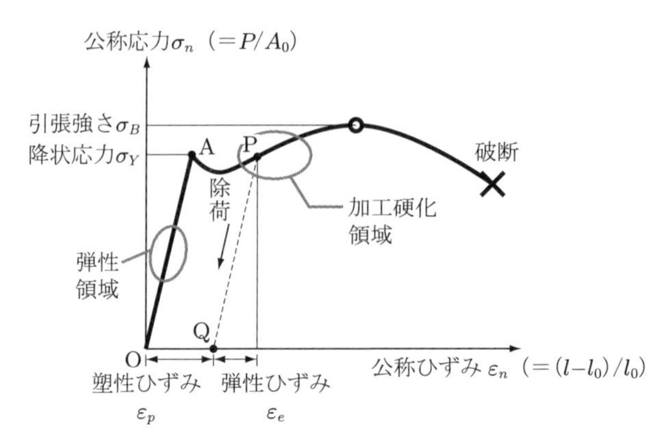

図 B.2　軟鋼の応力 - ひずみ曲線

ひずみの小さな領域では，応力とひずみが線形の関係にある．このような変形を**弾性変形**とよぶ．比例関係が保たれる点 A までは，除荷すると応力 - ひずみ関係は点 O に戻り，可逆的な変形となる．弾性変形における応力 - ひずみ曲線の傾きを**縦弾性係数**（**ヤング率**）とよび，

$$E = \frac{\sigma}{\varepsilon} \tag{B.3}$$

で定義される．また，引張方向ひずみ ε とそれと垂直方向ひずみ ε_x の比を**ポアソン比**とよび，

$$\nu = -\frac{\varepsilon_x}{\varepsilon} \tag{B.4}$$

のように定義される．

弾性変形により，単位体積内に蓄えられるエネルギーは**弾性ひずみエネルギー**とよばれ，応力 - ひずみ曲線とひずみの軸（x 軸）との囲む面積（$U = \sigma\varepsilon/2 = E\varepsilon^2/2$）に相当する．

点 A を超えて，さらにひずみを負荷していくと，一度応力値が低下する領域を経て，その後，再び応力値がひずみに対して増加を始め（加工（ひずみ）硬化領域），再びピーク値に達した後に破断に至る．最初のピークの応力値を**降伏応力**（σ_Y）とよび，加工硬化後のピークの応力値を**引張強さ**（σ_B）とよぶ．また，弾性限界以降の変形を**塑性変形**とよぶ．

降伏応力に達した後の点 P で除荷を行うと，AO に平行に，点 P から PQ に沿って弾性変形によりひずみが減少する．応力がゼロになった点 Q でひずみ ε_p が残留する．このひずみを**塑性ひずみ**（永久ひずみ）とよび，点 P のひずみから点 Q のひずみの差

ε_e を**弾性ひずみ**，$\varepsilon = \varepsilon_p + \varepsilon_e$ を**全ひずみ**とよぶ．応力は弾性ひずみにヤング率をかけた値となる（$\sigma = E\varepsilon_e = E\left(\varepsilon - \varepsilon_p\right)$）．

図 B.2 のように，塑性変形を伴う材料のことを**延性材料**とよぶ．一方，セラミクスやガラスは，破壊まで弾性を保ち，塑性変形を伴わず破断する．このような材料を**脆性材料**とよぶ．

アルミニウム合金や**クロムモリブデン鋼**は，図 B.3 のように明確な降伏点を示さない．その場合，塑性ひずみが 0.002 となった場合の応力（$\sigma_{0.2}$：0.2% 耐力）を降伏応力として用いる．

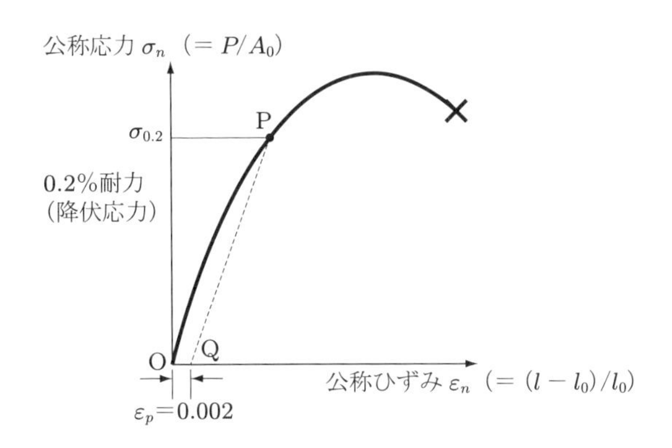

図 B.3　クロムモリブデン鋼の応力 - ひずみ曲線

(2) 塑性崩壊の考え方

延性材料の破壊基準は，前述のように，降伏応力 σ_Y が用いられることが多い．一般に，応力場は引張試験のように単純ではなく，三次元ならば 6 成分の値を有する．そのため，応力値の単純な比較はできない（**ノウハウ 9**（p.72）参照）．降伏するかどうかの基準としては，一般に，ミーゼス相当応力（A.2 節(2)参照）が広く用いられている（せん断ひずみエネルギー説）．

構造物の最大応力が降伏応力に達しても，構造物が破断に至るわけではない．応力分布が不均一の場合，図 B.4 の左図（円孔まわりの応力集中の例）のように，塑性域は構造物の一部にとどまり，そのほかの部分が荷重を支えることになる．荷重がさらに増加すると，塑性域は進展する．図 B.4 の右図のように，塑性域が断面全体を横断すると，構造物はそれ以上の荷重を支えることができなくなり，大きく変形し，破壊に至る．このような現象を**塑性崩壊**とよぶ．

延性材料の強度設計は，塑性崩壊を起こさないように行われる．有限要素法によって弾塑性解析を行えば，塑性域が全断面に広がる荷重の予測は可能であるが，解析に

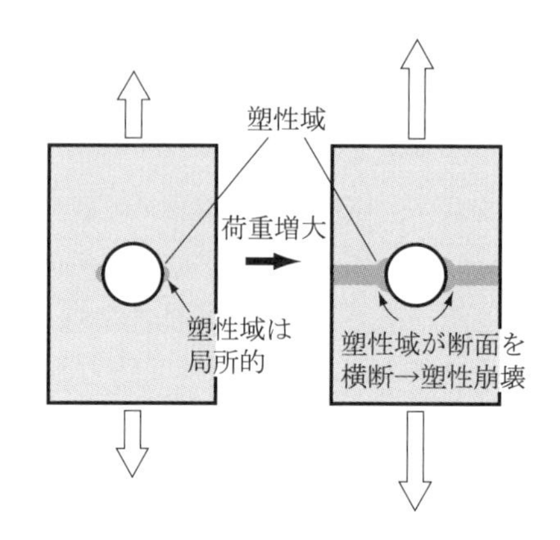

図 B.4 円孔を有する帯板の引張の塑性崩壊の様子

は多大な労力が必要である.

よって，簡便な手法で塑性崩壊の見積もりを行うことが多い．まずは，図 B.2 のような，複雑な応力ひずみ曲線を，図 B.5 のような弾完全塑性体モデルとして近似する．この近似により，設計が安全側になることは明らかである．このような，弾完全塑性体を対象として求める塑性崩壊荷重を，**限界荷重**（ここでは，$\sigma_Y \times A$：A は断面積）という．設計では，負荷される力やモーメントによって発生する一次応力（引張応力，曲げ応力など）を塑性崩壊限度に制限する．

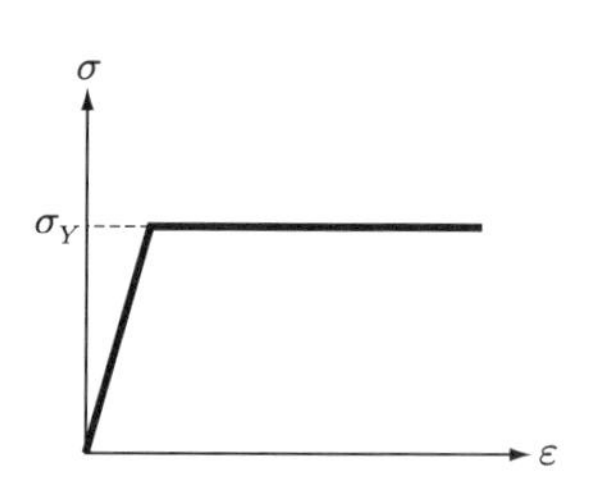

図 B.5 弾完全塑性体の応力 - ひずみ曲線

また，電子デバイスや塑性変形が機能の低下の原因になるような分野では，塑性変形自体を許していない設計方法もある．

(3) 軸力を受ける梁の塑性崩壊（膜降伏）

ここで，1 次元の梁が軸力と曲げを受ける場合（単軸応力）の塑性崩壊評価法について説明する．

断面が高さ t，幅 b で，降伏応力 σ_Y の真直梁を考える．軸力として引張荷重 N を受ける梁の断面に生じる応力分布 σ の変化を図 B.6(a) に示す．応力は均一なので，

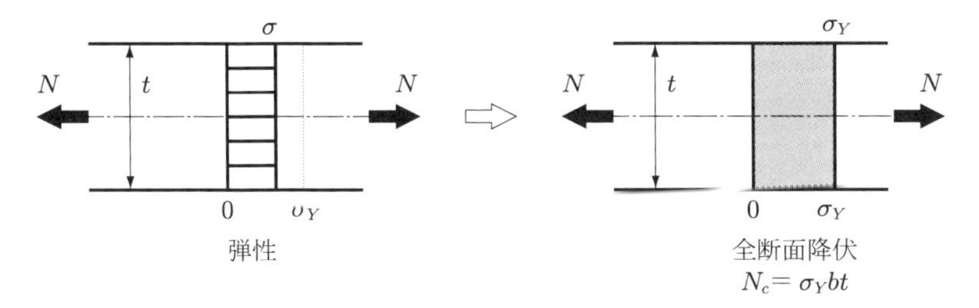

（a）応力分布の変化

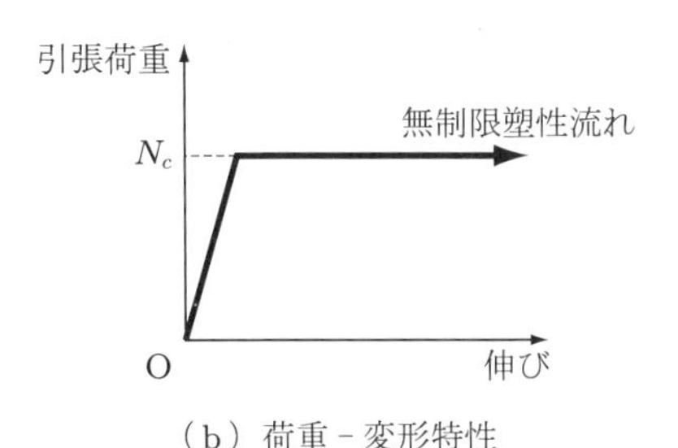

（b）荷重－変形特性

図 B.6　軸力を受ける梁の降伏

降伏応力に達すると，全断面降伏が生じる．限界荷重は $N_c = \sigma_Y bt$ であり，この N_c に達すると変形（伸び）は図 B.6(b) のように無制限に生じる（無制限塑性流れ）．

(4) 曲げを受ける梁の塑性崩壊（塑性関節，ヒンジ）

図 B.7(a) に示すような曲げモーメント M の曲げを受ける梁を考える．梁の応力分布 σ の変化を図 (b) に示す．梁の曲げ理論より，$M_Y = \sigma_Y bt^2/6$ に達すると，上下面で降伏が始まる．その後，表面近傍で部分降伏が進行し，やがて全断面降伏に至る．

表面近傍の塑性域はこれ以上の荷重を支え切れなくなり，中立面近くの弾性域が荷重を支えるので，結果的に剛性（図 B.7(c) の回転角－曲げモーメント線図の傾き）は徐々に低下し，M_c において完全にゼロになる．つまり，この M_c に達すると変形（回転）は図 (d) のように，無制限になる．この状態を**塑性関節**とよぶ．

その限界モーメント M_c は，全断面降伏状態にある応力分布を積分することによって得られる．$M_c = 1.5M_Y$ の関係にあり，降伏に達するモーメントの 1.5 倍で全断面降伏になる．

$$M_c = \int_0^{t/2} \sigma_Y yb\,\mathrm{d}y \times 2 = \frac{\sigma_Y bt^2}{4} = 1.5M_Y \tag{B.5}$$

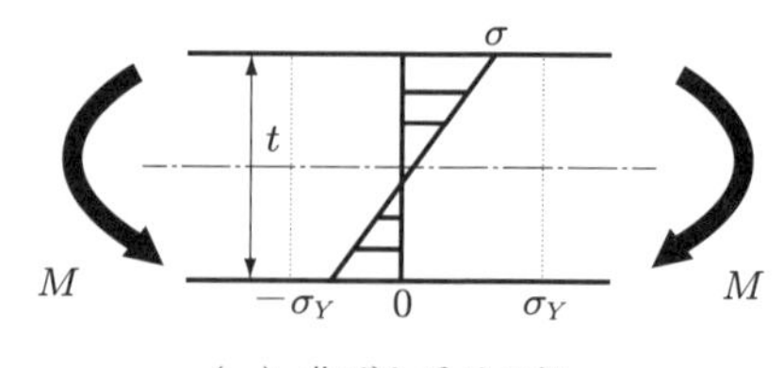

（a）曲げを受ける梁

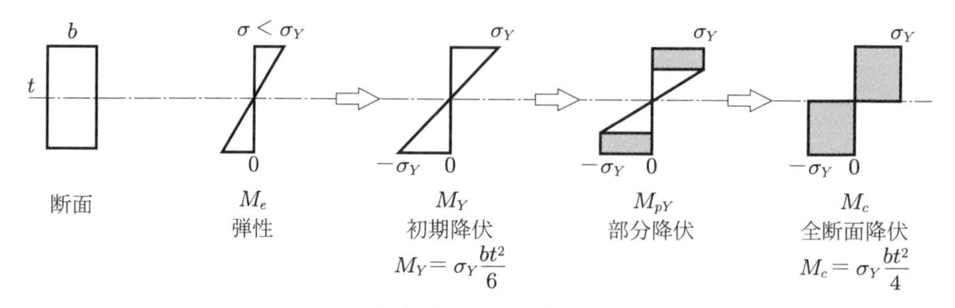

（b）応力分布の変化

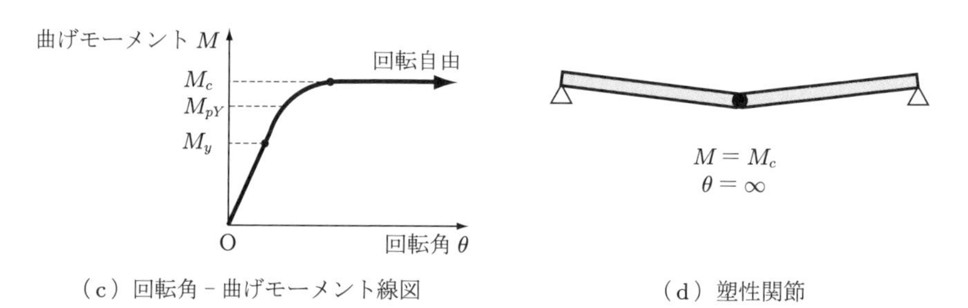

（c）回転角 - 曲げモーメント線図　（d）塑性関節

図 B.7　曲げを受ける梁の降伏

B.2　SN 線図による疲労強度設計

疲労破壊とは，1 回の負荷では破壊しないような小さい荷重であっても，繰り返し負荷することによって，構造物中を疲労き裂が発生・進展し，ついには破断に至る現象である．

疲労強度は，破壊に至る繰り返し回数の大小や作用する応力の大きさによって**高サイクル疲労**と**低サイクル疲労**に分類される．高サイクル疲労は，低応力疲労といわれ，応力振幅が疲労限度以下で小さく，破断繰り返し回数が $10^5 \sim 10^6$ 以上の疲労である．航空機や車両構造物などが代表例である．低サイクル疲労とは高応力疲労，塑性疲労といわれ，応力振幅が降伏強度に近い，またはそれ以上と高く，破断繰り返し回数が 10^4 程度以下の疲労である．プラントの圧力容器などが代表例である．

疲労強度データは SN 線図によって整理される．

有限要素法解析では，引張応力の指標である第一主応力が評価に用いられることが多い．応力振幅が一番大きくなる点を見つけて，SN 線図を使って疲労寿命を見積もる．

(1) SN 線図

繰り返し荷重による応力変動について，応力状態を表すパラメータを図 B.8(a) に示す．疲労の評価に使うのは，最大応力 $\sigma_{\max}$ と最小応力 $\sigma_{\min}$ の差（応力範囲 σ_r）の 1/2 である応力振幅 σ_a である．また，最大応力と最小応力の平均である平均応力 σ_m も，疲労寿命に大きな影響がある．疲労き裂は基本的に引張応力で進展するため，平均応力が高い（引張側）ほうが疲労寿命は短い．典型的な応力変動パターンとして両振りと片振りがある．両振りとは，図 (b) 上のように平均応力がゼロの場合であり，片振りとは，図 (b) 下のように最小応力がゼロの場合であり，$\sigma_a = \sigma_m$ が成り立つ．

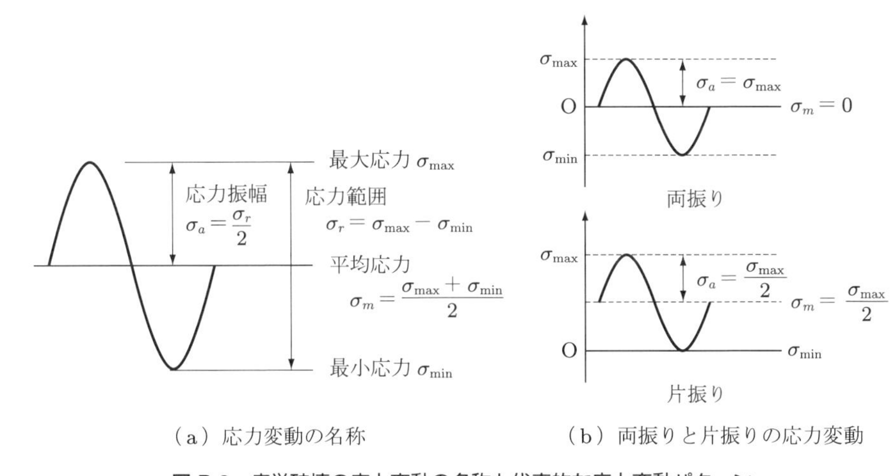

（a）応力変動の名称　（b）両振りと片振りの応力変動

図 B.8　疲労破壊の応力変動の名称と代表的な応力変動パターン

疲労強度は繰り返し応力の大きさ（応力振幅 σ_a）と破壊が生じるまでの繰り返し回数 N の関係で与えられ，この σ_a と N の関係を疲労線図または SN 線図という．一般に，応力振幅の減少とともに破断繰り返し回数が増加する右肩下がりの曲線となる．SN 線図は，繰り返し荷重が負荷できる疲労試験機によってデータを取得する．

(a) 高サイクル疲労の SN 線図

鉄鋼材料の SN 線図の例を図 B.9 に示す．SN 線図（平均応力ゼロの両振り試験）は，右肩下がり傾斜部分と水平部分に分けることができる．この線図の水平部分は，無限の繰り返し回数に対しても疲労破壊を起こさない応力の上限で，**疲労限度**とよぶ．ここでは，σ_w が疲労限度である．また，特定の破壊繰り返し回数に対応する応力振幅のことを，**時間強度**という．たとえば，図の σ^6 は 10^6 回時間強度である．

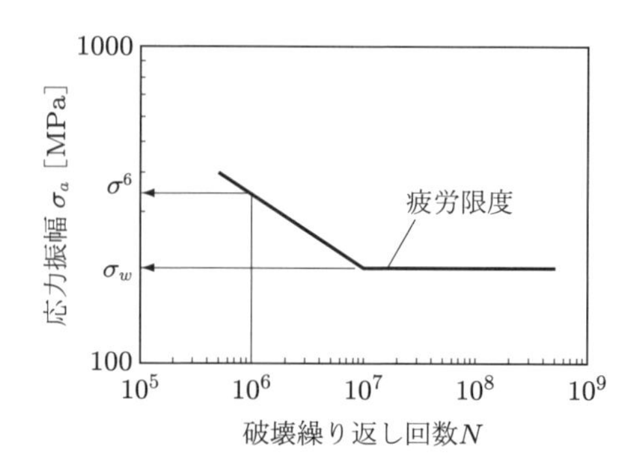

図 B.9　高サイクル疲労の SN 線図の例

非鉄金属の場合には，SN 線図に水平部分が現れないことがある．たとえば，図 B.10 は，アルミニウム合金 A2024 材の SN 線図の例である．この場合，特定の繰り返し回数（たとえば 10^6 や 10^7）に対する時間強度をもって疲労限度と定義する．

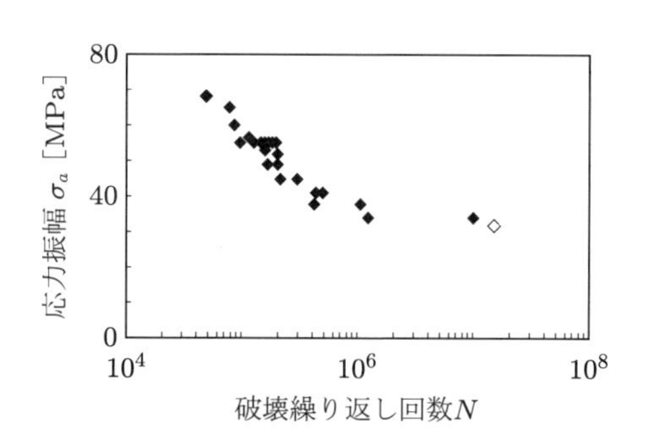

図 B.10　非鉄金属の SN 線図（アルミニウム合金）

(b) 低サイクル疲労線図

低サイクル疲労では，一般に応力振幅では評価せず，ひずみ振幅（ひずみ変動範囲 ε^T）によって評価を行う．応力が降伏応力を超えるため，応力 - ひずみ線図は図 B.11 のようにヒステリシスループを描く．ここでは，ひずみ振幅一定の試験を行っている．引張方向にひずみを加えると，図 B.11(a) のように降伏が生じ，除荷すると塑性ひずみが残った状態で応力ゼロとなる．ここで圧縮側にひずみを加えると，同様に，降伏が生じ，除荷すると，図 (b) のように圧縮側の塑性ひずみが残る．つぎに，再度引張側にひずみを加えると，降伏し，図 (c) のように最初のサイクルと同じ応力 - ひずみ状態に到達する．その後図 (b)→ 図 (c) を繰り返す．

低サイクル疲労線図は，疲労実験データを一定ひずみ変動範囲 ε^T に対する破断繰り返し回数 N として図 B.12(a) のように表示する．しかし，実用上，応力場の解析

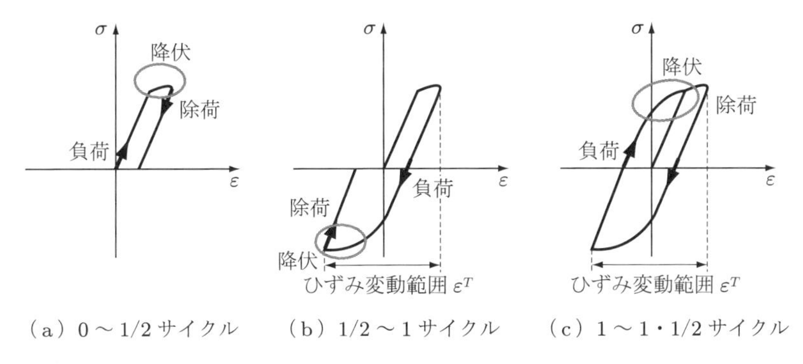

図 B.11 低サイクル疲労試験における応力 - ひずみ曲線

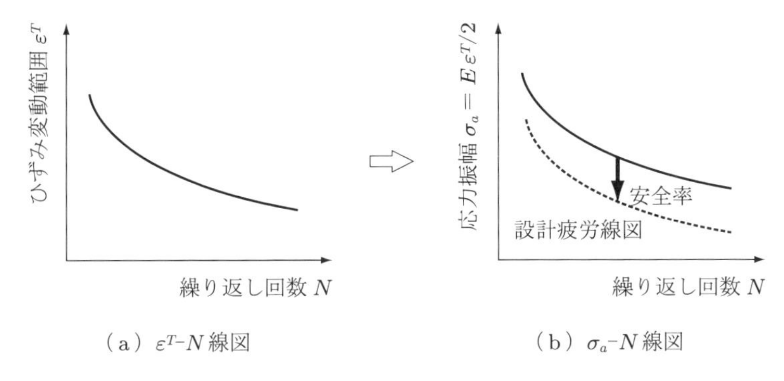

図 B.12 低サイクル疲労の SN 線図

は弾性解析がほとんどであり，塑性ひずみを含んだひずみ変動範囲 ε^T を設計において求めることは行われない．

設計計算においては，ε^T に対応する応力として，ε^T にヤング率 E をかけた応力変動範囲 $\Delta\sigma = E\varepsilon^T$ を考える．ただし，この応力は実際に存在する応力値ではなく，弾性における応力 - ひずみの関係 $\sigma = E\varepsilon$ を用いて求めた見かけの仮想的な弾性応力であり，**仮想弾性応力**とよばれる．応力 - ひずみのヒステリシスループ図 B.11(c) と仮想弾性応力の対応関係は，図 B.13 のようになり，実際には生じない高い応力値で評価を行うことになる．

仮想弾性応力を用いた疲労評価では，ε^T を仮想弾性応力振幅 σ_a $(= \Delta\sigma/2 = E\varepsilon^T/2)$ に換算して，ε^T - N 線図を図 B.12(b) に示すような σ_a - N 線図で表示し，これに安全率を見込んで**設計疲労線図**を作成する．この評価法は，線形弾性解析で得られた弾性応力振幅を疲労線図の仮想弾性応力振幅と直接比較する．

なお，仮想弾性応力による評価は，塑性領域が局所的に発生する応力集中部などに限られる．つまり，応力集中部以外のほとんどの領域は弾性変形をしている場合である．

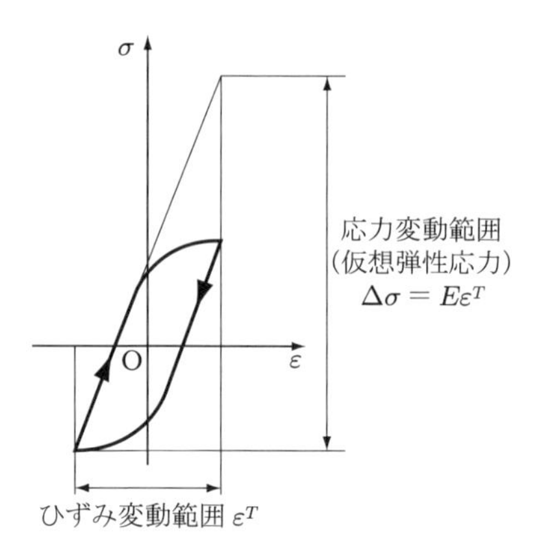

図 B.13 ひずみ一定の繰り返し挙動

(2) 疲労強度への平均応力の影響

疲労強度に与える影響因子として，切り欠き効果，平均応力，寸法効果，残留応力，表面仕上げなどが挙げられるが，ここでは平均応力の影響について述べる．

(a) 疲労限度に与える影響と評価法（高サイクル疲労）

一般に，平均応力が高い（引張側）ほうが疲労寿命は短い．両振りの平均応力ゼロにおける疲労限度の応力振幅 σ_w と引張強さ σ_B からある平均応力 σ_m の疲労限度の応力振幅 σ_a を推定する経験式が提案されている．縦軸に疲労限度の応力振幅 σ_a，横軸に平均応力 σ_m を表示して，平均応力下の疲労限度を表示した図を疲労限度線図という．このなかでも代表的なものが図 B.14 の**修正グッドマン（Goodman）線図**である．縦軸上に対象となる材料の σ_w，横軸上に引張強さ σ_B をプロットしたうえで，直線で結んだ関係として表現する．これにより，次式から両振りの疲労限度 σ_w に対して，平均応力 σ_m 存在下での修正疲労限度 σ_a を求めることができる．たとえば，図では平均応力が 200 MPa のとき，疲労限度は 100 MPa となり，両振りの疲労限度 250 MPa から大幅に低下する．

$$\sigma_a = \sigma_w \left(1 - \frac{\sigma_m}{\sigma_B}\right) \tag{B.6}$$

ここで，片振りの条件の疲労限度は，$\sigma_m = \sigma_a$ を式 (B.6) に代入すると，

$$\sigma_a = \frac{\sigma_w \sigma_B}{\sigma_w + \sigma_B} \tag{B.7}$$

となる．

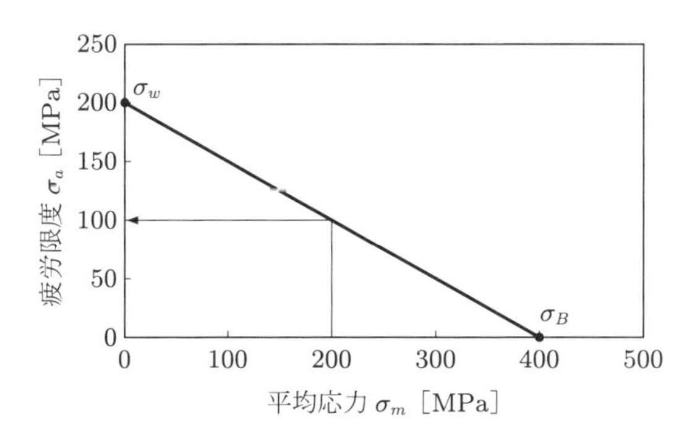

図 B.14　修正グッドマン線図

(b) 時間強度に与える影響と評価法（高・低サイクル疲労）

(I) 平均応力の修正

低サイクル疲労の場合，仮想弾性応力の最大値 $\sigma_{\max}$ $(= \sigma_a + \sigma_m)$ が降伏応力 σ_Y を超えるため，平均応力 σ_m は単純に求まらない．図 B.15(a) に $\sigma_a < \sigma_Y$ の場合の弾完全塑性体を仮定した応力 - ひずみ線図を示す．ここでは，最大応力 $\sigma_{\max}$ から除荷する場合を考える．原点 O より，負荷を開始すると，降伏応力 σ_Y に達して塑性変形を開始し，点 B_1 に至る．ここで，点 B_1 は，ひずみ範囲が ε^T になる点である．そ

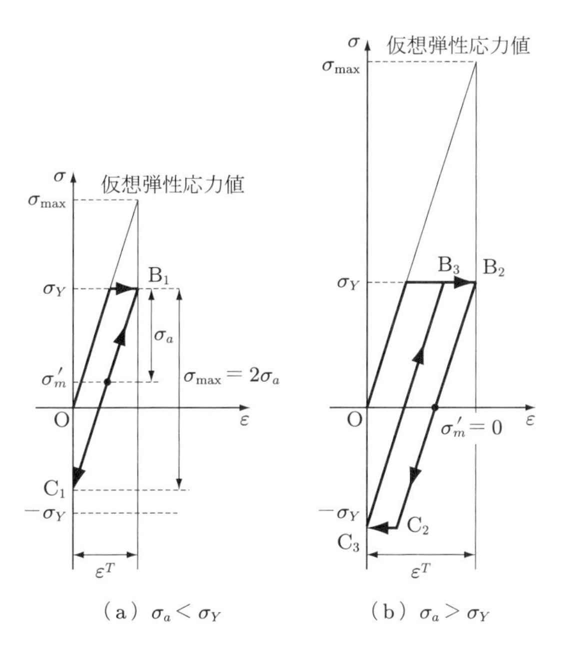

図 B.15　低サイクル疲労の平均応力補正方法

の後の除荷過程では，弾性的に点 C_1 に達して除荷が終了する．その後の負荷過程では，また点 B_1 に戻るため，$B_1 \leftrightarrow C_1$ 間を弾性的に往復することになる．このような状態を**シェークダウン**とよぶ．この際の，平均応力は次式で計算できる．

$$\sigma'_m = \sigma_Y - \sigma_a \tag{B.8}$$

つぎに，図 B.15(b) に $\sigma_a > \sigma_Y$ の場合の応力 - ひずみ線図を示す．図 (a) と同様に降伏後，点 B_2 に至る．その後の除荷過程では，弾性的に点 C_2 に達した後，再び降伏応力に達するため，点 C_3 に到達する．その後の負荷過程で点 B_3 に達した後，塑性変形により点 B_2 に到達する．つまり，$B_2 \to C_2 \to C_3 \to B_3 \to B_2$ となるため，平均応力は $\sigma'_m = 0$ となる．

(Ⅱ) 等価応力振幅の算定

つぎに，修正グッドマン線図と同様の考え方で，平均応力による時間強度の低下について述べる．

グッドマン線図と類似の考え方で，図 B.16(a) に示すように，ある平均応力 σ'_m と応力振幅 σ_a が作用する場合と等価な両振りの応力振幅 σ_{eq} を，(σ'_m, σ_a) と $(\sigma_B, 0)$ を直線で結んだ外挿点 $(0, \sigma_{\mathrm{eq}})$ として求める．この線図を**拡張した修正グッドマン線図**とよぶ．σ_{eq} は σ_a よりも大きくなるが，これは平均応力による時間強度の低下の効果である．

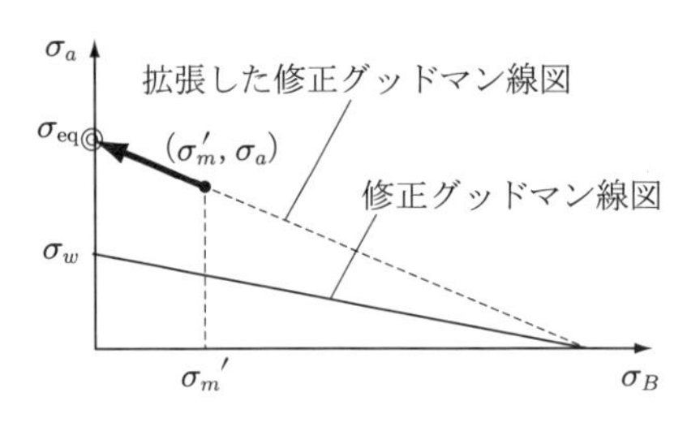

（a）拡張した修正グッドマン線図

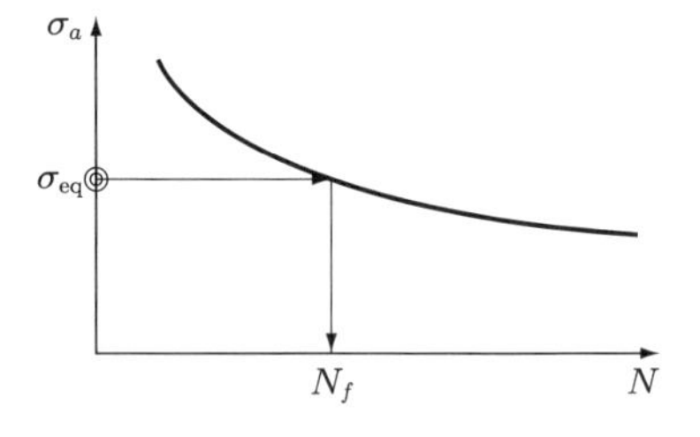

（b）両振りの SN 線図を使った寿命評価

図 B.16　等価応力振幅計算による疲労寿命評価

すなわち，等価応力振幅とは，ある平均応力 σ'_m と応力振幅 σ_a が作用する場合と等価な疲労損傷を与える両振りの応力振幅 σ_{eq} の大きさであり，次式により算定できる．

$$\sigma_{\mathrm{eq}} = \frac{\sigma_a}{1 - \sigma'_m/\sigma_B} \tag{B.9}$$

この σ_{eq} を用いて，図 B.16(b) に示すように両振りの SN 線図から破断繰り返し回数 N_f を求める．

(3) 累積疲労損傷〜マイナー則

応力振幅が一定値ではなく，変動する場合には，疲労損傷が線形に累積していくものと仮定して，単純な加算により評価する．たとえば，図 B.17 に示すような，2 段階の応力振幅の組み合わせを 1 ブロックとして繰り返し負荷する場合の破壊ブロック数の評価は，以下の手順で行う．

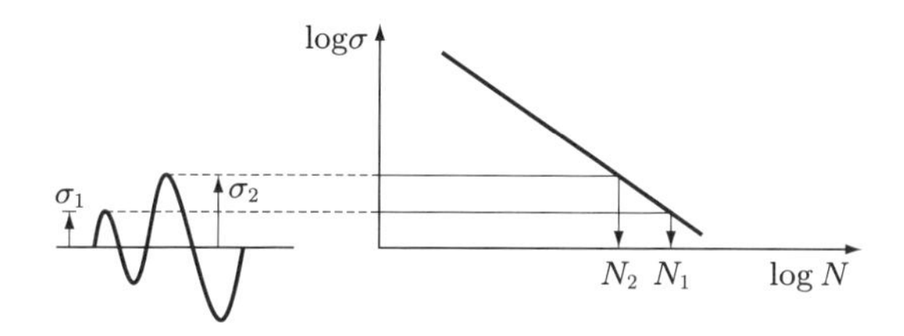

図 B.17　マイナーの線形疲労損傷則図

疲労破壊する時点での損傷を 1 と定義する．SN 線図より，応力振幅 σ_1 の負荷によって N_1 回で破壊することがわかるので，線形に損傷が蓄積するものと仮定すると，1 回あたりの損傷量は $1/N_1$ で与えられる．同様にして，σ_2 の波形 1 回あたりの疲労損傷蓄積量は $1/N_2$ で与えられる．したがって，1 ブロックあたりでは，

$$d = \frac{1}{N_1} + \frac{1}{N_2} \tag{B.10}$$

だけ蓄積するので，破壊時のブロック数は，

$$N_b = \frac{1}{d} \tag{B.11}$$

として求められる．また，ある有限時間の波形のなかに，σ_i $(i = 1, 2, \ldots, k)$ の k 段階の応力振幅が存在し，各振幅波形が n_i 波ずつ存在するとき，蓄積される損傷量の総和は，

$$D = \sum_{i=1}^{k} \frac{n_i}{N_i} \tag{B.12}$$

で与えられることになる．ただし，N_i は σ_i に対応する寿命である．

このように，疲労損傷が線形に蓄積されるものとして損傷量が評価されるとする考え方を，**マイナーの線形疲労損傷則**という．

B.3 応力集中係数と応力拡大係数

ここでは，構造設計によく用いられる応力集中係数と応力拡大係数について解説する．

(1) 応力集中係数

図 B.18(a) のような平板を引っ張る場合，断面が一様ならば，応力値は $\sigma = F/(Bt)$ となる．もし，断面が一様でなく，図 B.18(b) のように，円孔などで一部分の断面積が小さくなると，最小断面に発生する応力は $\sigma_0 = F/(bt)$ と単純に均一にはならず，円孔周辺の応力が局所的に σ_0 より高くなる．このように，部材の形状が急激に変化する部分の近傍の応力が局所的にきわめて高くなることがある．この現象を**応力集中**とよぶ．応力集中部分からの破壊が多いため，強度評価の際には重要となる．円孔のほか，切り欠きや角部などで応力集中が発生する．

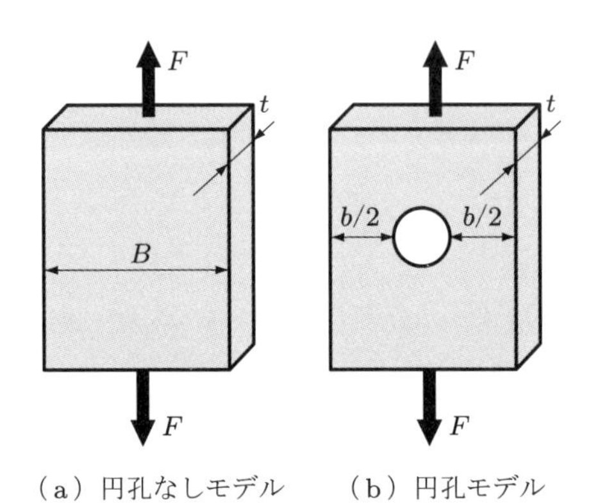

図 B.18　円孔の応力集中

応力集中の度合いを定義するために，応力集中係数という指標が用いられている．これは，最大応力 $\sigma_{\max}$ を何らかの基準応力（たとえば，図 B.18(b) の円孔を有する帯板の場合なら $\sigma_0 = F/(bt)$）で割った値であり，$\alpha = \sigma_{\max}/\sigma_0$ で定義される．具体的な例をいくつか述べる．

図 B.19 は半径 a の円孔を含む無限大の板を無限遠方で等分布荷重 σ_0 で引っ張った場合である．この際の応力 σ_y の x 軸上での分布は，つぎのようになる（別途弾性論などの計算から求まる）．

$$\sigma_y = \frac{\sigma_0}{2}\left(2 + \frac{a^2}{x^2} + 3\frac{a^4}{x^4}\right) \tag{B.13}$$

円孔の表面 $x = a$ で応力は最大となり，$\sigma_{\max} = 3\sigma_0$ が得られる．よって，基準応力

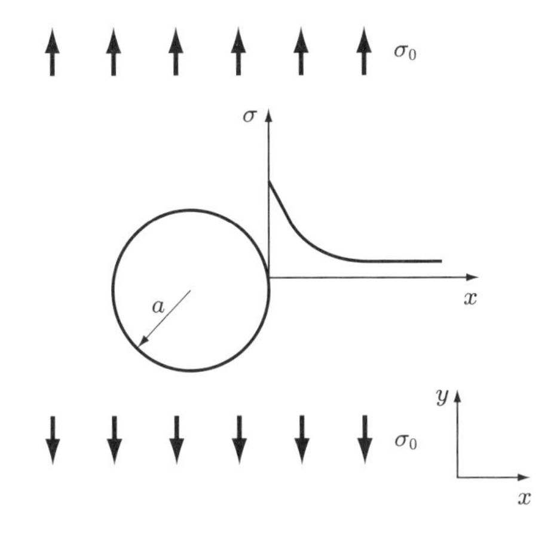

図 B.19　無限板中の円孔

を σ_0 とすれば，応力集中係数は $\alpha = 3$ である．一般に，応力集中係数は 2〜5 程度の場合が多い．

つぎに，図 B.20(a) のような有限幅の帯板の応力集中係数を考える．帯板の幅を $2b$，厚さを h とする．縦方向（y 方向）には十分に長いものとし，荷重 P で引っ張る（等分布荷重に換算すると，$\sigma_0 = P/(2bh)$ となる）．円孔の縁で応力 σ_y は最大となり，最小断面での平均応力 $\sigma_n = P/\{2(b-a)h\}$ を基準応力として用いると，応力集中係数 α は図 (b) のように，円孔の直径と板厚の比である a/b の関数として表される．$a/b = 0$ の場合が，上述した無限平板中の円孔の応力集中に相当し，$\alpha = 3$ となる，a/b が大きくなるほど α は減少し，円孔の直径が板幅の大きさに近づくと $\alpha = 2$

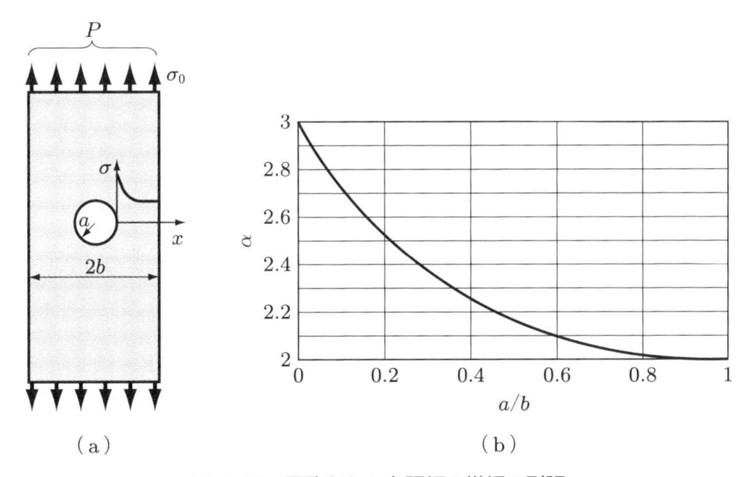

図 B.20　円孔をもつ有限幅の帯板の引張

になる．基準応力には，σ_0 を使ってもかまわないため，σ_0, σ_n のどちらを用いているのかを確認する必要がある．

(2) 応力拡大係数

構造物に円孔やノッチが存在した場合，応力集中が生じる．たとえば，図 B.21(a) のように，長軸 $2a$，短軸 $2b$ のだ円孔を含む無限平板に，円孔より十分離れたところで長軸に垂直な応力 σ_y^∞ が作用する場合を考える．切欠先端半径は $\rho = b^2/a$ となり，最大応力 $\sigma_{\max}$ は式 (B.14) となる．応力分布は式 (B.15) で表され†，図 B.21(a) のようになる．

$$\sigma_{\max} = \sigma_y^\infty \left(1 + 2\sqrt{\frac{a}{\rho}}\right) \tag{B.14}$$

$$(\sigma_y)_{y=0} = \sigma_y^\infty \sqrt{\frac{a}{2r+\rho}} \left(1 + \frac{\rho}{2r+\rho}\right) + \left(\frac{\rho}{2r+\rho}\right) \tag{B.15}$$

一方，き裂はだ円孔の切欠半径が限りなくゼロに近づき，鋭くなったものである．弾性力学の計算により，応力分布はき裂進展方向で近似的に次式となり，分布は図 B.21(b)

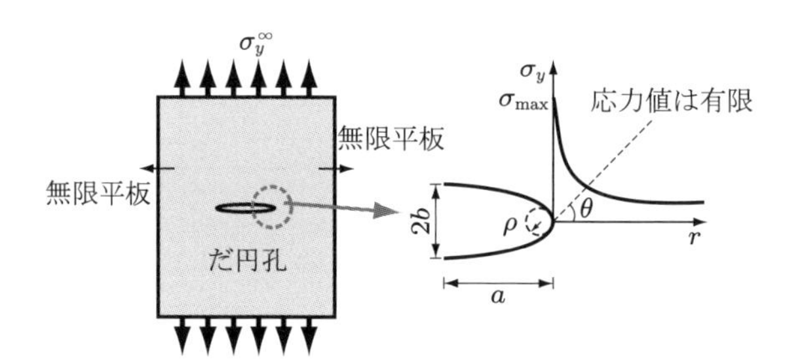

（a）だ円孔の応力分布

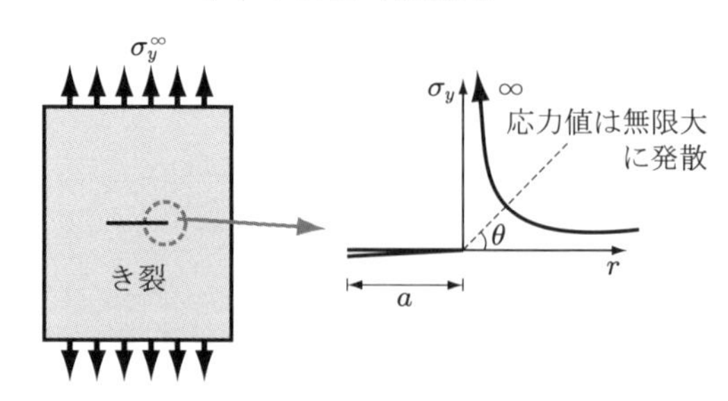

（b）き裂の応力分布

図 B.21　だ円孔とき裂の応力分布（無限平板）

† ただし，$\rho \ll a$ の場合の近似式である．

のように，き裂先端で無限大に発散する．

$$(\sigma_y)_{y=0} = \sigma_y^{\infty}\sqrt{\frac{a}{2r}} \tag{B.16}$$

式 (B.16) を書き直して，次式を得る．

$$(\sigma_y)_{y=0} = \frac{K_{\mathrm{I}}}{\sqrt{2\pi r}}, \quad K_{\mathrm{I}} = \sigma_y^{\infty}\sqrt{\pi a} \tag{B.17}$$

ここで，K_{I} を**応力拡大係数**，$2a$ をき裂長さとよぶ．一般には，表面き裂や半だ円き裂など，さまざまなケースがあり，応力拡大係数は形状，荷重と境界条件に依存する．

応力集中は 1 点（$\sigma_{\max}$）の応力の値で破壊を評価できるが，き裂の場合は応力が発散してしまうので，最大応力の評価は適当ではない．よって，応力場の大小を評価できるパラメータとして応力拡大係数が用いられる．

き裂先端の応力分布，および変位分布は，き裂先端を中心とする円柱座標系において，それぞれ次式で表される．

$$\begin{Bmatrix} \sigma_x \\ \sigma_y \\ \tau_{xy} \end{Bmatrix} = \frac{K_{\mathrm{I}}}{\sqrt{2\pi r}}\cos\frac{\theta}{2}\begin{Bmatrix} 1-\sin\frac{\theta}{2}\sin\frac{3\theta}{2} \\ 1+\sin\frac{\theta}{2}\sin\frac{3\theta}{2} \\ \sin\frac{\theta}{2}\cos\frac{3\theta}{2} \end{Bmatrix} \tag{B.18}$$

$$\begin{Bmatrix} u \\ v \end{Bmatrix} = \frac{K_{\mathrm{I}}}{2G}\sqrt{\frac{r}{2\pi}}\begin{Bmatrix} \cos\frac{\theta}{2}\left(\kappa-1+2\sin^2\frac{\theta}{2}\right) \\ \sin\frac{\theta}{2}\left(\kappa+1-2\cos^2\frac{\theta}{2}\right) \end{Bmatrix} \tag{B.19}$$

ここで，ν はポアソン比，G は横弾性係数である．κ は物性値で，平面応力の場合，$\kappa = (3-\nu)/(1+\nu)$ である．

これまで，き裂に対して垂直な引張応力が作用するいわゆるモードⅠのき裂について説明してきた．き裂の進展には，変形様式に応じて，モードⅠ以外にモードⅡとモードⅢがある．モードⅡは面内せん断変形であり，モードⅢは面外せん断変形である．それぞれについて応力拡大係数 K_{II}，K_{III} が定義される．任意の破壊様式は，Ⅰ，Ⅱ，Ⅲの重ね合わせで評価できる．

最後に，いくつかの応力拡大係数の事例を紹介する．図 B.22 のような，さまざまな境界条件における応力拡大係数は，無限遠方の負荷応力を σ_y^{∞} として，

$$\frac{K}{\sigma_y^{\infty}} = M\sqrt{\pi a} \tag{B.20}$$

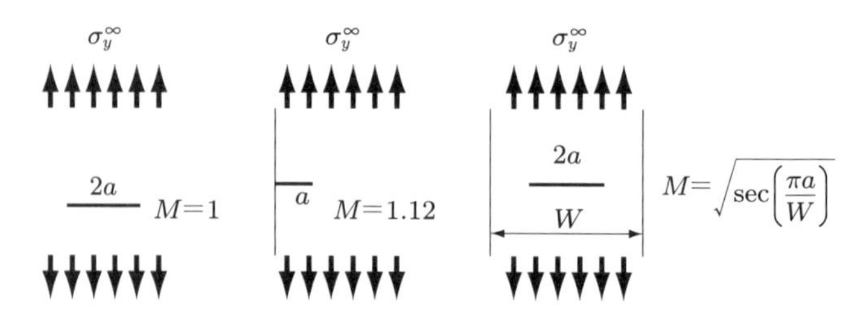

図 B.22　さまざまな応力拡大係数の例（式 (B.20) 参照）

で与えられる．M の値は図中に示した．応力拡大係数は有限要素法で求めることができるが，単純な形状の多くは便覧やハンドブックなどにまとめられているので参照するとよい．

また，式 (B.20) より，応力拡大係数はき裂長さに依存し，き裂長さが 2 倍になると，応力拡大係数は $\sqrt{2}$ 倍になることがわかる．

(3) グリフィスの式

き裂が存在すると，き裂先端の応力は無限大になってしまう．そのため，応力を評価基準に使うと，どんなに小さな荷重を負荷した場合でも，き裂は進展してしまうことになる．しかし，これは現実の現象とはかけ離れている．この問題を解決したのがグリフィスである．グリフィスは，図 B.21(b) のような無限平板において，平面応力状態・変位一定・引張の条件で，き裂進展開始条件式を導いた（このようなき裂を**グリフィスき裂**とよぶ）．

き裂が進展するという現象は，応力を負荷した際に，現在の系の状態よりもき裂が進展した状態のほうが，系全体のエネルギーが低くなるということである．

系のエネルギーには，二つの寄与が含まれる．一つ目は，き裂進展に対してエネルギーを低下させる，つまり，き裂を進展させようとするエネルギーで，弾性ひずみエネルギーの解放である．弾性ひずみエネルギー U は，き裂先端部の応力場を積分することによって得られる† (σ_y^∞ を単に，σ と略した)．U_0 は初期の弾性ひずみエネルギーで一定値である．

† 線形弾性体の場合の単位体積あたりの弾性ひずみエネルギー U は，

$$U = \frac{1}{2}(\sigma_x \varepsilon_x + \sigma_y \varepsilon_y + \sigma_z \varepsilon_z + \tau_{xy}\gamma_{xy} + \tau_{xz}\gamma_{xz} + \tau_{yz}\gamma_{yz})$$

である．系の弾性ひずみエネルギーは全体積にわたって積分して求める．

$$U = U_0 - \frac{\pi a^2 \sigma^2}{E} \tag{B.21}$$

二つ目は，き裂進展に対して，エネルギーを上昇させる，つまり，き裂を進展させまいとするのは，あらたな表面ができることによる表面エネルギーの増加である．全表面エネルギー W は，き裂表面積 $(2a)$ に表面エネルギー γ をかけることで得られる．表面は上下にあるので，2 倍する必要がある．

$$W = 2(2a)\gamma = 4a\gamma \tag{B.22}$$

き裂が微小量 $\mathrm{d}a$ 進展する際の系のエネルギー Π の変化は，

$$\frac{\mathrm{d}\Pi}{\mathrm{d}a} = \frac{\mathrm{d}(U+W)}{\mathrm{d}a} = -\frac{2\pi a \sigma^2}{E} + 4\gamma \tag{B.23}$$

となり，$\mathrm{d}\Pi/\mathrm{d}a < 0$ でき裂が進展するから，き裂進展開始条件は，次式となる．

$$\frac{2\pi a \sigma^2}{E} \geqq 4\gamma \tag{B.24}$$

$$\sigma \geqq \sqrt{\frac{2\gamma E}{\pi a}} \tag{B.25}$$

式 (B.25) をグリフィスの式という．ここで，Π を縦軸，a を横軸にとったグラフを作成すると，図 B.23 のようになる．き裂長さ a_c 以下では，き裂進展に対してエネルギーが増加するので，き裂は進展しない．き裂長さ a_c 以上では，き裂進展に対してエネルギーが減少するので，き裂は進展することがわかる．

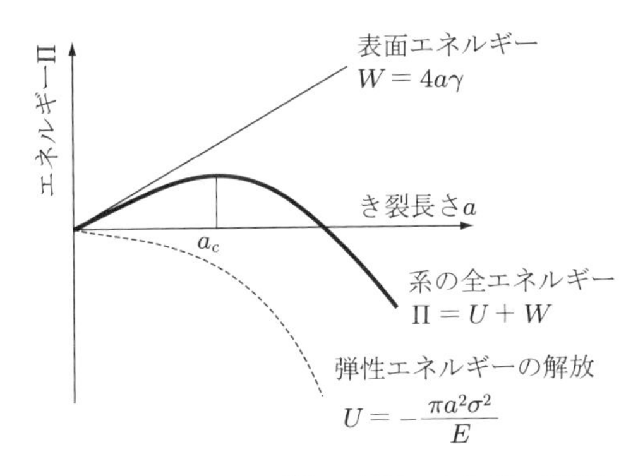

図 B.23　き裂長さの増加に伴うエネルギーの変化

(4) エネルギー解放率

エネルギー解放率 g とは，簡単にいえば，き裂の進展に寄与する一般化力であり，き裂進展力とよぶこともあり，き裂長さを A $(=2a)$，き裂に与えられるエネルギーを U（グリフィスの式の場合，弾性エネルギーの解放 U[†]）として，次式で定義される．

$$g = \frac{\mathrm{d}U}{\mathrm{d}A} \tag{B.26}$$

基本的な概念はグリフィスの式と同一であり，エネルギー解放率はグリフィスの式を一般化したものという位置づけになる．つまり，グリフィスの式でのき裂を進展させる弾性エネルギーの解放がエネルギー解放率と対応し，

$$g = \frac{\mathrm{d}U}{\mathrm{d}(2a)} = \frac{\pi a \sigma^2}{E} \tag{B.27}$$

と表せる．したがって，破壊の条件は，き裂の進展の抵抗力である次式

$$\frac{\mathrm{d}W}{\mathrm{d}(2a)} = 2\gamma \tag{B.28}$$

との釣り合いにおいて，$g \geqq 2\gamma$ となる（式 (B.24) と比較してみてほしい）．グリフィスの式は理想的な条件であるため，ほとんどの材料では成り立たない．一般に，き裂が進展する条件は，次式のように，エネルギー解放率 g が**破壊じん性値** g_{c} を超えるかどうかで判断する．ここで，g_{c} は実験によって求める．

$$g \geqq g_{\mathrm{c}} = \left(2\gamma : \text{グリフィスき裂の場合}\right) \tag{B.29}$$

エネルギー解放率は，応力拡大係数と 1 対 1 の関係がある．平面応力の場合，つぎのようになる．

$$g = \frac{1}{E} K_{\mathrm{I}}^2 \tag{B.30}$$

式 (B.30) が意味するところは，応力分布より応力拡大係数を求めることができれば，エネルギー解放率を得ることができ，破壊じん性値との比較において，破壊の評価（き裂が進展するかどうかの評価）が可能になるということである．これは工学的に非常に重要である．破壊じん性値は，き裂長さに依存しない材料固有の物性値である．一般に，線形弾性体とみなせる材料のき裂の評価には，破壊じん性値 g_{c} に対応する限界応力拡大係数（これも破壊じん性値ともいう）K_{C} も用いられる．モード I のき裂の場合は K_{IC} と表記される．

グリフィスの式は，無限平板・平面応力状態・変位一定・引張というきわめて限定的な条件であったが，エネルギー解放率は，これらの条件以外でも成り立つ一般化さ

† 一般には，これに荷重がする仕事が加わる．グリフィスのモデルでは変位一定なので，荷重は仕事をしない．

れた定義である．

(5) 応力拡大係数と引張強度の関係（脆性材料の引張強さ）

脆性材料の引張強さは，材料中に存在するき裂の大きさと方向に依存する．表面処理がされていて，きわめて平滑な試験片は，表面き裂の長さが短く，密度も低い．機械研磨などにより表面の荒れが大きい試験片は，表面き裂の長さは長く，密度も高い．存在するき裂のなかから一番弱いものが起点となって破壊に至るため，平均的なき裂長よりも，むしろ最大のき裂長が問題となる．

いま，図 B.24 のように，半無限平板の表面き裂の問題を考える．一方の平板は表面処理がされており，最大き裂長が a であったとする．もう一方は，表面処理がされておらず，最大き裂長が $4a$ であったとする．図 (a) の試験片の引張強さは，

$$K_{\mathrm{I}} = M\sigma_y^{\infty}\sqrt{\pi a} > K_{\mathrm{IC}} \tag{B.31}$$

より，

$$\sigma_y^{\infty} = \frac{K_{\mathrm{IC}}}{M\sqrt{\pi a}} \tag{B.32}$$

となる．一方，図 B.24(b) の試験片では，

$$\sigma_y^{\infty} = \frac{K_{\mathrm{IC}}}{M\sqrt{4\pi a}} = \frac{1}{2}\frac{K_{\mathrm{IC}}}{M\sqrt{\pi a}} \tag{B.33}$$

となり，図 B.24(b) の引張強さは半分になる．脆性材料の引張強さが材料固有の特性量ではないことが確認できる．

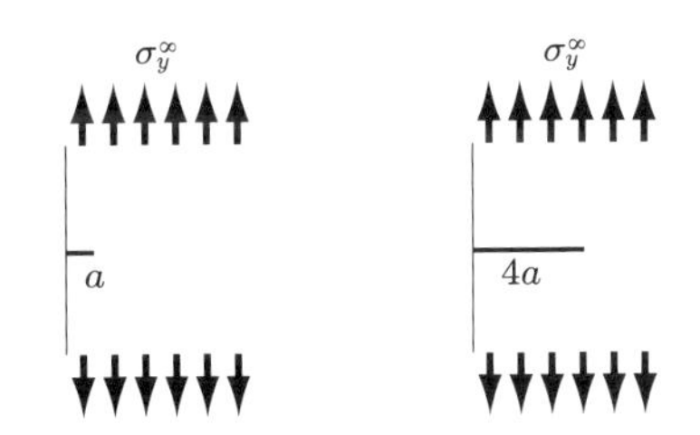

（a）き裂の長さa　（b）き裂の長さ$4a$

図 B.24　異なる長さのき裂を有する半無限平板

(6) 応力拡大係数を使った強度の考え方

(a) 脆性破壊と延性破壊

一般に，引張強さと破壊じん性値はトレードオフの関係になっており，両方が高い材料は存在しない．金属などの延性材料は，破壊じん性値が高いため，塑性変形を伴う塑性崩壊などの延性破壊で壊れることが多い．一方，セラミックスなどの脆性材料は，引張強さは高いが，破壊じん性値が低いため，塑性変形を伴わずに脆性破壊で壊れることが多い．

しかし，延性材料であっても，含まれるき裂が長くなると，応力拡大係数が大きくなるため，脆性破壊を起こす．いま，長さ $2a$ のき裂を含む無限平板に応力 σ_y^∞ を負荷することを考える．このときの応力拡大係数は，$K_{\mathrm{I}} = \sigma_y^\infty \sqrt{\pi a}$ となり，き裂が進展する条件は $K_{\mathrm{I}} > K_{\mathrm{IC}}$（破壊じん性値）であることから，荷重 $\sigma_y^\infty = K_{\mathrm{IC}}/\sqrt{\pi a}$ で脆性破壊することになる．一方，引張強さ σ_B に達する条件は，き裂が板の幅より十分に短いと仮定して，$\sigma_y^\infty = \sigma_B$（引張強さ）である．よって，横軸にき裂長さ a を縦軸に破壊荷重 σ_y^∞ をとると，図 B.25 のように，き裂長さが短い領域では延性破壊を，長い領域では脆性破壊をすることがわかり，その境界の臨界き裂長さは次式となる．

$$a_{\mathrm{c}} = \frac{1}{\pi}\left(\frac{K_{\mathrm{IC}}}{\sigma_B}\right)^2 \tag{B.34}$$

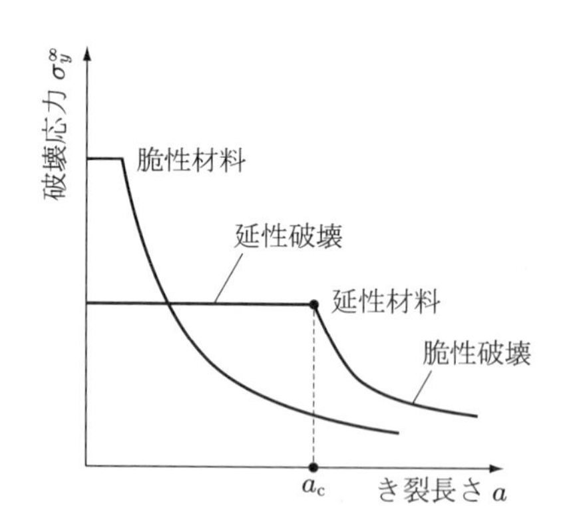

図 B.25　延性材料と脆性材料の破壊応力のき裂長さ依存性

金属などの延性材料に含まれるき裂は，疲労で進展するため，疲労き裂が臨界き裂長さ a_c を超えると，金属も脆性破壊を起こす．

一方，脆性材料は破壊じん性値が低いため，図 B.25 のように含まれているき裂が短くても脆性破壊が起こり，延性破壊が起こらない．

破壊じん性値のみが脆性材料の材料固有の物性値であるが，材料に含まれているき裂長さは計測不可能であるため，脆性材料の破壊応力は不確定性が大きい．これが脆性材料を強度部材に採用しにくい理由の一つになっている．

また，金属であっても，ばね鋼のように，表面処理や熱処理で引張強さを高めた高強度鋼は破壊じん性値が低くなり，脆性破壊を起こす場合がある．

(b) き裂の進展評価

応力拡大係数は疲労き裂の進展評価にも用いられる．ΔK を応力拡大係数の変動幅とし，き裂進展速度 $\mathrm{d}a/\mathrm{d}N$ を与える次式を**パリス則**とよぶ．

$$\frac{\mathrm{d}a}{\mathrm{d}N} = c\,(\Delta K)^m \tag{B.35}$$

ここで，c と m は材料によって決まる定数である．

また，これ以下の応力拡大係数範囲では，き裂が進展しない下限界応力拡大係数範囲 ΔK_{th} も存在する．

練習問題解答

2章

問題 2.1

R_i は節点 i の反力とする.

(a)

$$\begin{bmatrix} 2k & -2k & 0 \\ -2k & 3k & -k \\ 0 & -k & k \end{bmatrix} \begin{Bmatrix} u_1 \\ u_2 \\ u_3 \end{Bmatrix} = \begin{Bmatrix} R_1 \\ F \\ R_3 \end{Bmatrix}$$

$u_2 = F/3k, \quad R_1 = -2F/3, \quad R_3 = -F/3$

(b)

$$\begin{bmatrix} k & -k & 0 & 0 \\ -k & 2k & -k & 0 \\ 0 & -k & 2k & -k \\ 0 & 0 & -k & k \end{bmatrix} \begin{Bmatrix} u_1 \\ u_2 \\ u_3 \\ u_4 \end{Bmatrix} = \begin{Bmatrix} R_1 \\ F \\ 0 \\ R_4 \end{Bmatrix}$$

$u_2 = 2F/3k, \quad u_3 = F/3k, \quad R_1 = -2F/3, \quad R_4 = -F/3$

(c)

$$\begin{bmatrix} k & 0 & 0 & -k \\ 0 & 2k & -2k & 0 \\ 0 & -2k & 3k & -k \\ -k & 0 & -k & 2k \end{bmatrix} \begin{Bmatrix} u_1 \\ u_2 \\ u_3 \\ u_4 \end{Bmatrix} = \begin{Bmatrix} R_1 \\ R_2 \\ F \\ F \end{Bmatrix}$$

$u_3 = 3F/5k, \quad u_4 = 4F/5k, \quad R_1 = -4F/5, \quad R_2 = -6F/5$

問題 2.2

(a)　全体剛性マトリックス

$$\frac{EA}{4L} \begin{bmatrix} 4 & 0 & 0 & 0 & -4 & 0 \\ 0 & 0 & 0 & 0 & 0 & 0 \\ 0 & 0 & \sqrt{2} & -\sqrt{2} & -\sqrt{2} & \sqrt{2} \\ 0 & 0 & -\sqrt{2} & \sqrt{2} & \sqrt{2} & -\sqrt{2} \\ -4 & 0 & -\sqrt{2} & \sqrt{2} & 4+\sqrt{2} & -\sqrt{2} \\ 0 & 0 & \sqrt{2} & -\sqrt{2} & -\sqrt{2} & \sqrt{2} \end{bmatrix}$$

$$u_3 = (F_3 + G_3)\,L/EA, \quad v_3 = \left(F_3 + \left(2\sqrt{2}+1\right)G_3\right)L/EA$$

(b) 全体剛性マトリックス

$$\frac{EA}{8L}\begin{bmatrix} 3 & \sqrt{3} & -3 & -\sqrt{3} & 0 & 0 \\ \sqrt{3} & 1 & -\sqrt{3} & -1 & 0 & 0 \\ -3 & -\sqrt{3} & 3+2\sqrt{2} & \sqrt{3}-2\sqrt{2} & -2\sqrt{2} & 2\sqrt{2} \\ -\sqrt{3} & -1 & \sqrt{3}-2\sqrt{2} & 1+2\sqrt{2} & 2\sqrt{2} & -2\sqrt{2} \\ 0 & 0 & -2\sqrt{2} & 2\sqrt{2} & 2\sqrt{2} & -2\sqrt{2} \\ 0 & 0 & 2\sqrt{2} & -2\sqrt{2} & -2\sqrt{2} & 2\sqrt{2} \end{bmatrix}$$

$$u_2 = \frac{LF}{EA}\left(2\sqrt{6} - 3\sqrt{2} - 8 + 4\sqrt{3}\right), \quad v_2 = \frac{LF}{EA}\left(-6\sqrt{2} + 3\sqrt{6} - 8 + 4\sqrt{3}\right)$$

(c) 全体剛性マトリックス

$$\frac{EA}{2L}\begin{bmatrix} 3 & \sqrt{3} & -3 & -\sqrt{3} & 0 & 0 \\ \sqrt{3} & 1 & -\sqrt{3} & -1 & 0 & 0 \\ -3 & -\sqrt{3} & 6 & 0 & -3 & \sqrt{3} \\ -\sqrt{3} & -1 & 0 & 2 & \sqrt{3} & -1 \\ 0 & 0 & -3 & \sqrt{3} & 3 & -\sqrt{3} \\ 0 & 0 & \sqrt{3} & -1 & -\sqrt{3} & 1 \end{bmatrix}$$

$$u_2 = 0, \quad v_2 = -LF/EA$$

■ 3 章

問題 3.1

変位関数を $u = a_1 + a_2x + a_3y$ とし，各節点の座標を入力して，係数 a_1, a_2, a_3 を求めるとつぎのようになる．

$$\begin{cases} u_1 = a_1 \\ u_2 = a_1 + a_2 \\ u_3 = a_1 + a_2 + a_3 \end{cases}, \quad \begin{cases} a_1 = u_1 \\ a_2 = u_2 - a_1 = u_2 - u_1 \\ a_3 = u_3 - a_1 - a_2 = u_3 - u_2 \end{cases}$$

これより，次式を得る．

$$u(x,y) = u_1 + (u_2 - u_1)x + (u_3 - u_2)y = \underbrace{(1-x)}_{N_1}u_1 + \underbrace{(x-y)}_{N_2}u_2 + \underbrace{y}_{N_3}u_3$$

形状関数を求める．

$$\left\{\begin{array}{c} u(x,y) \\ v(x,y) \end{array}\right\} = \underbrace{\begin{bmatrix} 1-x & 0 & x-y & 0 & y & 0 \\ 0 & 1-x & 0 & x-y & 0 & y \end{bmatrix}}_{[N]} \left\{\begin{array}{c} u_1 \\ v_1 \\ u_2 \\ v_2 \\ u_3 \\ v_3 \end{array}\right\}$$

B マトリックスは $[N]$ を微分して，以下のようになる．

$$\left\{\begin{array}{c} \varepsilon_x \\ \varepsilon_y \\ \gamma_{xy} \end{array}\right\} = \left\{\begin{array}{c} \dfrac{\partial u}{\partial x} \\ \dfrac{\partial v}{\partial y} \\ \dfrac{\partial u}{\partial y} + \dfrac{\partial v}{\partial x} \end{array}\right\} = \underbrace{\begin{bmatrix} -1 & 0 & 1 & 0 & 0 & 0 \\ 0 & 0 & 0 & -1 & 0 & 1 \\ 0 & -1 & -1 & 1 & 1 & 0 \end{bmatrix}}_{[B]} \left\{\begin{array}{c} u_1 \\ v_1 \\ u_2 \\ v_2 \\ u_3 \\ v_3 \end{array}\right\}$$

一方，平面応力の弾性定数は，ポアソン比を 0 と置いた場合，以下の式となる．

$$[E] = E \begin{bmatrix} 1 & 0 & 0 \\ 0 & 1 & 0 \\ 0 & 0 & \dfrac{1}{2} \end{bmatrix}$$

これより，要素剛性マトリックスは，以下の式になる．断面積を $A\ (= 1/2)$ とする．

$$[k] = \int_V [B]^T [E][B] \mathrm{d}V$$

$$[k] = AEt \begin{bmatrix} -1 & 0 & 0 \\ 0 & 0 & -1 \\ 1 & 0 & -1 \\ 0 & -1 & 1 \\ 0 & 0 & 1 \\ 0 & 1 & 0 \end{bmatrix} \begin{bmatrix} 1 & 0 & 0 \\ 0 & 1 & 0 \\ 0 & 0 & \dfrac{1}{2} \end{bmatrix} \begin{bmatrix} -1 & 0 & 1 & 0 & 0 & 0 \\ 0 & 0 & 0 & -1 & 0 & 1 \\ 0 & -1 & -1 & 1 & 1 & 0 \end{bmatrix}$$

$$= \frac{1}{2}Et \begin{bmatrix} 1 & 0 & -1 & 0 & 0 & 0 \\ 0 & 1/2 & 1/2 & -1/2 & -1/2 & 0 \\ -1 & 1/2 & 3/2 & -1/2 & -1/2 & 0 \\ 0 & -1/2 & -1/2 & 3/2 & 1/2 & -1 \\ 0 & -1/2 & -1/2 & 1/2 & 1/2 & 0 \\ 0 & 0 & 0 & -1 & 0 & 1 \end{bmatrix}$$

問題 3.2

(1)

$$
[k_2] = \frac{Et}{8}\begin{pmatrix} 1 & 0 & 0 & -2 & -1 & 2 \\ 0 & 2 & 0 & 0 & 0 & -2 \\ 0 & 0 & 8 & 0 & -8 & 0 \\ -2 & 0 & 0 & 4 & 2 & -4 \\ -1 & 0 & -8 & 2 & 9 & -2 \\ 2 & -2 & 0 & -4 & -2 & 6 \end{pmatrix}
$$

(2)

$$
[k] = \frac{Et}{8}\begin{pmatrix} 9 & 0 & -8 & 0 & 0 & -2 & -1 & 2 \\ 0 & 6 & 2 & -4 & -2 & 0 & 0 & -2 \\ -8 & 2 & 9 & -2 & -1 & 0 & 0 & 0 \\ 0 & -4 & -2 & 6 & 2 & -2 & 0 & 0 \\ 0 & -2 & -1 & 2 & 9 & 0 & -8 & 0 \\ -2 & 0 & 0 & -2 & 0 & 6 & 2 & -4 \\ -1 & 0 & 0 & 0 & -8 & 2 & 9 & -2 \\ 2 & -2 & 0 & 0 & 0 & -4 & -2 & 6 \end{pmatrix}
$$

(3) 境界条件（$v_1 = v_\varphi = v_1 = v_2 = 0$）を考慮すると，

$$
\frac{Et}{8}\begin{pmatrix} 9 & -1 & 0 & 0 \\ -1 & 9 & 0 & 0 \\ 0 & 0 & 6 & -4 \\ 0 & 0 & -4 & 6 \end{pmatrix}\begin{Bmatrix} u_2 \\ u_3 \\ v_3 \\ v_4 \end{Bmatrix} = \begin{Bmatrix} 0 \\ 0 \\ F \\ F \end{Bmatrix}
$$

となり，$u_2 = 0, u_3 = 0$ になるので，つぎのように求められる．

$$
\begin{Bmatrix} v_3 \\ v_4 \end{Bmatrix} = \frac{4F}{Et}\begin{Bmatrix} 1 \\ 1 \end{Bmatrix}
$$

問題 3.3

手順 1）

$$
x = N_i x_i + N_j x_j + N_k x_k + N_l x_l = \frac{2}{4}(1+\xi)(1-\eta) + \frac{2}{4}(1+\xi)(1+\eta)
$$

$$
y = N_i y_i + N_j y_j + N_k y_k + N_l y_l = \frac{1}{4}(1+\xi)(1+\eta) + \frac{2}{4}(1-\xi)(1+\eta)
$$

手順 2)

$$[J]=\begin{bmatrix}\dfrac{\partial x}{\partial \xi} & \dfrac{\partial y}{\partial \xi}\\ \dfrac{\partial x}{\partial \eta} & \dfrac{\partial y}{\partial \eta}\end{bmatrix}=\frac{1}{4}\begin{bmatrix}4 & -1-\eta\\ 0 & 3-\xi\end{bmatrix}$$

手順 3) 積分点の位置（$\xi=0,\ \eta=0$）で

$$[J]_{\xi=\eta=0}=\frac{1}{4}\begin{bmatrix}4 & -1\\ 0 & 3\end{bmatrix}$$

$$[J]^{-1}_{\xi=\eta=0}=\begin{bmatrix}1 & 1/3\\ 0 & 4/3\end{bmatrix},\quad \det[J]_{\xi=\eta=0}=\frac{3}{4}$$

手順 4)

$$\begin{Bmatrix}\dfrac{\partial u}{\partial \xi}\\ \dfrac{\partial u}{\partial \eta}\end{Bmatrix}=\begin{Bmatrix}\dfrac{\partial N_i}{\partial \xi}u_i+\dfrac{\partial N_j}{\partial \xi}u_j+\dfrac{\partial N_k}{\partial \xi}u_k+\dfrac{\partial N_l}{\partial \xi}u_l\\ \dfrac{\partial N_i}{\partial \eta}u_i+\dfrac{\partial N_j}{\partial \eta}u_j+\dfrac{\partial N_k}{\partial \eta}u_k+\dfrac{\partial N_l}{\partial \eta}u_l\end{Bmatrix}$$

$$=\frac{1}{4}\begin{Bmatrix}-(1-\eta)u_i+(1-\eta)u_j+(1+\eta)u_k-(1+\eta)u_l\\ -(1-\xi)u_i-(1+\xi)u_j+(1+\xi)u_k+(1-\xi)u_l\end{Bmatrix}$$

y 方向は u を v に変えるだけ．

手順 5)

$$\begin{Bmatrix}\dfrac{\partial u}{\partial \xi}\\ \dfrac{\partial u}{\partial \eta}\end{Bmatrix}_{\xi=\eta=0}=\frac{1}{4}\begin{Bmatrix}-u_i+u_j+u_k-u_l\\ -u_i-u_j+u_k+u_l\end{Bmatrix}$$

v も同様の式になる．

手順 6)

$$\begin{Bmatrix}\dfrac{\partial u}{\partial x}\\ \dfrac{\partial u}{\partial y}\end{Bmatrix}_{\xi=\eta=0}=[J]^{-1}_{\xi=\eta=0}\begin{Bmatrix}\dfrac{\partial u}{\partial \xi}\\ \dfrac{\partial u}{\partial \eta}\end{Bmatrix}_{\xi=\eta=0}=\frac{1}{6}\begin{bmatrix}-2 & 1 & 2 & -1\\ -2 & -2 & 2 & 2\end{bmatrix}\begin{Bmatrix}u_i\\ u_j\\ u_k\\ u_l\end{Bmatrix}$$

y 方向も同じ形の式となる．

$$\begin{Bmatrix}\dfrac{\partial v}{\partial x}\\ \dfrac{\partial v}{\partial y}\end{Bmatrix}_{\xi=\eta=0}=[J]^{-1}_{\xi=\eta=0}\begin{Bmatrix}\dfrac{\partial v}{\partial \xi}\\ \dfrac{\partial v}{\partial \eta}\end{Bmatrix}_{\xi=\eta=0}=\frac{1}{6}\begin{bmatrix}-2 & 1 & 2 & -1\\ -2 & -2 & 2 & 2\end{bmatrix}\begin{Bmatrix}v_i\\ v_j\\ v_k\\ v_l\end{Bmatrix}$$

手順 7）手順 6 で求めた二つの式を使って

$$
\left\{\begin{array}{c} \dfrac{\partial u}{\partial x} \\ \dfrac{\partial v}{\partial y} \\ \dfrac{\partial u}{\partial y}+\dfrac{\partial v}{\partial x} \end{array}\right\}_{\xi=\eta=0} = [B]_{\xi=\eta=0} \left\{\begin{array}{c} u_i \\ v_i \\ u_j \\ v_j \\ u_k \\ v_k \\ u_l \\ v_l \end{array}\right\}
$$

$$
= \frac{1}{6}\begin{bmatrix} -2 & 0 & 1 & 0 & 2 & 0 & -1 & 0 \\ 0 & -2 & 0 & -2 & 0 & 2 & 0 & 2 \\ -2 & -2 & -2 & 1 & 2 & 2 & 2 & -1 \end{bmatrix} \left\{\begin{array}{c} u_i \\ v_i \\ u_j \\ v_j \\ u_k \\ v_k \\ u_l \\ v_l \end{array}\right\}
$$

ひずみは上式のように，積分点でのみ実際に計算される．よって，ひずみと応力は，積分点で出力される（**ノウハウ 10**（p.75）参照）．

手順 8）ここで，ポアソン比 $\nu = 0$ を式（3.9）に代入して，弾性マトリックスは以下のようになる．値は要素内で均一である．

$$
[E] = E\begin{bmatrix} 1 & 0 & 0 \\ 0 & 1 & 0 \\ 0 & 0 & 1/2 \end{bmatrix}
$$

以上，得られたものをすべて代入して要素剛性マトリックス（ただし，積分点での値）を導く．

$$
[B]^T_{\xi=\eta=0}[E][B]_{\xi=\eta=0}\det[J]_{\xi=\eta=0}
$$

$$
= \frac{E}{6}\begin{bmatrix} -2 & 0 & -2 \\ 0 & -2 & -2 \\ 1 & 0 & -2 \\ 0 & -2 & 1 \\ 2 & 0 & 2 \\ 0 & 2 & 2 \\ -1 & 0 & 2 \\ 0 & 2 & -1 \end{bmatrix} \cdot \begin{bmatrix} 1 & 0 & 0 \\ 0 & 1 & 0 \\ 0 & 0 & 1/2 \end{bmatrix}
$$

$$
\cdot\frac{1}{6}\begin{bmatrix} -2 & 0 & 1 & 0 & 2 & 0 & -1 & 0 \\ 0 & -2 & 0 & -2 & 0 & 2 & 0 & 2 \\ -2 & -2 & -2 & 1 & 2 & 2 & 2 & -1 \end{bmatrix} \cdot \frac{3}{4}
$$

$$
= \frac{E}{48}\begin{bmatrix} 6 & 2 & 0 & -1 & -6 & -2 & 0 & 1 \\ 2 & 6 & 2 & 3 & -2 & -6 & -2 & -3 \\ 0 & 2 & 3 & -1 & 0 & -2 & -3 & 1 \\ -1 & 3 & -1 & 9/2 & 1 & -3 & 1 & -9/2 \\ -6 & -2 & 0 & 1 & 6 & 2 & 0 & -1 \\ -2 & -6 & -2 & -3 & 2 & 6 & 2 & 3 \\ 0 & -2 & -3 & 1 & 0 & 2 & 3 & -1 \\ 1 & -3 & 1 & -9/2 & -1 & 3 & -1 & 9/2 \end{bmatrix}
$$

$$
\begin{aligned}
[k] &= W_a W_b [B]^T_{\xi=\eta=0}[E][B]_{\xi=\eta=0}\det[J]_{\xi=\eta=0} \\
&= 4[B]^T_{\xi=\eta=0}[E][B]_{\xi=\eta=0}\det[J]_{\xi=\eta=0}
\end{aligned}
$$

問題 3.4

$$
[B]^T[E][B]\det[J] = \frac{E}{48}\begin{bmatrix} 3 & 1 & -3 & -2 & -3 & -1 & 3 & 2 \\ 1 & 3 & 1 & 0 & -1 & -3 & -1 & 0 \\ -3 & 1 & 9 & -2 & 3 & -1 & -9 & 2 \\ -2 & 0 & -2 & 6 & 2 & 0 & 2 & -6 \\ -3 & -1 & 3 & 2 & 3 & 1 & -3 & -2 \\ -1 & -3 & -1 & 0 & 1 & 3 & 1 & 0 \\ 3 & -1 & -9 & 2 & -3 & 1 & 9 & -2 \\ 2 & 0 & 2 & -6 & -2 & 0 & -2 & 6 \end{bmatrix}
$$

$$
[k] = 4[B]^T[E][B]\det[J]
$$

索　引

著者略歴
泉　聡志（いずみ・さとし）
1994 年　東京大学大学院工学系研究科機械情報工学専攻修士課程修了
1994 年　株式会社東芝 研究開発センター入社
1999 年　東京大学大学院工学系研究科機械工学専攻助手（博士（工学））
2002 年　東京大学大学院工学系研究科機械工学専攻講師
2005 年　東京大学大学院工学系研究科機械工学専攻助教授（准教授）
2014 年　東京大学大学院工学系研究科機械工学専攻教授
現在に至る

酒井　信介（さかい・しんすけ）
1980 年　東京大学大学院工学系研究科博士課程修了（工学博士）
1980 年　東京大学工学部舶用機械工学科講師
1981 年　東京大学工学部舶用機械工学科助教授
1995 年　東京大学大学院工学系研究科機械工学専攻助教授
1997 年　東京大学大学院工学系研究科機械工学専攻教授
2018 年　横浜国立大学先端科学高等研究院リスク共生社会創造センター
客員教授
2019 年　東京大学名誉教授
現在に至る

理論と実務がつながる
実践 有限要素法シミュレーション（第 2 版）
—汎用コードで正しい結果を得るための実践的知識—

2010 年 9 月 30 日　第 1 版第 1 刷発行
2021 年 9 月 27 日　第 1 版第 7 刷発行
2022 年 9 月 16 日　第 2 版第 1 刷発行
2024 年 8 月 20 日　第 2 版第 2 刷発行

著者　泉　聡志・酒井信介

編集担当　加藤義之（森北出版）
編集責任　藤原祐介（森北出版）
組版　ウルス
印刷　エーヴィスシステムズ
製本　ブックアート

発行者　森北博巳
発行所　森北出版株式会社
〒102–0071　東京都千代田区富士見 1–4–11
03–3265–8342（営業・宣伝マネジメント部）
https://www.morikita.co.jp/

Printed in Japan
ISBN978–4–627–92062–0